普通高等教育机械类应用型人才及卓越工程师培养规划教材

机 械 制 图

康宝来　马大国　主　编
段江军　邓伟刚　张建华　副主编

电子工业出版社
Publishing House of Electronics Industry
北京·BEIJING

内 容 简 介

本书以三维造型为主线,将三维造型(选用 Pre/Engineer Wildfire 5.0)和计算机绘图(选用 AutoCAD 2014)的训练贯穿于工程图学课程的各个环节;三维造型主线与传统的教学主线并行,可适应不同教学计划的需要;通过典型案例讲解,介绍三维造型设计软件和计算机绘图软件,避免了空洞、乏味的软件操作命令讲解。

本书共 9 章,主要内容包括制图基本知识、平面图形、投影基础、基本立体及其表面交线、组合体、机件的常用表达方法、零件图、标准件与常用件、装配图。

与本书配套的由马大国、康宝来主编的《机械制图习题集》同时由电子工业出版社出版,可供选用。

本书可作为普通高等学校机械类、近机类各专业的工程图学课程教材,也可供工程技术人员参考。

未经许可,不得以任何方式复制或抄袭本书之部分或全部内容
版权所有,侵权必究

图书在版编目(CIP)数据

机械制图/康宝来,马大国主编. —北京:电子工业出版社,2015.8
普通高等教育机械类应用型人才及卓越工程师培养规划教材
ISBN 978-7-121-26293-7

Ⅰ. ①机… Ⅱ. ①康… ②马… Ⅲ. ①机械制图-高等学校-教材 Ⅳ. ①TH126

中国版本图书馆 CIP 数据核字(2015)第 126256 号

策划编辑:郭穗娟
责任编辑:郭穗娟
印　　刷:北京季蜂印刷有限公司
装　　订:北京季蜂印刷有限公司
出版发行:电子工业出版社
　　　　　北京市海淀区万寿路 173 信箱　邮编　100036
开　　本:787×1 092　1/16　印张:17.25　字数:442 千字
版　　次:2015 年 8 月第 1 版
印　　次:2015 年 8 月第 1 次印刷
定　　价:45.00 元

凡所购买电子工业出版社图书有缺损问题,请向购买书店调换。若书店售缺,请与本社发行部联系,联系及邮购电话:(010)88254888。
质量投诉请发邮件至 zlts@phei.com.cn,盗版侵权举报请发邮件至 dbqq@phei.com.cn。
服务热线:(010)88258888。

《普通高等教育机械类应用型人才及卓越工程师培养规划教材》

专 家 编 审 委 员 会

主 任 委 员 黄传真

副主任委员 许崇海　张德勤　魏绍亮　朱林森

委　　　员（排名不分先后）

李养良	高　荣	刘良文	郭宏亮	刘　军
史岩彬	张玉伟	王　毅	杨玉璋	赵润平
张建国	张　静	张永清	包春江	于文强
李西兵	刘元朋	褚　忠	庄宿涛	惠鸿忠
康宝来	宫建红	宁淑荣	许树勤	马言召
沈洪雷	陈　原	安虎平	赵建琴	高　进
王国星	张铁军	马明亮	张丽丽	楚晓华
魏列江	关跃奇	沈　浩	鲁　杰	胡启国
陈树海	王宗彦	刘占军	刘仕平	姚林娜
李长河	杨建军	刘琨明	马大国	

前　言

"卓越工程师教育培养计划"旨在培养造就一大批创新能力强、适应经济社会发展需要的各类型高质量工程技术人才，强化培养学生的工程能力和创新能力是它的主要特点。在"加快转变经济发展方式"、提升中国"智造"水平和"机器换人"的大背景下，三维设计制造时代已悄然来临。高等学校工程图学教学应以培养学生的工程能力和创新能力作为主要目标，培养能适应三维设计制造要求的工程技术人才。

本书根据教育部高等学校工程图学教学指导委员会于 2010 年制定的"普通高等学校工程图学课程教学基本要求"和近年来发布的《机械制图》、《技术制图》等国家标准编写而成，编写者均为普通高等学校工程图学教学的一线教师，主编学校是教育部"卓越工程师教育培养计划"高校。

传统的工程图学教育侧重于二维工程图的制图和读图能力的培养，它的教学体系形成于计算机技术欠发达时期，目前出版的教材也多是在早期教材的基础上添加独立的章节来介绍计算机绘图软件（AutoCAD）或三维造型设计软件（Pro/E、UG、SolidWorks 和 Inventor 等）。在计算机技术高度发展、三维设计制造技术飞速发展的今天，应探索新的工程图学体系以适应时代发展的需要。本书蕴涵了编写者在工程图学"三维二维一体化"教学过程中积累的经验，以及近年来的教学研究、改革成果，具有以下显著特点：

（1）适度删减了画法几何中图解的内容，加强三维造型能力和计算机绘图能力的培养，突出了实用性。

（2）以三维造型为主线，将三维造型（选用 Pre/Engineer Wildfire 5.0）和计算机绘图（选用 AutoCAD 2014）的训练贯穿于工程图学课程的各个环节，实现了三维二维一体化教学。

（3）三维造型主线与传统的教学主线并行，可适应不同教学计划的需要。例如"基本立体及其表面交线"一章的主要内容：首先通过讲解 Pro/Engineer 基础特征的建立来介绍各种柱体、锥体的造型方法，然后介绍使用 Pro/Engineer 的工程图模块由基本立体的三维实体直接生成其三视图，最后讲解传统的基本立体三视图的画法。

（4）通过典型案例讲解，介绍三维造型设计软件和计算机绘图软件，避免了空洞、乏味的软件操作命令讲解。这样，既解释清楚软件的基本操作方法，又给学生留下较多的自主学习空间，以激发学生的学习兴趣，学生被动学习变为主动学习。

（5）与本书配套的习题集加强了徒手绘图的练习。

与本书配套的由马大国、康宝来主编的《机械制图习题集》同时出版，可供选用。

本书可作为普通高等学校机械类、近机类各专业的工程图学课程教材，也可供工程技术人员参考。

本书由康宝来、马大国担任主编，段江军、邓伟刚、张建华担任副主编。参加本书编写的有南阳理工学院康宝来（绪论、第 1～3 章）、段江军（第 4、5 章）、杨力（国家标准检索），内蒙古农业大学邓伟刚（第 6 章）、塔里木大学马少辉（第 7 章第 1～7 节）、中国地质大学长城学院张建华（第 8 章）、东北林业大学马大国（第 7 章第 8 节、第 9 章）。

由于编者水平有限，书中缺点和欠妥之处在所难免，敬请读者批评指正。

编　者
2015 年 6 月

目 录

绪论 1
第 1 章 制图基本知识 2
1.1 制图国家标准的基本规定 2
 1.1.1 图纸幅面格式 2
 1.1.2 标题栏 3
 1.1.3 比例 5
 1.1.4 字体 5
 1.1.5 图线 6
 1.1.6 尺寸标注 9
1.2 绘制图样的方法 16
 1.2.1 尺规绘图 16
 1.2.2 徒手绘图 16
 1.2.3 计算机绘图 17
1.3 三维造型设计软件简介 25
 1.3.1 Pro/E 的主要特点 25
 1.3.2 Pro/E 的界面 26
 1.3.3 Pro/E 基本的文件操作 27

第 2 章 平面图形 30
2.1 平面图形分析与作图 30
 2.1.1 平面图形的尺寸分析 30
 2.1.2 平面图形的线段分析 31
 2.1.3 平面图形的作图 31
 2.1.4 平面图形的尺寸标注 32
2.2 AutoCAD 绘制平面图形 32
 2.2.1 点的常用输入方法 33
 2.2.2 常用二维绘图命令 33
 2.2.3 二维图形修改 34
 2.2.4 尺寸标注 40
 2.2.5 尺寸标注修改 40
 2.2.6 绘制平面图形 43
 2.2.7 平面图形的尺寸标注 45
2.3 Pro/E 草绘 46

 2.3.1 草绘环境 46
 2.3.2 草绘基本图元 49
 2.3.3 编辑草图 52
 2.3.4 几何约束 54
 2.3.5 尺寸标注 54
 2.3.6 草绘的方法和步骤 55

第 3 章 投影基础 59
3.1 投影法概述 59
 3.1.1 投影法 59
 3.1.2 投影法的分类 60
 3.1.3 平行投影的特性 60
3.2 三视图 61
 3.2.1 三投影面体系 61
 3.2.2 三视图 62
 3.2.3 三视图与物体方位的对应
    关系 62
 3.2.4 三视图之间的度量对应关系 62
3.3 轴测图 63
 3.3.1 轴测图的基本概念 63
 3.3.2 轴间角与轴向伸缩系数 63
 3.3.3 正等轴测图 64
 3.3.4 斜二轴测图 67
3.4 点、直线和平面的投影 68
 3.4.1 点 68
 3.4.2 直线 70
 3.4.3 平面 72

第 4 章 基本立体及其表面交线 76
4.1 Pro/E 基础特征的建立 76
 4.1.1 拉伸特征 76
 4.1.2 旋转特征 78
 4.1.3 混合特征 79

4.2 Pro/E 创建工程图 80
　4.2.1 从三维实体模型进入二维
　　　　工程图的基本设置 80
　4.2.2 三视图的生成 82
4.3 基本立体的三视图 83
　4.3.1 平面立体的三视图 83
　4.3.2 回转体的三视图 85
　4.3.3 基本立体的尺寸标注 87
4.4 基本立体表面上的点 87
　4.4.1 棱柱表面上的点 88
　4.4.2 棱锥表面上的点 88
　4.4.3 圆柱表面上的点 89
　4.4.4 圆锥表面上的点 89
　4.4.5 圆球表面上的点 90
4.5 切割体和相贯体的三维建模 91
　4.5.1 切割体三维建模实例 91
　4.5.2 相贯体三维建模实例 92
4.6 平面与基本立体相交 92
　4.6.1 平面与平面立体相交 92
　4.6.2 平面与回转体相交 94
　4.6.3 切割体的尺寸标注 98
4.7 两回转体相交 99
　4.7.1 两圆柱相交 99
　4.7.2 相贯线的特殊情况 100

第 5 章 组合体 102

5.1 组合体的三维建模实例 102
5.2 画组合体的三视图 105
　5.2.1 组合体的组合方式 105
　5.2.2 组合体的表面连接关系 .. 105
　5.2.3 画组合体三视图 106
5.3 组合体的尺寸标注 109
　5.3.1 组合体尺寸标注的基本要求 ... 109
　5.3.2 组合体的尺寸分类 109
　5.3.3 组合体的尺寸标注 110
5.4 AutoCAD 绘制组合体三视图 .. 112
5.5 读组合体视图 115
　5.5.1 读图的基本要领 116
　5.5.2 形体分析法读图 117

　5.5.3 线面分析法读图 119
　5.5.4 读图的运用 120

第 6 章 机件的常用表达方法 .. 122

6.1 视图 122
　6.1.1 基本视图 122
　6.1.2 向视图 124
　6.1.3 局部视图 125
　6.1.4 斜视图 126
6.2 剖视图 127
　6.2.1 剖视图的基本知识 127
　6.2.2 剖视图的种类 130
　6.2.3 剖切面的种类 133
6.3 断面图 138
　6.3.1 断面图的基本知识 138
　6.3.2 移出断面图 139
　6.3.3 重合断面图 141
6.4 其他表达方法 141
　6.4.1 局部放大图 142
　6.4.2 简化画法和其他规定画法 .. 143
6.5 第三角画法简介 146
　6.5.1 第三角画法的概念 146
　6.5.2 视图的配置 147

第 7 章 零件图 149

7.1 零件图的作用和内容 149
　7.1.1 零件图的作用 149
　7.1.2 零件图的内容 149
7.2 零件上的常见工艺结构 150
　7.2.1 铸造工艺结构 150
　7.2.2 机械加工工艺结构 151
7.3 零件图的视图选择 153
　7.3.1 主视图的选择 153
　7.3.2 其他视图的选择 155
　7.3.3 零件图视图选择的步骤 .. 155
　7.3.4 四类典型零件的视图选择 ... 156
7.4 零件图的尺寸标注 160
　7.4.1 设计基准与工艺基础 160
　7.4.2 尺寸标注的注意事项 161

7.4.3 零件图尺寸标注的步骤 165
7.5 表面粗糙度ﾠ.................................167
  7.5.1 表面粗糙度的概念 167
  7.5.2 表面粗糙度的选用 168
7.6 公差与配合、形状和位置公差ﾠ..173
  7.6.1 公差与配合的概念 173
  7.6.2 公差与配合的选用 178
  7.6.3 公差与配合的标注 180
  7.6.4 形状和位置公差的概念 181
  7.6.5 形状和位置公差的标注 181
7.7 看零件图ﾠ.....................................183
  7.7.1 首先看标题栏，粗略了解
      零件 183
  7.7.2 分析研究视图，明确表达
      目的 184
  7.7.3 深入分析视图，想象结构
      形状 185
  7.7.4 分析所有尺寸，弄清尺寸
      要素 186
  7.7.5 分析技术要求，综合看懂
      全图 187
7.8 Pro/E 零件建模实例ﾠ..................187

第 8 章 标准件与常用件

8.1 螺纹结构ﾠ.....................................196
  8.1.1 螺纹的基本知识 196
  8.1.2 螺纹的规定画法 199
  8.1.3 螺纹的种类和标注方法 201
8.2 螺纹紧固件连接ﾠ.........................205
  8.2.1 常用螺纹紧固件的种类与
      用途 205
  8.2.2 螺纹紧固件的标记 206
  8.2.3 螺纹紧固件的画法 208
  8.2.4 螺纹紧固件的比例画法 209
  8.2.5 螺纹紧固件连接的画法 212
8.3 键、销连接ﾠ.................................217
  8.3.1 键连接 217
  8.3.2 销连接 219
8.4 滚动轴承ﾠ.....................................220
  8.4.1 滚动轴承的结构与分类 221
  8.4.2 滚动轴承的代号和标记 221
  8.4.3 滚动轴承的画法 223
8.5 齿轮和弹簧ﾠ.................................225
  8.5.1 齿轮 225
  8.5.2 弹簧 229
8.6 常用标准件和常用件的三维建模
  举例 232
  8.6.1 直齿圆柱齿轮三维建模 232
  8.6.2 M6×35 内六角螺栓三维
      建模 236
  8.6.3 弹簧的三维建模 241

第 9 章 装配图

9.1 装配图的基本知识ﾠ.....................244
  9.1.1 装配图的作用 244
  9.1.2 装配图的内容 245
  9.1.3 装配图的规定画法 246
  9.1.4 装配图的特殊表达方法 247
  9.1.5 装配图的尺寸标注 248
  9.1.6 装配图的零件序号及明细栏 249
  9.1.7 常见装配工艺结构 250
  9.1.8 常用防松装置 252
9.2 画装配图的方法与步骤ﾠ.............252
  9.2.1 了解工作原理、装配关系 256
  9.2.2 确定视图表达方案 256
  9.2.3 画装配图的步骤 256
9.3 读装配图与拆画零件图ﾠ.............258
  9.3.1 读装配图的要求 258
  9.3.2 读装配图的方法与步骤 258
  9.3.3 由装配图拆画零件图 260
9.4 Pro/E 装配建模实例ﾠ..................263
  9.4.1 装配约束类型 263
  9.4.2 装配实例 263

参考文献 267

绪 论

1. 本课程的研究对象和性质

图形是在纸上或其他平面上表示出来的物体的形状。图样是按照一定的规格和要求绘制的各种图形,在制造或建筑时用做样子。工程图样是根据投影原理、标准或有关规定绘制的表示工程对象,并有必要的技术说明的图样。机械图样是在机械行业使用的,表示机器、仪器等的工程图样。

在工程界,设计者通过工程图样表达设计的对象,生产者依据工程图样了解设计要求并组织、制造产品,使用者通过阅读工程图样了解机器、仪器等的结构和性能。可见,工程图样是人们表达和交流技术思想的重要工具,是现代工业生产中的一项重要技术文件,是"工程界的语言",工程图样的绘制和阅读是每一位工程技术人员必须掌握的基本技能。

本课程是一门研究绘制和阅读机械图样的理论和方法的技术基础课。"卓越工程师教育培养计划"的措施之一就是要强化培养学生的工程能力与创新能力,本课程在保留用二维平面图形表示物体的基础上,引入了三维建模,试图通过三维建模来提高学生的工程能力与创新能力。

2. 本课程的主要任务

本课程的主要目标是培养二维图样的绘制、阅读能力和计算机三维建模的基本能力,其主要任务是:

(1) 培养贯彻、执行机械制图国家标准的意识;
(2) 培养运用正投影法图示空间形体的能力;
(3) 培养对三维形体及相关位置的空间形象思维能力;
(4) 培养尺规绘图、徒手绘图、计算机绘图和阅读机械图样的能力;
(5) 培养三维建模的基本能力;
(6) 培养认真负责的工作态度和严谨细致的工作作风。

3. 本课程的学习方法

本课程既有基础理论又有实践,并且密切结合生产实际。所以,只有通过大量的绘图、读图和三维建模实践,才能学好本课程。在学习过程中,应注意以下几点:

(1) 正确使用绘图仪器和工具,采用正确的步骤和方法作图;自觉养成严格遵守国家标准《机械制图》和《技术制图》有关规定的良好习惯,学会查阅有关标准资料的方法。

(2) 平面图形是图样的基本单元,也是三维建模的基础,要熟练掌握运用尺规、计算机软件绘制平面图形的方法。

(3) 通过由物画图、由图想物,即由三维到二维、由二维到三维,分析和想象空间形体与其投影之间的联系,培养空间形象思维能力和几何形体的构型能力。

(4) 基本立体、切割体和相贯体是组合体的基本组成元素,要熟练掌握它们三维建模的方法。

(5) 要熟练掌握形体分析法、线面分析法和投影分析方法。

(6) 认真、及时完成作业。

第1章 制图基本知识

教学要求

通过本章学习，掌握制图国家标准关于图纸幅面、图框格式、标题栏、比例、字体、图线和尺寸标注等的基本规定，了解尺规绘图的概念，掌握徒手绘图的基本方法，了解 AutoCAD 并掌握其设置绘图环境的方法，了解 Pro/Engineer 并掌握其文件操作的基本方法。

1.1 制图国家标准的基本规定

工程图样是工程界用来表达设计思想、指导生产和进行技术交流的技术语言。为了保证工程图样的准确性，必须制定相关的标准来规范图样中的每项内容。我国制定并发布了国家标准《技术制图》和《机械制图》，简称为"国标"，代号为"GB"。本课程主要涉及"推荐性国家标准"，代号为"GB/T"，如 GB/T14689—2008，其中"14689"是标准顺序号，"2008"是标准批准的年代号。

本节介绍常用的制图国家标准，在绘制工程图样时必须以严谨认真的态度遵守相关的规定。

1.1.1 图纸幅面格式

1. 图纸幅面

绘制技术图样时，应优先采用表 1-1 中规定的基本幅面。必要时，也允许采用加长幅面。加长幅面的尺寸是由基本幅面的短边成整数倍增加后得出。

表 1-1 图纸基本幅面尺寸（GB/T14689—2008）

幅面代号	A0	A1	A2	A3	A4
B×L	841×1189	594×841	420×594	297×420	210×297
e	20	20	10	10	10
c	10	10	10	5	5
a	25				

2. 图框格式

图纸上必须用粗实线画出图框,其格式分为留有装订边和不留装订边两种,但同一产品的图样只能采用一种格式。两种格式分别如图 1-1、1-2 所示,尺寸按表 1-1 的规定。

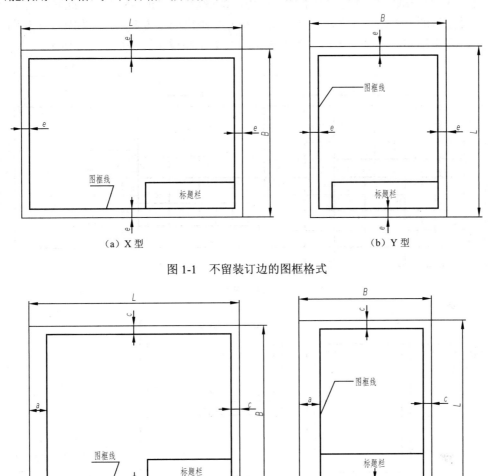

图 1-1　不留装订边的图框格式

图 1-2　留装订边的图框格式

1.1.2　标题栏

国家标准规定,每张图纸的右下角均应有标题栏,标题栏(GB/T10609.1—2008)的格式如图 1-3 所示。

若标题栏的长边置于水平方向且和图纸的长边平行时,构成 X 型的图纸,也称横式幅面,如图 1-1(a)、图 1-2(a)所示;若标题栏的长边和图纸的长边垂直,则构成 Y 型的图纸,也称立式幅面,如图 1-1(b)、图 1-2(b)所示。印刷图纸时,一般 A0~A3 图幅印刷成 X 型图纸,A4 图幅印刷成 Y 型图纸。此时,看图方向与看标题栏方向一致。

为了缩微摄影和复制图样时定位方便,可画出对中符号。对中符号用粗实线绘制,线的宽度不小于 0.5mm，长度从纸的边界开始到伸入图框内约 5mm，如图 1-4 和图 1-5 所示。当对中符号处在标题栏范围内时，伸入标题栏部分则省略不画，如图 1-5 所示。

为了利用预先印刷的图纸，允许将 X 型图纸的短边置于水平位置使用，即竖放，如图 1-4 所示，或将 Y 型图纸的长边置于水平位置使用，即横放，如图 1-5 所示。此时，为了明确绘图与看图时图纸的方向，应在图纸的下边对中符号处画出一个方向符号，如图 1-4 和图 1-5 所示。方向符号用细实线绘制的等边三角形表示，其大小和位置画法如图 1-6 所示。

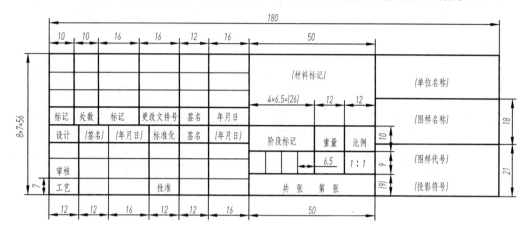

图 1-3　标题栏

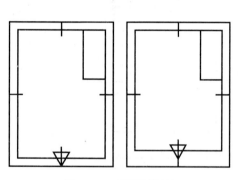

图 1-4　X 型图纸竖放

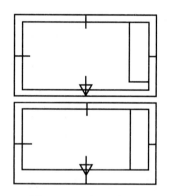

图 1-5　Y 型图纸横放

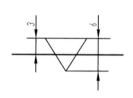

图 1-6　方向符号的画法

在学生作业中，建议采用如图 1-7 所示的简化标题栏。

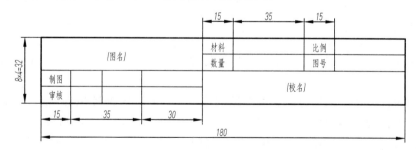

图 1-7　简化标题栏

1.1.3 比例

比例（GB/T14690—1993）是指图中图形与其实物相应要素的线性尺寸之比。绘制图样时，应由表 1-2 规定的系列中选取适当的比例。尽量采用 1∶1 的比例绘图。

表 1-2　比例（一）

种　类	比　　例		
原值比例	1∶1		
放大比例	5∶1 $5×10^n∶1$	2∶1 $2×10^n∶1$	$1×10^n∶1$
缩小比例	1∶2 $1∶2×10^n$	1∶5 $1∶5×10^n$	1∶10 $1∶1×10^n$

注：n 为正整数

必要时，也允许选取表 1-3 中的比例。

表 1-3　比例（二）

种　类	比　　例				
放大比例	4∶1 $4×10^n∶1$	2.5∶1 $2.5×10^n∶1$			
缩小比例	1∶1.5 $1∶1.5×10^n$	1∶2.5 $1∶2.5×10^n$	1∶3 $1∶3×10^n$	1∶4 $1∶4×10^n$	1∶6 $1∶6×10^n$

注：n 为正整数

图样不论采用放大或缩小比例，不论作图的精确程度如何，在标注尺寸时，均应按机件的实际尺寸和角度即原值标注。一般情况下，比例应标注在标题栏中的比例一栏内。

1.1.4 字体

1. 基本要求

（1）书写字体（GB/T14690—1993）必须做到字体工整、笔画清楚、间隔均匀、排列整齐。

（2）字体高度（用 h 表示）的公称尺寸系列为：1.8，2.5，3.5，5，7，10，14，20mm。如需要更大的字，其字体高度应按照 $\sqrt{2}$ 的比率递增。字体高度代表字体的号数。

（3）汉字应写成长仿宋体，并应采用中华人民共和国国务院正式公布推行的《汉字简化方案》中规定的简化字。汉字的高度 h 不应小于 3.5mm，其字宽一般为 $h/\sqrt{2}$。

（4）字母和数字分 A 型和 B 型。A 型字体的笔画宽度（d）为字高（h）的 1/14，B 型字体的笔画宽度（d）为字高（h）的十分之一。在同一图样上，只允许选用一种型式的字体。

（5）字母和数字可以写成斜体和直体。斜体字字头向右倾斜，与水平基准线成 75°。

2. 字体示例

1）长仿宋体汉字示例

结构匀称　　填满方格　　横平竖直　　注意起落

2）字母和数字示例（左边为斜体，右边为直体）

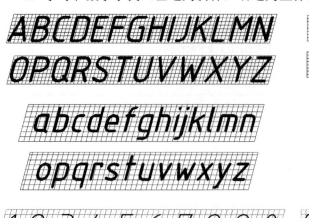
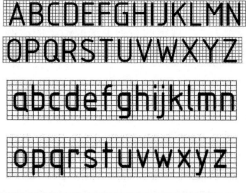

3. 综合应用规定

用作指数、分数、极限偏差、注脚等的数字和字母，一般应采用小一号的汉字。数量、物理量符号、计量单位符号及其他符号、代号，应符合"国标"的规定。

1.1.5 图线

图线（GB/T17450—1998、GB/T4457.4—2002）是起点和终点间以任意方式连接的一种几何图形，形状可以是直线或曲线、连续线或不连续线。图线的起点和终点可以重合，如一条图线形成圆的情况。图线长度小于或等于图线宽度的一半，称为点。线素是不连续线的独立部分，如点、长度不同的画和间隔。

1. 线型及其应用

机械图样中常用图线如表 1-4 所示。

表1-4 常用图线

代码 No.	图线名称及线型	一般应用	应用示例
01.1	细实线	过渡线，尺寸线，尺寸界线，指引线和基准线，剖面线，重合断面的轮廓线，短中心线，螺纹牙底线，尺寸线的起止线，表示平面的对角线，重复要素表示线，不连续同一表面连线，呈规律分布的相同要素连线，投影线	

续表

代码 No.	图线名称及线型	一般应用	应用示例
01.1	波浪线 ～～～	断裂处边界线，视图与剖视图的分界线	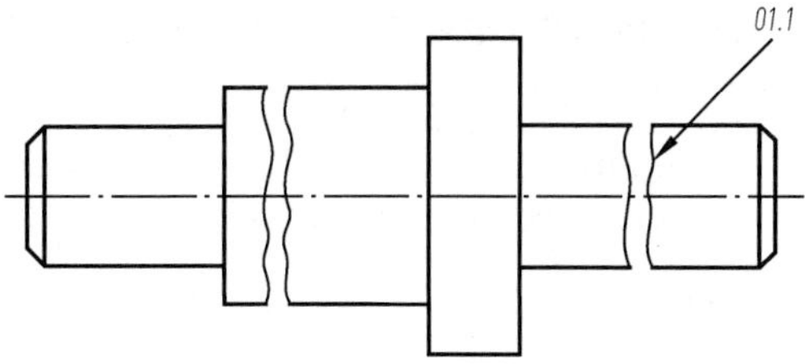 01.1
01.1	双折线	断裂处边界线，视图与剖视图的分界线	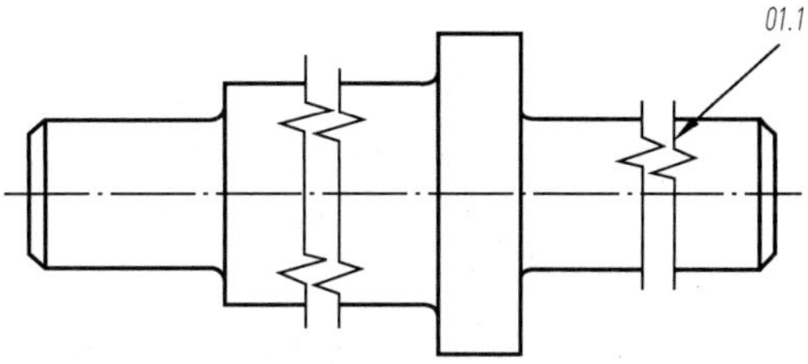 01.1
01.2	粗实线	可见棱边线，可见轮廓线，相贯线，螺纹牙顶线，螺纹长度终止线，齿顶圆（线），剖面符号用线	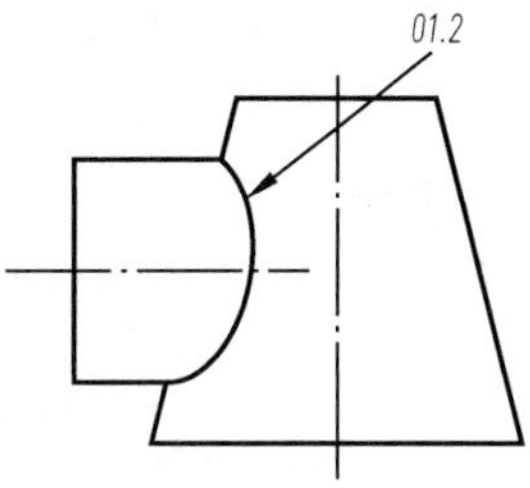 01.2
02.1	细虚线	不可见棱边线，不可见轮廓线	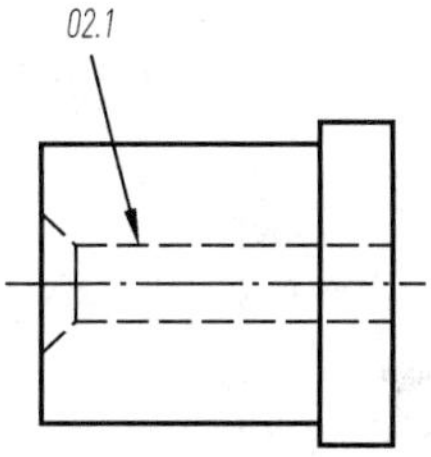 02.1
04.1	细点画线	轴线，对称中心线，分度圆（线），孔系分布的中心线，剖切线	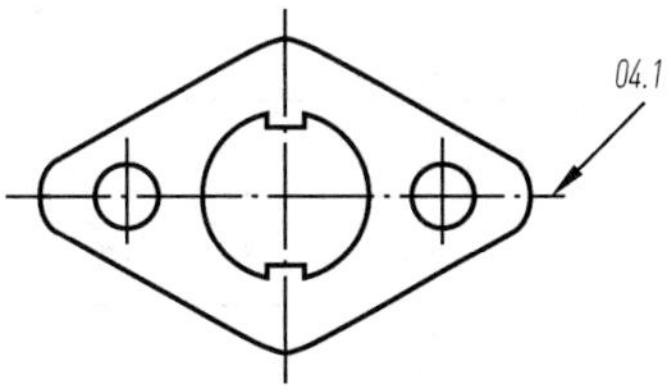 04.1
05.1	细双点画线	相邻辅助零件的轮廓线，可动零件的极限位置的轮廓线，成形前轮廓线，剖切面前的结构轮廓线，轨迹线，毛坯图中制成品的轮廓线，中断线	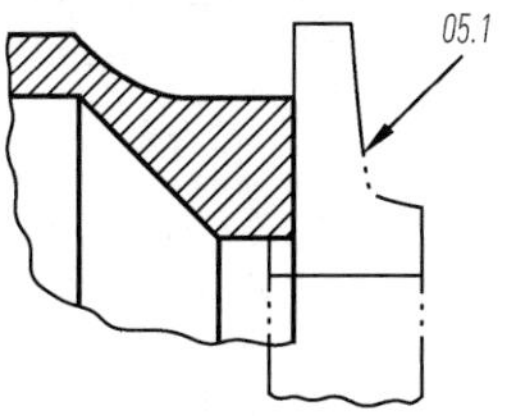 05.1

2. 图线的尺寸

所有线型的图线宽度（d）应按图样的类型和尺寸大小在下列数系中选择。该数系的公比为 $1:\sqrt{2}$ （≈1：1.4）：

0.13mm，0.18mm，0.25mm，0.35mm，0.5mm，0.7mm，1mm，1.4mm，2mm

在机械制图中采用两种线宽，之间的比例为 2：1。粗实线的宽度一般选用 0.5mm 或 0.7mm。

3. 图线的构成

细虚线：长画长 12d，短间隔长 3d。

细点画线、细双点画线：长画长 24d，短间隔长 3d，点长≤0.5d。

4. 图线的画法

图线应用实例如图 1-8 所示。除非另有规定，两条平行线之间的最小间隙不得小于 0.7mm。细虚线、细点画线和细双点画线应恰当地相交于画线处；当虚线在粗实线的延长线上时，应先留间隙，再画虚线的短画线；当细点画线和细双点画线较短时（例如<8mm），可用细实线代替，如图 1-9 所示。

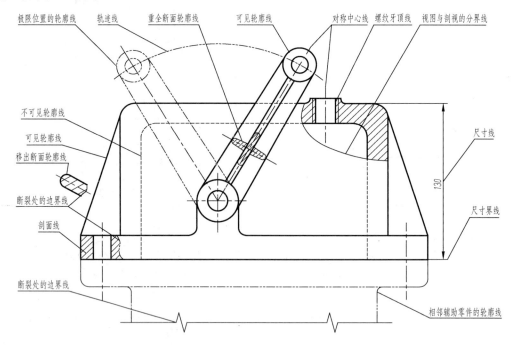

图 1-8 图线应用示例

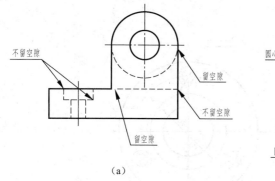
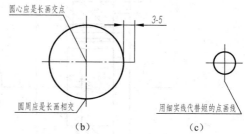

(a)　　　　　　　　　(b)　　　　　(c)

图 1-9　虚线、点画线的画法

1.1.6　尺寸标注

1. 基本原则

根据 GB/T16675.2—1996、GB/T4458.4—2003，尺寸标注的基本原则如下：

（1）机件的真实大小应以图样上所注的尺寸数值为依据，与图形的大小及绘图的准确度无关。

（2）图样中（包括技术要求和其他说明）的尺寸，以毫米为单位时，不需标注单位符号（或名称），若采用其他单位，则应注明相应的单位符号。

（3）图样中所标注的尺寸，为该图样所示机件的最后完工尺寸，否则应另加说明。

（4）机件的每一尺寸，一般只标注一次，并应标注在反映该结构最清晰的图形上。

2. 尺寸的组成

一个完整的尺寸包括尺寸界线、尺寸线、尺寸数字，如图 1-10 所示。

1）尺寸界线

尺寸界线用细实线绘制，并应由图样的轮廓线、轴线或对称中心线引出。也可利用轮廓线或对称中心线作为尺寸界线，如图 1-11 和图 1-12 所示。

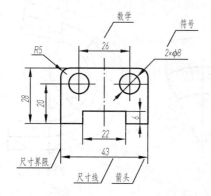
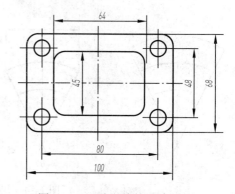

图 1-10　尺寸的组成　　　　图 1-11　尺寸界线的画法（一）

尺寸界线一般应与尺寸线垂直，必要时才允许倾斜。在光滑过渡处标注尺寸时，应采用细实线将轮廓线延长，从它们的交点处引出尺寸界线，为了使图形清晰，允许尺寸界线与尺寸线倾斜，如图1-13所示。

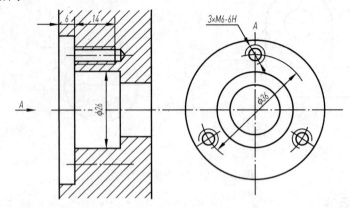

图1-12 尺寸界线的画法（二）

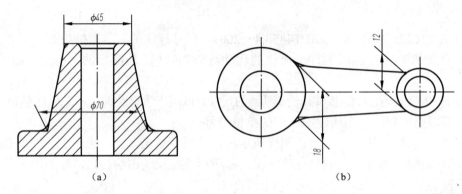

图1-13 尺寸界线的画法（三）

标注角度的尺寸界线应沿径向引出，如图1-14（a）所示。标注弦长的尺寸界线应平行于该弦的垂直平分线，如图1-14（b）所示。标注弧长的尺寸界线应平行于该弧所对圆心角的平分线，如图1-14（c）所示；但当弧度较大时，可沿径向引出，如图1-14（d）所示。

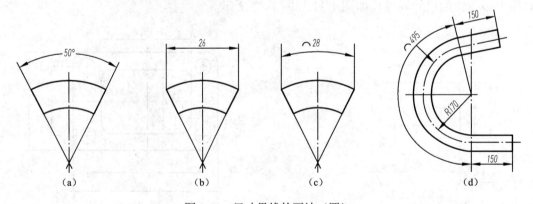

图1-14 尺寸界线的画法（四）

2）尺寸线

尺寸线用细实线绘制，其终端可以有箭头和斜线两种形式，斜线用细实线绘制，如图1-15所示。机械图样中一般采用箭头作为尺寸线终端，当尺寸线终端采用斜线形式时，尺寸线与尺寸界线应相互垂直。当尺寸线与尺寸界线相互垂直时，同一张图样中只能采用一种尺寸线终端的形式。

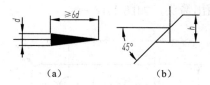

图 1-15　尺寸线终端

标注线性尺寸时，尺寸线应与所标注的线段平行。尺寸线不能用其他图线代替，一般也不得与其他图线重合或画在其延长线上。

圆的直径和圆弧半径的尺寸线的终端应画成箭头，并按图 1-16 所示的方式标注。当圆弧的半径过大或在图纸范围内无法标出其圆心位置时，可按图 1-17（a）的形式标注。若不需要标出其圆心位置时，可按图 1-17（b）的形式标注。

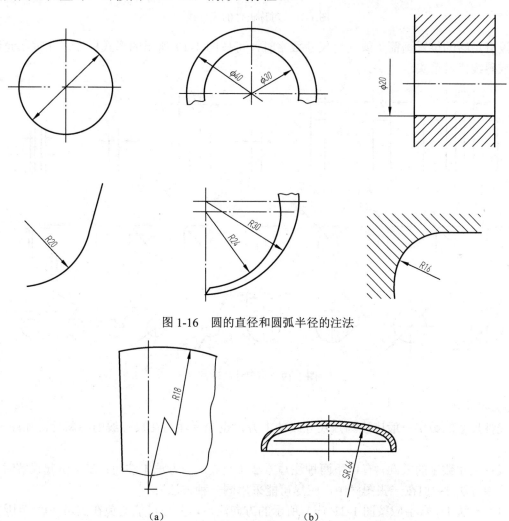

图 1-16　圆的直径和圆弧半径的注法

图 1-17　圆弧半径较大时的注法

标注角度时，尺寸线应画成圆弧，其圆心是该角的顶点，如图 1-14（a）所示。

当对称机件的图形只画出一半或略大于一半时，尺寸线应略超过对称中心线或断裂处的边界，此时仅在尺寸线的一端画出箭头，如图 1-18 所示。

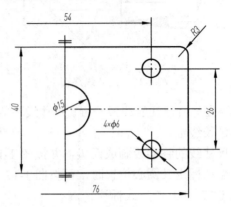

图 1-18　对称机件的尺寸线

没有足够的位置画箭头或注写尺寸数字时，可按图 1-19 所示的形式标注，此时，允许用圆点或斜线代替箭头。

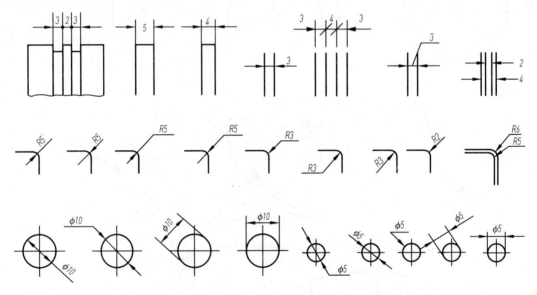

图 1-19　小尺寸的注法

3）尺寸数字

线性尺寸的数字一般应注写在尺寸线的上方，也允许注写在尺寸线的中断处，如图 1-20 所示。

线性尺寸数字的方向，有以下两种注写方法（一般采用方法 1 注写；在不引起误解时，也允许采用方法 2；但在一张图样中，应尽可能采用同一种方法）：

（1）方法 1：数字应按图 1-21（a）所示的方向注写，并尽可能避免在图示 30°范围内注写尺寸，当无法避免时可按图 1-21（b）所示的形式注写。

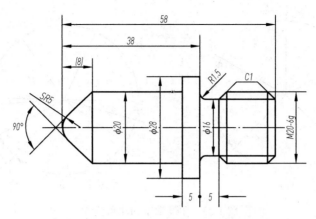

图 1-20　尺寸数字的注写位置

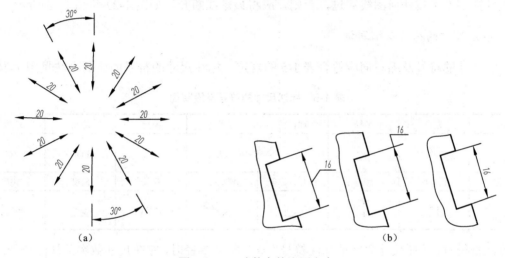

图 1-21　尺寸数字的注写方向

（2）方法2：对于非水平方向的尺寸，其数字可水平地注写在尺寸线的中断处，如图1-22所示。

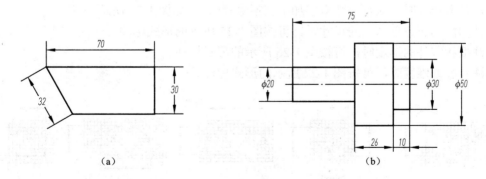

图 1-22　非水平方向的尺寸注法

角度的数字一律写成水平方向，一般注写在尺寸线的中断处，如图1-23（a）所示。必要时也可按图1-23（b）所示的形式注写。

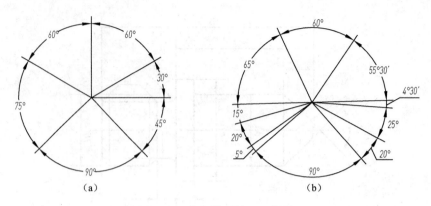

图 1-23　角度数字的注写位置

尺寸数字不可被任何图线穿过，否则，应将该图线断开，如图 1-22 和图 1-23 所示。

3. 标注尺寸的符号及缩写词

标注尺寸的符号及缩写词应符合表 1-5 的规定。标注尺寸的符号的比例画法见图 1-24。

表 1-5　标注尺寸的符号及缩写词

名称	直径	半径	球直径	球半径	厚度	均布	45°倒角
符号或缩写词	ϕ	R	$S\phi$	SR	t	EQS	C
名称	正方形	深度	沉孔、锪平	埋头孔	弧长	斜度	锥度
符号或缩写词	□	↓	⌴	∨	⌒	∠	◁

标注直径时，应在尺寸数字前加注符号"ϕ"；标注半径时，应在尺寸数字前加注符号"R"；标注球面的直径或半径时，应在符号"ϕ"或"R"前再加注符号"S"。如图 1-16 和图 1-20 所示。

标注弧长时，应在尺寸数字前加注符号"⌒"，如图 1-14（c）所示。

标注参考尺寸时，应将尺寸数字加上圆括号"()"，如图 1-20 所示。

标注剖面为正方形结构的尺寸时，可按图 1-25 所示的形式标注。

标注板状零件的厚度时，可按图 1-26 所示的形式标注。

标注斜度或锥度时，可按图 1-27 所示的形式标注。

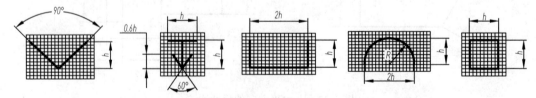

图 1-24　标注尺寸的符号的比例画法

45°的倒角可按图 1-28（a）、(b)、(c) 的形式标注，非 45°的倒角可按图 1-28（e）、(f) 的形式标注。

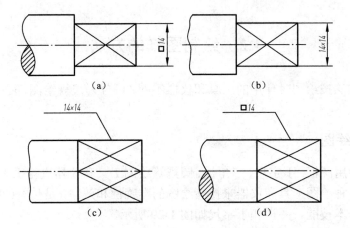

图 1-25　正方形结构的尺寸标注

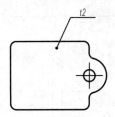

图 1-26　板状零件的尺寸标注

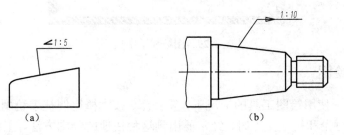

图 1-27　斜度、锥度的标注方法

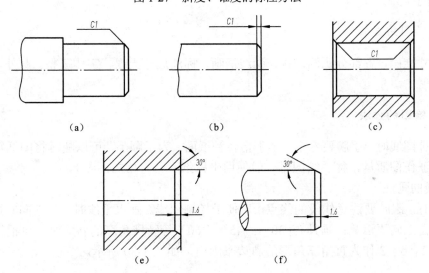

图 1-28　45°倒角、非 45°倒角的注法

1.2 绘制图样的方法

绘制图样的方法按绘图时使用的工具和仪器不同,可分为尺规绘图、徒手绘图和计算机绘图三种。

1.2.1 尺规绘图

尺规绘图是使用图板、丁字尺、三角板、圆规等绘图工具和仪器进行手工绘制图样的方法。它通过正确使用各种绘图工具和仪器来提高绘图的准确性和效率,是传统的绘图方法,是工程技术人员必备的基本技能。图板和丁字尺如图1-29所示。

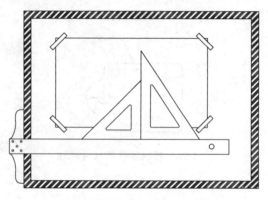

图1-29 图板和丁字尺

1.2.2 徒手绘图

徒手绘图是在不使用绘图工具的情况下,凭目测、按大概比例徒手绘制图样的方法。在现场测绘、设计方案讨论和技术交流时,经常要用到这种快速的绘图方法,工程技术人员必须具备徒手绘图的能力。

1. 徒手绘图的要求

目测尺寸准确,各部分比例匀称,画线清晰,标注尺寸无误,字体工整。此外,还要有一定的绘图速度。

2. 徒手绘图的方法

在画各种图线时,手腕要悬空,小手指轻触纸面。为了顺手,可以随时将图纸转动适当的角度。为保证作图质量,徒手绘图时一般使用坐标纸(带方格的图纸)。

1)直线的画法

画直线时,眼睛要注意线段的终点,以便于控制图线。画水平线时,自左向右运笔;画竖直线线时,自上向下运笔;画具有30°、45°、60°等特殊角度的斜线时,可根据其近似正切值3/5、1、5/3作为直角三角形的斜边来画出,如图1-30所示。

2）圆的画法

画小圆时，应先确定圆心，画出两条中心线，再在中心线上根据半径的大小目测定出四点，然后过四点画圆，如图 1-31（a）所示。画大圆时，可过圆心增画两条 45°方向的斜线，再在四条线上根据半径的大小目测定出八点，然后过八点画圆，如图 1-31（b）所示。

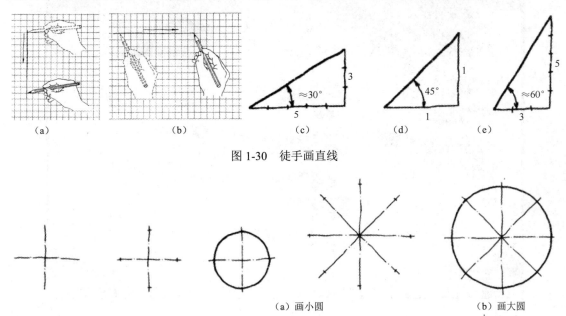

图 1-30　徒手画直线

图 1-31　徒手画圆

1.2.3　计算机绘图

计算机绘图（GB/T14665—2012、GB/T18229—2000）是将数字化的图形信息输入计算机，进行存储和处理后通过控制图形输出设备来实现显示或绘制图样的方法。计算机绘图具有精度高、速度快，便于图样的存储和修改等优点。近年来，随着计算机硬件功能的不断增强和软件系统的不断完善，特别是 AutoCAD 绘图软件的流行，计算机绘图在各行各业得到了广泛的应用，已经成为工程技术人员必备的基本技能。

目前，国内外绘图软件名目繁多，其中应用最广泛的是美国 Autodesk 公司出品的 AutoCAD。AutoCAD 软件自 1982 年问世以来，至今已相继推出多个版本，被翻译成多种语言。本书以 AtuoCAD 2014 中文版为例介绍其二维绘图的基本方法。

1. "AutoCAD 经典"工作界面

AutoCAD 2014 启动后，即可进入系统默认的"草图与注释"界面，如图 1-32 所示。

单击【关闭】关闭【欢迎】对话框，单击（切换工作空间）按钮，在弹出的按钮菜单中选择【AutoCAD 经典】，即可切换到"AutoCAD 经典"界面，如图 1-33 所示。

将光标移动到图标、按钮处稍作停留，系统会显示工具提示，再停留一段时间（约 2 秒），又会显示扩展的工具提示。下面简要介绍"AutoCAD 经典"工作界面各部分的功能。

图 1-32 "草图与注释"界面

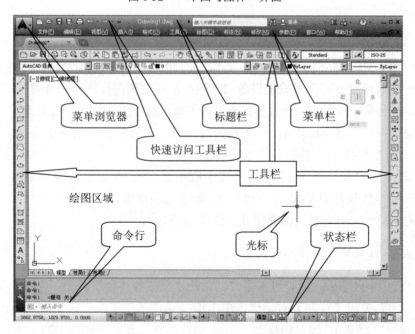

图 1-33 "AutoCAD 经典"界面

1）标题栏

标题栏用于显示 AutoCAD 2014 的程序图标以及当前所操作图形文件的名称。

2）菜单栏

菜单栏是"AutoCAD 经典"的主菜单窗口，放置了所有的命令菜单。单击菜单栏的某一项，会弹出相应的下拉菜单，再单击下拉菜单的命令选项，即可执行相应的命令。下拉菜单有以下特点：

（1）右侧有"▶"的菜单项，表示它还有子菜单；

（2）右侧有"…"的菜单项，被单击后将弹出相应的对话框。

3）工具栏

AutoCAD 2014 提供了 50 多个工具栏，每个工具栏上都有形象化按钮。单击按钮，即可执行相应的命令。下面简要介绍几个工具栏的功能。

（1）【标准】工具栏：用于管理图形文件及进行一般的图形编辑操作，如图 1-34 所示。

图 1-34 【标准】工具栏

（2）【样式】工具栏：用于管理文字样式、标注样式、表格样式和多重引线样式等，如图 1-35 所示。

图 1-35 【样式】工具栏

（3）【图层】工具栏：用于管理图层特征和图层控制，如图 1-36 所示。

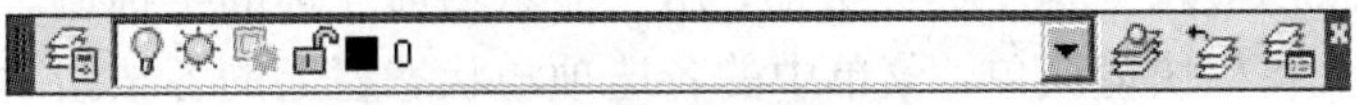

图 1-36 【图层】工具栏

（4）【绘图】工具栏：用于绘制各种常用图形、块操作和图案填充等，如图 1-37 所示。

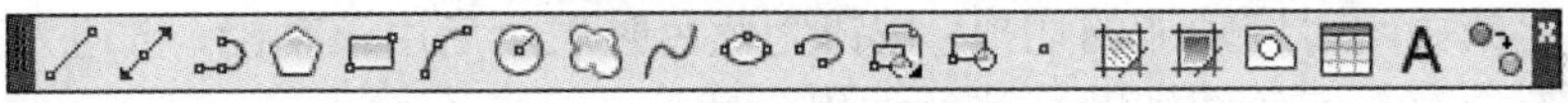

图 1-37 【绘图】工具栏

（5）【修改】工具栏：用于修改已绘制的图形，如图 1-38 所示。

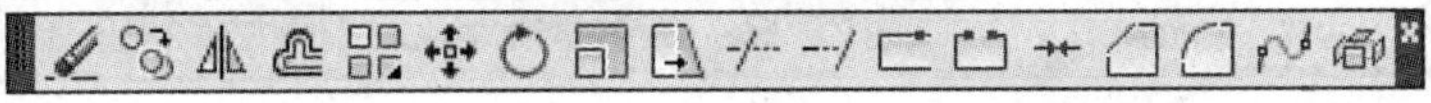

图 1-38 【修改】工具栏

（6）【标注】工具栏：用于尺寸标注和编辑，如图 1-39 所示。

图 1-39 【标注】工具栏

工具栏中，右下角有"◢"的按钮，可以引出一个包含相关命令的弹出工具栏。将光标放在这样的按钮上，按下鼠标左键不放，即可显示出弹出工具栏，移动光标到弹出工具栏的图标上释放左键，即可执行相应的命令。例如从【绘图】工具栏的【插入块】按钮可以引出如图1-40所示的弹出工具栏。

图1-40　弹出工具栏

4）命令行

命令行包括"命令历史窗口"和"命令输入窗口"，上面的几行为"命令历史窗口"，用于记录执行过的操作信息；最下面一行（有时亦包括命令历史窗口的最后一行）是"命令输入窗口"，用于提示用户输入命令或命令选项。执行【工具】|【命令行】命令，可以隐藏（显示）命令行。利用F2键可以快速实现绘图窗口与文本窗口之间的切换。如果当前显示的是绘图窗口，按F2键，AutoCAD切换到文本窗口（显示自本次运行AutoCAD后执行过的所有命令）。如果当前显示的是文本窗口，按F2键，AutoCAD又会切换到绘图窗口。

系统未执行任何命令时，"命令历史窗口"提示为"命令："，"命令输入窗口"提示为"键入命令"，只有在此状态下才可以输入命令。在命令行输入命令或数值后，按回车键即输入了该命令或数值。命令操作完成后，有时需要按回车键来结束命令。按Esc键，可随时终止正在执行的命令。"命令输入窗口"提示为"键入命令"时，按回车键，可以重复执行刚执行过的命令。输入命令时，大小写字母不影响执行命令。

5）状态栏

状态栏用于显示或设置当前绘图状态。它由坐标读数器、辅助功能区和应用程序状态栏菜单三部分组成。状态栏最左侧为坐标读数器，用于显示当前光标的坐标值。单击状态栏右侧的▼按钮，可以打开状态栏快捷菜单，菜单中的各选项与状态栏上的各按钮功能一致。状态栏中间部分为辅助功能区，其左侧的按钮是一些重要的辅助绘图功能按钮，主要用于控制点的精确定位和追踪，中间按钮主要用于快速查看布局、查看图形、定位视点、注释比例等，右侧的按钮主要用于对工具栏、窗口等固定、工作空间切换等，都是一些辅助绘图的功能。单击某一按钮可以实现启用或关闭对应功能的切换，按钮为蓝色时表示启用该功能，按钮为灰色时表示关闭该功能。下面简要介绍绘图辅助功能的使用方法。

将光标移动到状态栏左侧的辅助绘图功能按钮上，单击右键，在弹出的快捷菜单上取消选择【使用图标】，系统会显示不使用图标显示的状态栏，如图1-41所示。

图1-41　状态栏

（1）栅格和捕捉

启用【栅格】时，在所指定的图纸界限内显示类似于坐标纸格线的点阵，可在绘图中起度量参考作用。没有启用【捕捉】时，可使用鼠标拾取绘图区域的任意点。启用【捕捉】时，光标似乎附着或捕捉到不可见的栅格，按照用户定义的间距移动，如果通过鼠标来拾取点，有时光标似乎在跳跃。绘图时，可以启用【栅格】，但除非有特殊点目的，一般不启用【捕捉】。

（2）正交与极轴

【正交】和【极轴】只能选一。启用【正交】时，如果通过鼠标来拾取点，就只能拾取前一个点的水平或垂直方向上的点（不影响键盘输入点坐标）。启用【极轴】时，可对绘制对象的临时路径进行追踪，对齐路径是由相对于命令起点和端点的极轴角定义的。右击【极轴】按钮，在弹出的快捷菜单上单击【设置】弹出【草图设置】对话框，打开【极轴追踪】选项卡，如图 1-42 所示，可以在【极轴角设置】组合框的【增量角】下拉列表中选择系统预定的角度，也可以勾选【附加角】复选框，再单击【新建】按钮来添加附加角角度，最后单击【确定】按钮完成设置。本书默认启用【正交】。

（3）对象捕捉

启用【对象捕捉】时，可以利用光标来捕捉对象上的几何点，如端点、圆心、最近点等。打开【草图设置】对话框的【对象捕捉】选项卡，如图 1-43 所示，在【对象捕捉模式】选项组中勾选所需要的对象捕捉模式，单击【确定】按钮完成设置。本书默认启用【对象捕捉】。

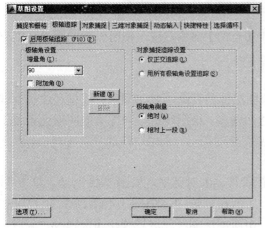

图 1-42　"草图设置"对话框　　　　　　图 1-43　"对象捕捉"选项卡

（4）动态输入（DYN）

启用【动态输入】时，当激活一个绘图命令后，就会在光标附近出现动态输入提示窗口。为方便作图，一般情况下都启用【动态输入】。本书默认启用【动态输入】。

6）光标

光标由鼠标控制。在绘图区域光标有四种形式，如图 1-44 所示。系统会根据用户的操作更改光标的外观。系统提示用户指定点位置时，显示为拾取点光标（定点光标）；系统提示用户选择对象时，显示为选择光标；系统未在命令操作中时，光标显示为十字光标；系统提示用户输入文字时，显示为输入文字光标。

(a) 拾取点光标　　　(b) 选择光标　　　(c) 十字光标　　　(d) 输入文字光标

图 1-44　绘图区光标

2. 设置绘图环境

1）设置图形界限

利用图形界限功能可以设置绘制图形时的绘图范围，与手工绘图时选择图纸的大小相似。执行【格式】|【图形界限】命令可以设置图形界限。例如，命令行提示的设置A4竖放图纸图形界限的操作步骤如下（空行表示按回车键，即使用系统默认设置或确认输入。本书下同，不再重复解释）：

```
命令: '_limits
重新设置模型空间界限:
指定左下角点或 [开(ON)/关(OFF)] <0.0000,0.0000>:

指定右上角点 <420.0000,297.0000>: 210,297
```

设置图形界限后，执行【视图】|【缩放】|【全部】命令，就可使所设置的图形界限充满绘图区域。

2）设置图层

AutoCAD采用了"图层"的概念，规定每个图层都具有图层名、颜色、线型和线宽这四个基本属性。图层本身是不可见的，可将它视为透明薄膜，绘图时把不同性质的图形元素置于不同的图层上，将这些图层重叠在一起就形成一幅完整的图形。采用这样的分层管理，有助于图样的修改和使用。

单击【图层】工具栏的 按钮弹出【图层特征管理器】对话框，如图1-45所示。单击 按钮新建图层，新图层将以临时名称"图层1"显示在列表中，如图1-46所示；用户可在反白显示的"图层1"区域输入新图层的名称；单击新图层的颜色区域弹出【选择颜色】对话框，用户可按"国标"选择新图层的颜色；单击新图层的线型区域弹出【选择线型】对话框，如图1-47所示，在默认情况下，系统将为用户提供一种"Continuous"线型，单击【加载】按钮弹出【加载或重载线型】对话框，如图1-48所示，用户可按"国标"选择新图层的线型，按【确定】按钮所选择的线型被加载到【选择线型】对话框内，单击刚加载的线型选择它，按【确定】按钮即可将该线型附加给新图层；单击新图层的线宽区域弹出【线宽】对话框，用户可按"国标"选择新图层的线宽，单击【确定】按钮结束选择；最后关闭【图层特征管理器】对话框即可完成图层设置。

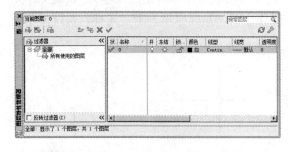
图1-45 "图层特征管理器"对话框

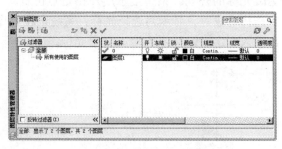
图1-46 新建图层

图 1-47 "选择线型"对话框

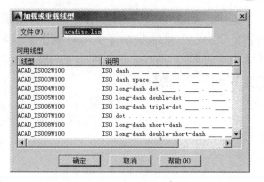

图 1-48 "加载或重载线型"对话框

屏幕上显示图线,一般应按表 1-6 提供的颜色显示,并要求相同类型的图线应采用同样的颜色。

表 1-6 屏幕上显示图线颜色

图线名称	细实线	波浪线	双折线	粗实线	细虚线	细点画线	细双点画线
颜色		绿色		白色	黄色	红色	粉红色

CAD 工程图的常用图层管理见表 1-7。

表 1-7 CAD 工程图的常用图层管理

层号	1	2	4	5	7
描述	粗实线	细实线,细波浪线	细虚线	细点画线	细双点画线

3)设置文字样式

文字样式主要指文字外观效果,如字体、字号、倾斜角度、旋转角度及其他的特殊效果。

单击【样式】工具栏的 按钮弹出【文字样式】对话框,如图 1-49 所示。在【字体】组合框的【SHX 字体(X)】下拉列表中选择 gbenor.shx,并复选【使用大字体】,在【大字体】下拉列表中选择 gbcbig.shx,在【大小】组合框的【高度】文本框中,将文字的高度设置为 3.5,最后单击【应用】按钮完成对"standard"样式的修改,如图 1-50 所示。

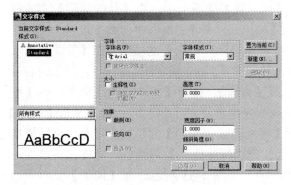

图 1-49 "文字样式"对话框

图 1-50 "Standard"样式的修改

接着,可按以下操作完成 5 号字的设置:单击图 1-50 所示的【文字样式】对话框中的【新建】按钮弹出【新建文字样式】对话框,新文字样式将以临时名称"样式 1"出现在【样式名

文本框中，如图 1-51 所示，用户可以输入新文字样式的名称如"5HZ"，单击【确定】按钮新设置的"5HZ"被加载在【文字样式】对话框，如图 1-52 所示，在【大小】组合框的【高度】文本框中，将文字的高度设置为 5，最后执行【应用】|【关闭】命令完成设置。同样，可以设置其他所需要的样式。

图 1-51 "新建文字样式"对话框

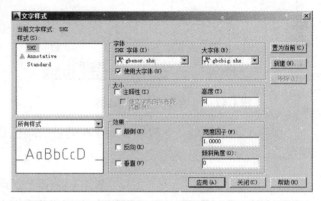

图 1-52 设置 5 号字

字体高度与图纸幅面之间的关系参见表 1-8。

表 1-8 字体高度与图纸幅面之间的选用关系

字符类型	图 幅				
	A0	A1	A2	A3	A4
	字体高度 h（mm）				
字母与数字	5			3.5	
汉 字	7			5	

4）设置标注样式

标注样式主要指标注的外观，如箭头样式、文字位置和尺寸公差等。

单击【样式】工具栏的 按钮弹出【标注样式管理器】对话框，当前样式"ISO-25"被亮显在【样式】对话框，如图 1-53 所示。单击【修改】按钮弹出【修改标注样式：ISO-25】对话框，如图 1-54 所示。打开【线】选项卡，在【尺寸线】选项组中，将【基线间距】文本框中的数字设置为"7"；在【尺寸界线】选项组中，将【超出尺寸线】文本框中的数字设置为"2.5"，将【起点偏移量】文本框中的数字设置为"0"。打开【符号和箭头】选项卡，在【箭头】选项组中，将【箭头大小】文本框中的数字设置为 3（对应于 0.5 mm 线宽的粗实线）；在【圆心标记】选项组中，可视需要来点选【无】、【标记】或【直线】。打开【主单位】选项卡，在【线性标注】选项组中的【小数分割符】文本框的下拉列表中选择"."（句点）；最后单击【确定】按钮完成对"ISO-25"样式的修改，系统返回到【标注样式管理器】对话框。接着，可以根据"国标"新建标注样式。单击【新建】按钮弹出【创建新标注样式】对话框，新样式将以临时名称"副本 ISO-25"亮显在【新样式名】文本框中，如图 1-55 所示，在【用于】文本框的下拉列表中选择【角度标注】，如图 1-56 所示，单击【继续】按钮弹出【新建标注样式：ISO-25：角度】对话框，打开【文字】选项卡，在【文字对齐】选项组中点选【水平】，单击【确定】按钮完成角度标注样式的设置，系统返回到【标注样式管理器】对话框。再次单击【新建】按钮弹出【创建新标注样式】对话框,在【基础样式】文本框中选择【ISO-25】,在【用于】文本框的下拉列表中选择【半径标注】,单击【继续】按钮弹出【新建标注样式:ISO-25:半径】对话框,打开【调整】选项卡,在【调整选项】选项组中点选【文字和箭头】,单击【确定】完成半径标注样式的设置,系统返回到【标注样式管理器】对话框。直径标注样式的设置方法与半径标注样式的设置方法相同。

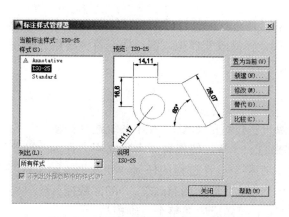

图 1-53 "标注样式管理器"对话框

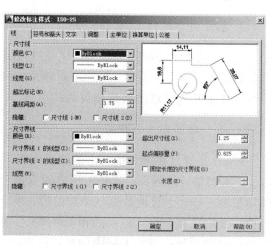

图 1-54 "修改标注样式:ISO-25"对话框

图 1-55 "创建新标注样式"对话框

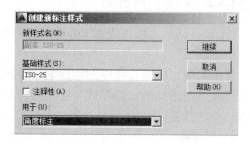

图 1-56 创建角度标注样式

1.3 三维造型设计软件简介

目前三维造型设计的主流软件有 Pro/Engineer、UG、SolidWorks 和 Inventor 等,本书通过 Pro/Engineer 介绍计算机三维造型设计的基本方法。Pro/Engineer 是美国参数技术公司(PTC)旗下的 CAD/CAM/CAE 一体化的三维软件。Pro/Engineer 以参数化著称,是参数化技术的最早应用者,自 1988 年问世以来已推出多个版本,下面主要介绍 Pro/Engineer Wildfire5.0(以下简称 Pro/E)。

1.3.1 Pro/E 的主要特点

Pro/E 第一个提出了参数化设计的概念,并且采用了单一数据库来解决特征的相关性问题。Pro/E 的基于特征方式,能够将设计至生产全过程集成到一起,实现并行工程设计。另外,它采用模块化方式,用户可以根据自身的需要进行选择,而不必安装所有模块。

1. 参数化设计

相对于产品而言，我们可以把它看成几何模型，而无论多么复杂的几何模型，都可以分解成有限数量的构成特征，而每一种构成特征，都可以用有限的参数完全约束，这就是参数化的基本概念。

2. 基于特征建模

Pro/E 是基于特征的实体模型化系统，用户采用具有智能特性的基于特征的功能去生成模型如腔、壳、倒角及圆角，用户可以随意勾画草图，轻易改变模型。这一功能特性给用户提供了在设计上从未有过的简易和灵活。

3. 单一数据库（全相关）

Pro/E 是建立在统一基层上的数据库上，不像一些传统的 CAD/CAM 系统建立在多个数据库上。所谓单一数据库，就是工程中的资料全部来自一个库，使得每一个独立用户在为一件产品造型而工作，不管他是哪一个部门的。换言之，在整个设计过程的任何一处发生改动，亦可以前后反应在整个设计过程的相关环节上。例如，一旦工程详图有改变，NC（数控）工具路径也会自动更新；组装工程图如有任何变动，也完全同样反应在整个三维模型上。

1.3.2 Pro/E 的界面

Pro/E 启动后，即可进入 Pro/E 的初始界面，如图 1-57 所示。

1) 标题栏

显示当前正在运行程序的程序名，当新建或打开模型文件时，还显示出该文件的名称。若该文件是当前活动的，则在该文件名后面显示"（活动的）"字样；同时打开多个模型文件时，只有一个文件是活动的。

2) 菜单栏

系统将控制命令按性质分类放置于这一组菜单中，菜单栏的内容与当前工作的模块有关。

3) 工具栏

工具栏是用户在建模过程中最常用的一种快捷辅助工具。多个工具栏的集合称为工具箱，工具箱包括上工具箱和右工具箱。工具箱的内容与当前工作的模块有关。上工具箱所包含的内容都是与模型操作相关的命令，右工具箱所包含的内容都是与模型建立相关的命令。

4) 信息区

信息区包括消息区、操控板、状态栏等。当创建某些特征（以拉伸为例）或装配元件操作时，操控板才在信息区出现，此时操控板包含消息区，如图 1-58 所示。消息区用于显示与窗口中的工作相关的信息，状态栏主要用来显示当前模型中选择的项目数、可用的选择过滤器、模型的再生状态及屏幕提示等，操控板的功能是用来详细定义和编辑所创建特征的参数和参照等，选择过滤器的功能是使用户根据设置的过滤条件快捷地在图形区域选择所需的对象。

5) 导航区

包括模型树、文件夹浏览器和收藏夹。

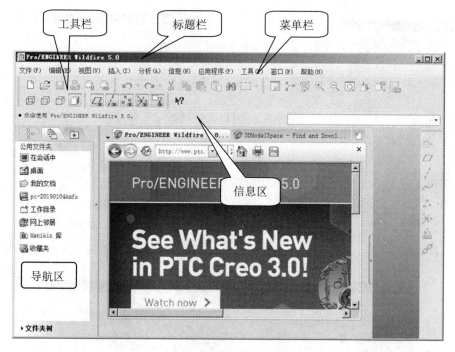

图 1-57　Pro/E 初始界面

图 1-58　信息区

1.3.3　Pro/E 基本的文件操作

Pro/E 基本的文件操作包括新建文件、打开文件和保存文件等，它们位于菜单栏的【文件】菜单中。

1. 新建文件

下面以创建一个实体零件为例，介绍其新建文件的过程。执行【文件】|【新建】命令弹出【新建】对话框，如图 1-59 所示，在【类型】选项组中点选【零件】，在【子类型】选项组中点选【实体】，在【名称】文本框中输入文件名（本例使用系统默认的"prt0001"），取消勾选【使用缺省模板】，然后单击【确定】按钮弹出【新文件选项】对话框，如图 1-60 所示，在【模板】选项组中选择【mmns_part_solid】（ISO 单位制），最后单击【确定】按钮，进入零件设计工作界面，如图 1-61 所示。Pro/E 不支持汉字作为文件名，文件名中间也不允许有空格，文件名只能用英文字母、数字和下画线的组合。

机械制图

图 1-59 "新建"对话框

图 1-60 "新文件选项"对话框

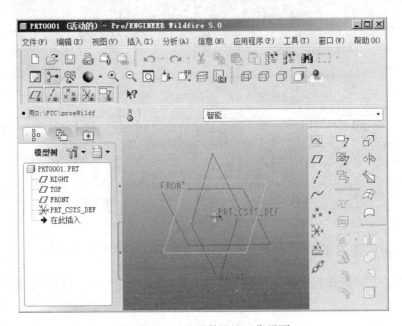

图 1-61 Pro/E 零件设计工作界面

2. 打开文件

执行【文件】|【打开】命令弹出【文件打开】对话框，选择需要打开的文件，最后单击【打开】按钮完成操作。

3. 保存文件

Pro/E 系统中保存文件的命令主要有 3 种，即"保存"、"保存副本"和"备份"。要注意它们之间的差别。

1）保存

执行【文件】|【保存】命令弹出【保存对象】对话框（如图 1-62 所示），指定文件的存

放位置，单击【确定】按钮完成保存文件。当一个设计任务第一次执行【保存】命令时，可以指定文件的存放位置，但以后再执行【保存】命令时便不可以更改文件的存放位置了。每保存一次文件，先前的文件并没有被覆盖掉，而保存的同名文件在扩展名的后面自动添加版本编号。如某轴（文件名为 shaft）建模过程中，第一次执行保存时的文件名为"shaft.part.1"，第二次执行保存时的文件名为"shaft.part.2"，以此类推。

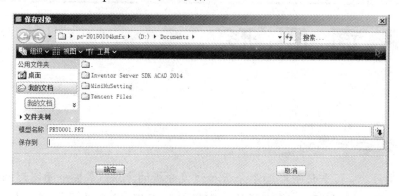

图 1-62　"保存对象"对话框

2）保存副本

执行【文件】|【保存副本】命令，弹出【保存副本】对话框（如图 1-63 所示），指定副本文件的存放位置，在【新名称】文本框输入副本的文件名（副本的文件名不能与【模型名称】文本框的源文件名相同），单击【类型】文本框的空白处弹出下拉列表，选择需要的类型，最后单击【确定】按钮完成保存副本。保存副本类似于 Word 中的"另存为"，但保存副本命令执行后，当前文件并不会转变为保存的副本文件，这点与 Word 执行"另存为"命令后完全不同。

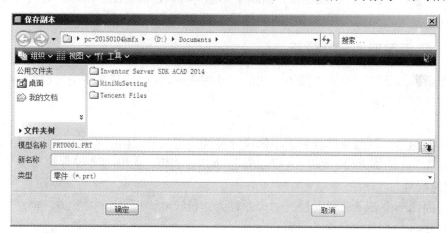

图 1-63　"保存副本"对话框

3）备份

备份与保存副本很相似，两者最大的区别就是备份不能更改文件名且只能将文件保存为其当前所属格式。执行【文件】|【备份】命令弹出【备份】对话框，操作过程与保存副本相似，略。

第2章

平 面 图 形

教学要求

通过本章学习，掌握平面图形尺寸分析和线段分析的方法，掌握平面图形的作图方法和尺寸标注方法，了解 AutoCAD 的基本操作，掌握 AutoCAD 绘制平面图形的方法，了解 Pre/E 草绘的基本知识和基本操作，掌握草绘的方法。

2.1 平面图形分析与作图

如图 2-1 所示，平面图形通常由一个或几个封闭线框组成，封闭线框可以是正多边形、圆，也可以由若干直线、圆弧连接而组成。绘制平面图形时，要根据图中所标注的尺寸来确定作图步骤。标注尺寸时，要根据图中图线间的位置关系来确定需要标注的尺寸。

2.1.1 平面图形的尺寸分析

平面图形的形状和大小应以图中所注的尺寸为依据，尺寸按其在图中所起的作用可分为定形尺寸和定位尺寸两种。

1）定形尺寸

确定平面图形中各部分形状和大小的尺寸称为定形尺寸，如圆的直径、圆弧的半径、线段的长度等。图 2-1 中的 $R80$、$R20$、$R12$、$R30$、$R10$、$\phi20$、$\phi40$、22 等都是定形尺寸。

2）定位尺寸

确定平面图形中各部分相对位置的尺寸称为定位尺寸。图 2-1 中的 20、40、30°、15 等都是定位尺寸。

3）基准

作为定位尺寸起点的点、直线称为定位尺寸基准，简称尺寸基准或基准。一个平面图形至少有两个基准：一个水平方向基准和一个竖直方向基准。平面图形常用的基准有对称图形的对称中心线、较大圆的中心线和较长的直线。图 2-1 中 $\phi40$ 圆的两条中心线就分别是水平方向和竖直方向的基准。

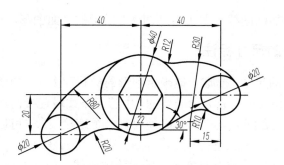

图 2-1　平面图形

2.1.2　平面图形的线段分析

平面图形中的线段，根据其尺寸标注情况，可分为三类：

（1）已知线段。已知线段是根据所标注的尺寸，就可以直接画出的圆（弧）或直线，即定形尺寸和定位尺寸齐全的线段。图 2-1 中的三个圆和正六边形都是已知线段。

（2）中间线段。中间线段是除了根据图中所标注的尺寸外，还需要根据一个与已定线段的连接关系才能画出的圆弧或直线，即缺少一个定位尺寸的线段。图 2-1 中的 $R30$ 圆弧和倾角为 $30°$ 的定向斜线都是中间线段。

（3）连接线段。连接线段是除了根据图中所标注的尺寸外，还需要根据两个与已定线段的连接关系才能画出的圆弧或直线，即无定位尺寸的线段。图 2-1 中的 $R80$ 圆弧、$R20$ 圆弧、$R12$ 圆弧和 $R10$ 圆弧等都是连接线段。

2.1.3　平面图形的作图

通过平面图形的线段分析，可以得出如下作图步骤：①画基准线；②画各已知线段；③画各中间线段；④画各连接线段。图 2-2 所示就是图 2-1 所示平面图形的作图步骤。

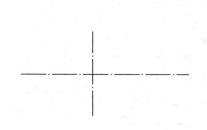

（a）画基准线

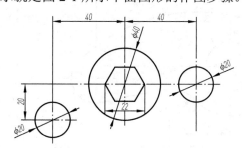

（b）画已知线段

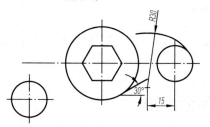

（c）画中间线段

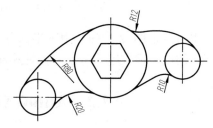

（d）画连接线段

图 2-2　平面图形的作图步骤

最后，整理、描粗加深图线，即可得到图 2-1 所示的平面图形。

2.1.4 平面图形的尺寸标注

平面图形中所标注的尺寸，要唯一地确定图形的形状和大小，即所标注的尺寸对于确定图中各图线的位置、形状和大小是充分而必要的。由若干条线段连接而成的图线标注尺寸的一般规律是：在两个已知线段之间只能有而且必须要有一个连接线段，可以有任意条也可以没有中间线段。标注尺寸的方法、步骤是：

（1）选定基准。常用的基准有对称图形的对称中心线、较大圆的中心线和较长的直线。

（2）线段分析。确定各线段的种类，即哪些定为已知线段，哪些定为中间线段，哪些定为连接线段。

（3）标注已知线段的尺寸。已知线段需要标注定形尺寸和齐全的定位尺寸。

（4）标注中间线段的尺寸。中间线段需要标注定形尺寸和一个定位尺寸。

（5）标注连接线段的尺寸。连接圆弧只需要标注半径，连接直线不需要标注尺寸。

图 2-3 所示为平面图形的尺寸标注举例。

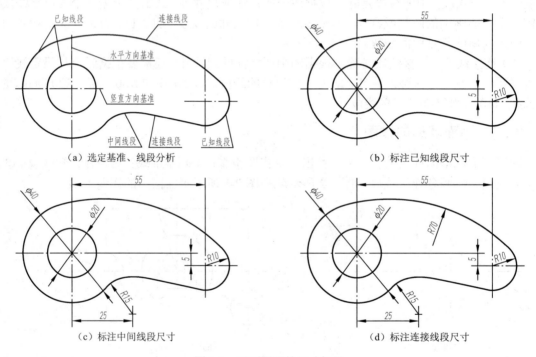

图 2-3 平面图形的尺寸标注

当然，也可以把图 2-3（a）中下半部分的连接线段（直线）定为中间线段，把其左边的圆弧定为连接线段，请大家思考尺寸标注相应的变化。

2.2 AutoCAD 绘制平面图形

本节通过案例讲解，介绍 AutoCAD 常用的绘图命令、修改命令、标注命令和尺寸标注修改等，平面图形的绘制和尺寸标注。

2.2.1 点的常用输入方法

当命令输入窗口显示为"指定第一个点:"、"指定第一个角点:"等这一类指定点的命令提示时,相应的光标显示为拾取点光标,可通过下面的方式指定点的位置:

1) 使用光标在屏幕上拾取一点

移动光标,当光标移动到所需要的位置时单击,系统将自动获取该点的坐标值。

2) 相对直角坐标输入法

使用键盘输入@△X,△Y,按回车键,其中:@是相对坐标代号,△X、△Y 是当前点相对前一个点的直角坐标增量值,两者之间用英文逗号","隔开。

3) 相对极坐标输入法

使用键盘输入@$d<\alpha$,按回车键,其中:@是相对坐标代号,d 是当前点到前一个点距离,α 是当前点与前一个点的连线与 X 轴正向的夹角(逆时针方向为正),两者之间用"<"号隔开。

4) 直接距离输入法

第一个点确定后,先移动光标指定方向,若启用【正交】,仅可指定水平或竖直方向,若要指定倾斜方向,要关闭【正交】,此时在光标附近出现的动态输入提示窗口会显示当前倾角,精度为1°,如图 2-4(b)所示,再通过键盘输入当前点到前一个点的距离,最后按回车键。

5) 对象捕捉输入法

启用"对象捕捉",可以准确地捕捉到图形中已有的特殊点,如圆心、端点、垂足等。

2.2.2 常用二维绘图命令

平面图形一般都由直线、正多边形、矩形、圆(弧)、椭圆等基本图形组成,这些基本图形元素的画法是绘制平面图形的基础。二维绘图命令一般通过单击【绘图】工具栏的图标按钮来激活。

1. 绘制直线

以绘制如图 2-4(a)所示的两相交直线为例。单击【绘图】工具栏的 / 按钮激活【直线】命令,使用光标在屏幕上拾取一点指定为水平直线的左端点,向右稍移动光标,输入 30,按回车键(指定水平直线的右端点,也是斜直线的左下方端点),此时"命令输入窗口"提示为"指定下一点或【放弃(U)】",其中,【】内的"放弃(U)"为候选项,若要执行它,需要输入其代码"U"并按回车键,【】前的"指定下一点"为默认选项,关闭【正交】,向右上方移动光标直至动态输入提示窗口显示的角度为 50°,如图 2-4(b)所示,输入 40,按回车键(指定斜直线的右上方端点),最后按回车键结束命令。命令历史窗口记录的操作信息如下:

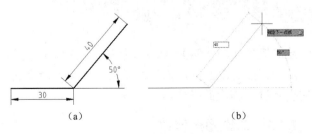

图 2-4 绘制直线

上例中的斜直线也可通过直接输入其相对极坐标来绘制，即在画出水平直线后输入 40<50（系统默认为相对坐标），按回车键，最后按回车键结束命令。命令历史窗口记录的操作信息如下：

```
命令：_line
指定第一个点：
指定下一点或 [放弃(U)]: 30

指定下一点或 [放弃(U)]: @40<50

指定下一点或 [闭合(C)/放弃(U)]:
```

2. 绘制正多边形

以绘制内接于 φ30 圆的正六边形为例。单击【绘图】工具栏的 按钮激活【多边形】命令，输入 6（括号内的"4"是系统默认的上一次执行多边形命令时输入的侧面数，若画正四边形直接按回车键即可），按回车键，使用光标在屏幕上拾取一点指定为正六边形的中心点（外接圆的圆心），按回车键【使用系统默认设置"内接于圆（I）"】，输入 15，按回车键，即可绘制出内接于 φ30 圆的正六边形，如图 2-5 所示。命令历史窗口记录的操作信息如下：

```
命令：_polygon 输入侧面数 <4>: 6
指定正多边形的中心点或 [边(E)]:
输入选项 [内接于圆(I)/外切于圆(C)] <I>:
指定圆的半径: 15
```

图 2-5　绘制正六边形

3. 绘制样条曲线

以绘制过如图 2-6（a）所示的七个点的样条曲线为例。单击【绘图】工具栏的 按钮激活【样条曲线】命令，使用光标依次拾取图 2-6（a）所示的七个点，按回车键，即可绘制出如图 2-6（b）所示的样条曲线。命令历史窗口记录的操作信息如下：

```
命令：_spline
当前设置：方式=拟合    节点=弦
指定第一个点或 [方式(M)/节点(K)/对象(O)]:
输入下一个点或 [起点切向(T)/公差(L)]:
输入下一个点或 [端点相切(T)/公差(L)/放弃(U)]:
输入下一点或 [端点相切(T)/公差(L)/放弃(U)/闭合(C)]:
输入下一点或 [端点相切(T)/公差(L)/放弃(U)/闭合(C)]:
输入下一点或 [端点相切(T)/公差(L)/放弃(U)/闭合(C)]:
输入下一个点或 [端点相切(T)/公差(L)/放弃(U)/闭合(C)]:
```

图 2-6　绘制样条曲线

绘制矩形（□按钮）、圆（⊙按钮）、圆弧（⌒按钮）和椭圆（○按钮）等的方法与上述作图方法类似，请读者自行练习，并从中体会各命令的含义和作图步骤。练习时，要注意按命令行的提示进行相应的操作。

2.2.3　二维图形修改

绘制平面图形过程中，已经画出的基本图形一般都需要经过组合、修改，才能得到所需要的图形。二维绘图修改命令一般通过单击【修改】工具栏的图标按钮来激活。

1. 选择对象的方式

1）直接拾取

单击要选择的对象，即可选择该对象。可以选择一个或多个对象。选择对象完成后，按回车键或单击右键便可结束选择对象操作。

2）窗口选择

用来选择矩形（由两个角点定义）内部的所有对象。用光标指定左边的一个角点后，按住鼠标左键向右拖动出一个矩形窗口后释放左键，完全被矩形窗口围住的对象被选择。

3）窗交选择

用来选择矩形（由两个角点定义）内部的以及与其相交的所有对象。用光标指定右边的一个角点后，按住鼠标左键向左拖动出一个矩形窗口后释放左键，完全被矩形窗口围住的以及与窗口边界相交的所有对象均被选择。

对象被选择后，AutoCAD 用虚线醒目显示它们。在"选择对象："类命令提示下选中的对象如图 2-7 所示。按住 Shift 键，再次选择已被选择的对象，可以将其从当前选取集中删除。

2. 使用夹点编辑操作修改对象

夹点是控制对象方向、位置、大小和区域的特殊点。通过夹点可以将命令和选择对象结合起来，从而提高编辑速度。在未启动任何命令的情况下，被选择的对象就会显示出其夹点（默认是蓝色实心的小方框），如图 2-8 所示。单击对象上的夹点，该夹点被选择并亮显（默认为红色，称之为热夹点），系统进入夹点编辑操作，可以进行拉伸、移动、旋转、缩放或镜像操作；也可以不选择热夹点而直接进行一般的编辑操作，如删除等。操作完成后，按 Esc 键，夹点消失，对象恢复常态显示。执行某一命令，夹点也会消失，对象恢复常态显示。

图 2-7　在"选择对象："下选择对象　　　　图 2-8　在"命令："下选择对象

1）拉伸、拉长

单击线段的端部夹点，在线段方向上移动光标即可拉伸、拉长该线段；也可通过移动光标指定拉伸的方向，再通过键盘输入需要拉伸的长度值进行拉长，如图 2-9 所示。单击圆的象限夹点，移动光标即可拉伸圆的半径，也可通过键盘直接输入需要的半径值，如图 2-10 所示。

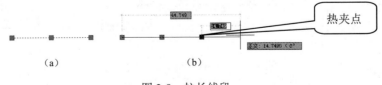

图 2-9　拉长线段

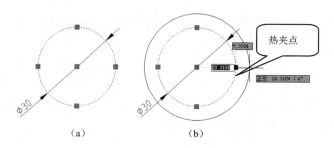

图 2-10 拉伸圆的半径

2）移动

单击线段的中间夹点、圆（弧）的圆心夹点，可以进行移动。

3. 常用二维修改命令

1）删除

用来删除对象。具体操作是：单击【修改】工具栏的 按钮，选择要删除的对象，按回车键。

2）分解

用来将组合对象如使用正多边形命令绘制的正多边形、使用矩形命令绘制的矩形、块、尺寸和剖面线等分解为部件对象。具体操作是：单击【修改】工具栏的 按钮，选择要分解的对象，按回车键。

3）复制

用来将对象复制到指定方向上的指定距离处。将图 2-11（a）所示的圆复制到其正右方 35mm 处的操作是：单击【修改】工具栏的 按钮，用"窗交选择"选择圆及其中心线，单击右键，用光标拾取圆心指定为基点，向右稍移动光标，如图 2-11（b）所示，输入 35，按回车键，再按回车键结束复制操作，复制后如图 2-11（c）所示。命令历史窗口记录的操作信息如下：

```
命令: _copy
选择对象: 指定对角点: 找到 3 个

选择对象:

当前设置：  复制模式 = 多个
指定基点或 [位移(D)/模式(O)] <位移>:
指定第二个点或 [阵列(A)] <使用第一个点作为位移>: 35

指定第二个点或 [阵列(A)/退出(E)/放弃(U)] <退出>:
```

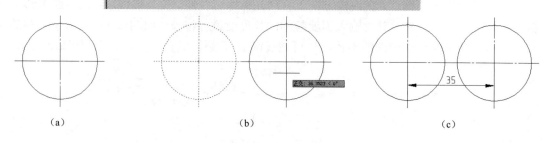

图 2-11 复制

4)镜像

用来创建选定对象的镜像副本,常用于绘制对称图形。镜像图 2-12(a)所示的对象绘制对称图形的操作是:单击【修改】工具栏的 按钮,用"窗口选择"方式选择对象的所有实线,按右键,用光标依次拾取中心线的两个端点来指定镜像线,如图 2-12(b)所示,按回车键(使用系统默认的不删除源对象),镜像后如图 2-12(c)所示。命令历史窗口记录的操作信息如下:

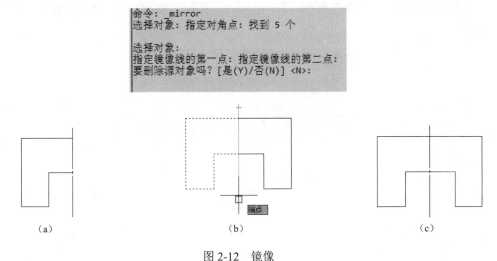

图 2-12 镜像

5)阵列

用来创建以阵列模式排列的对象副本,有环形阵列、矩形阵列和路径阵列三种类型。下面介绍环形阵列的操作步骤,矩形阵列和路径阵列请读者自行练习。单击【修改】工具栏的 按钮,在图 2-13(a)中,用"直接拾取"方式拾取小圆来选择对象,单击右键,用光标拾取同心圆的圆心指定为阵列的中心点,输入 I,按回车键,输入 8,按回车键,再按回车键结束阵列操作,阵列后如图 2-13(b)所示。命令历史窗口记录的操作信息如下:

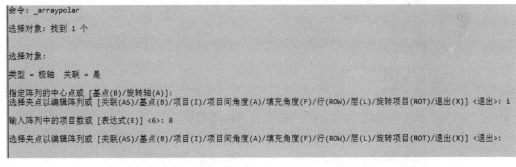

图 2-13 阵列

6）移动与旋转

移动用来将对象在指定方向上移动指定距离，旋转用来绕基点旋转对象。下面介绍移动的操作步骤，旋转（○按钮）请读者自行练习。单击【修改】工具栏的✥按钮，选择图2-14（a）中的直线为要移动的对象，单击右键，用光标拾取其左端点指定为基点，移动光标拾取圆的象限点指定为第二个点即可完成移动操作，如图2-14（b）、（c）所示。命令历史窗口提示的操作步骤如下（也可通过以下操作来实现移动：移动光标指定移动方向，通过键盘输入移动距离，按回车键）：

```
命令：move
选择对象：找到 1 个

选择对象：

指定基点或 [位移(D)] <位移>：
指定第二个点或 <使用第一个点作为位移>：
```

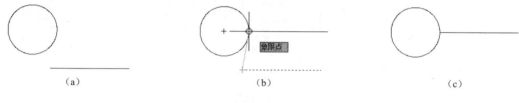

(a)　　　　　　　　　(b)　　　　　　　　　(c)

图 2-14　移动

7）修剪

用来修剪对象以适合其他对象的边，是一条实现部分删除的命令。单击【修改】工具栏的╋按钮，在图2-15中，依次选择左边的竖线和较小的圆指定为剪切边，单击右键，再依次选择水平直线在左边竖线左边的外伸部分和较大的圆在较小的圆内部的圆弧指定为要修剪的对象，按回车键即可完成修剪，修剪后如图2-16所示。命令历史窗口记录的操作信息如下：

```
命令：trim
当前设置:投影=UCS，边=无
选择剪切边...
选择对象或 <全部选择>：找到 1 个

选择对象：找到 1 个，总计 2 个

选择对象：

选择要修剪的对象，或按住 Shift 键选择要延伸的对象，或
[栏选(F)/窗交(C)/投影(P)/边(E)/删除(R)/放弃(U)]：

选择要修剪的对象，或按住 Shift 键选择要延伸的对象，或
[栏选(F)/窗交(C)/投影(P)/边(E)/删除(R)/放弃(U)]：

选择要修剪的对象，或按住 Shift 键选择要延伸的对象，或
[栏选(F)/窗交(C)/投影(P)/边(E)/删除(R)/放弃(U)]：
```

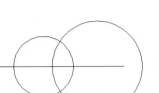
图 2-15 已知图形

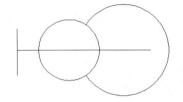
图 2-16 修剪

8)延伸

用来延伸对象以适合其他对象的边。单击【修改】工具栏的 按钮,在图 2-16 中,选择较大的圆指定为边界的边,单击右键,再选择水平直线的右边部分指定为要延伸的对象,按回车键即可完成延伸,延伸后如图 2-17 所示。命令历史窗口记录的操作信息如下:

```
命令:_extend
当前设置:投影=UCS,边=无
选择边界的边...
选择对象或 <全部选择>:找到 1 个

选择对象:

选择要延伸的对象,或按住 Shift 键选择要修剪的对象,或
[栏选(F)/窗交(C)/投影(P)/边(E)/放弃(U)]:

选择要延伸的对象,或按住 Shift 键选择要修剪的对象,或
[栏选(F)/窗交(C)/投影(P)/边(E)/放弃(U)]:
```

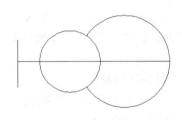
图 2-17 延伸

9)倒角与圆角

倒角用来给对象加倒角,圆角用来给对象加圆角。下面介绍倒角的操作步骤,圆角(按钮)请读者自行练习。单击【修改】工具栏的 按钮,输入 d,按回车键,输入 5,按回车键,再按回车键,依次选择图 2-18(a)所示矩形左边的边和下边的边,即可完成对矩形左下方顶点进行倒角的操作,如图 2-18(b)所示。按回车键重复倒角操作,系统默认执行上一次的操作,依次选择图 2-18(b)中矩形右边的边和下边的边,即可完成对矩形右下方顶点进行倒角的操作,如图 2-18(c)所示。命令历史窗口记录的操作信息如下:

```
命令:_chamfer
("修剪"模式)当前倒角距离 1 = 0.0000,距离 2 = 0.0000
选择第一条直线或 [放弃(U)/多段线(P)/距离(D)/角度(A)/修剪(T)/方式(E)/多个(M)]: d
指定 第一个 倒角距离 <0.0000>: 5
指定 第二个 倒角距离 <5.0000>:

选择第一条直线或 [放弃(U)/多段线(P)/距离(D)/角度(A)/修剪(T)/方式(E)/多个(M)]:
选择第二条直线,或按住 Shift 键选择直线以应用角点或 [距离(D)/角度(A)/方法(M)]:
命令:
CHAMFER

("修剪"模式)当前倒角距离 1 = 5.0000,距离 2 = 5.0000
选择第一条直线或 [放弃(U)/多段线(P)/距离(D)/角度(A)/修剪(T)/方式(E)/多个(M)]:
选择第二条直线,或按住 Shift 键选择直线以应用角点或 [距离(D)/角度(A)/方法(M)]:
```

其他修改命令的操作请读者自行练习,并从中体会各命令的含义和作图步骤。练习时,要注意按命令行的提示进行相应的操作。

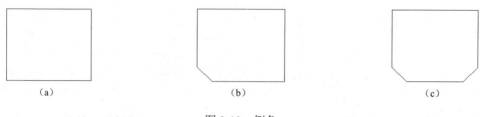

图 2-18 倒角

2.2.4 尺寸标注

标注命令一般通过单击【标注】工具栏的图标按钮来激活。输入标注命令后，光标显示为拾取点光标或选择光标。在进行尺寸标注时，需要启用【对象捕捉】，并进行必要的设置。下面主要介绍一些常用标注命令的操作方法。

1）线性标注

主要用来标注两点之间的水平尺寸或竖直尺寸。标注图 2-19 中尺寸 30 的操作是：单击【标注】工具栏的按钮执行【线性】命令，用光标分别拾取其两个端点，然后移动光标到合适的位置后单击。

2）对齐线性标注

主要用来创建与尺寸线的原点对齐的线性标注，其尺寸线始终与标注对象保持平行，主要用于标注倾斜图线的尺寸。标注图 2-19 中尺寸 27 的操作是：单击【标注】工具栏的按钮执行【对齐】命令，用光标分别拾取其两个端点，然后移动光标到合适的位置后单击。

3）直径标注与半径标注

标注图 2-20 中尺寸 $\phi30$ 的操作是：单击【标注】工具栏的按钮执行【直径】命令，选择圆，然后移动光标到合适的位置后单击。半径（和按钮）标注与直径标注类似，请读者自行练习。

4）角度标注

标注图 2-21 中角度 45°的操作是：单击【标注】工具栏的按钮执行【角度】命令，依次选择角的两条边，然后移动光标到合适的位置后单击。

图 2-19 线性尺寸　　　　图 2-20 直径标注　　　　图 2-21 角度标注

2.2.5 尺寸标注修改

尺寸标注后，用户可以使用 AutoCAD 提供的各种方法对标注进行局部调整。

1. 使用夹点编辑标注

主要用来修改标注位置，也是修改标注位置最快、最简单的方法。

1）修改尺寸线位置

单击图 2-19 中的尺寸 30，该尺寸被选择而显示出其夹点，如图 2-22（a）所示，单击尺寸线端点或尺寸数字位置的 3 个夹点中的任意一个（本例选择尺寸线上端的夹点），移动光标到合适的位置后单击，如图 2-22（b）所示，按回车键完成修改，按 Esc 键结束修改，修改后如图 2-22（c）所示。

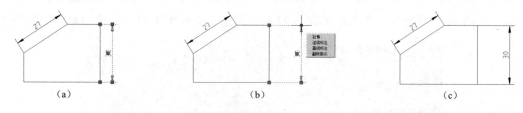

图 2-22 修改尺寸线位置

2）修改尺寸数字、尺寸线位置

单击图 2-22（a）中尺寸数字位置的夹点，关闭【正交】，移动光标到合适的位置如图 2-23（a）所示，然后单击，如图 2-23（b）所示，按回车键完成修改，按 Esc 键结束修改，修改后如图 2-23（c）所示。

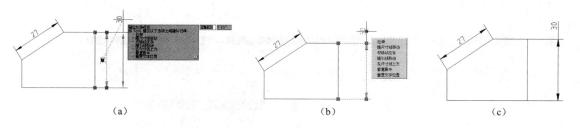

图 2-23 修改尺寸数字位置

其他使用夹点编辑标注的操作请读者自行练习，并从中体会各命令的含义和作图步骤。练习时，要注意按快捷菜单和命令行的提示进行相应的操作

2. 修改半径尺寸线长度

修改图 2-24（a）中 R90 的尺寸线长度的操作是：执行分解命令，将 R90 分解为尺寸线、箭头和尺寸数字三部分，单击尺寸线其夹点显示出来，关闭【正交】，选择其圆心处的夹点并沿尺寸线方向移动光标至合适的位置，如图 2-24（b）所示，然后单击，按回车键完成修改，按 Esc 键结束修改，修改后如图 2-24（c）所示。

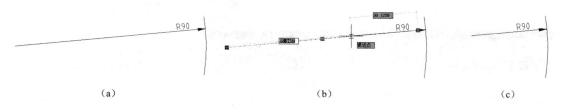

图 2-24 修改半径尺寸线长度

3. 编辑标注

用来旋转、修改或恢复标注文字，更改尺寸界线的倾斜角。为图 2-25（a）中尺寸 30 添加直径符号"ϕ"的操作是：单击【标注】工具栏的按钮，输入 n，按回车键弹出【文字样式】对话框如图 2-25（b）所示，单击@-按钮弹出下拉列表如图 2-25（c）所示，选择【直径】即可添加上直径符号"ϕ"，如图 2-25（d）所示，单击【确定】按钮，选择图 2-25（a）中尺寸 30，单击右键完成操作，修改后如图 2-25（e）所示。命令历史窗口记录的操作信息骤如下：

```
命令: dimedit
输入标注编辑类型 [默认(H)/新建(N)/旋转(R)/倾斜(O)] <默认>: n
选择对象: 找到 1 个
选择对象:
```

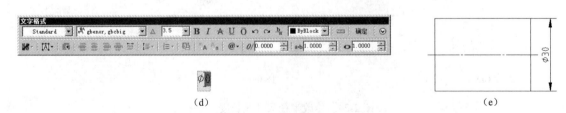

图 2-25　编辑标注

单击【标注】工具栏的按钮,选择倾斜(O),便可更改尺寸线的倾斜角,有关操作请读者自行练习。

2.2.6 绘制平面图形

按 1.2.3 节介绍的有关方法设置需要的图层。下面以绘制图 2-26(a)所示的平面图形为例,介绍 AutoCAD 绘制平面图形的方法和步骤。需要说明的是这里所介绍的作图方法并不一定是绘制该图的最优方法,大家可以用不同的方法绘制,并与其尺规绘图的方法和步骤对比。

1)画基准线

单击【图层】工具栏的【图层控制】文本框,在弹出的【图层控制】下拉列表中选择所设置的点画线,即可将其设置为当前层。执行【直线】命令,绘制水平和竖直方向的基准线,如图 2-26(b)所示。

2)画已知线段

执行【偏移】命令,分别把竖直中心线向右偏移 40(确定右边的 $\phi 20$ 圆的圆心),再把竖直中心线向左偏移 40、水平中心线向下偏移 20(确定左下方的 $\phi 20$ 圆的圆心),如图 2-26(c)所示。用上述的将点画线设置为当前层相类似的方法将粗实线设置为当前层。执行【圆】命令,分别绘制三个圆。执行【多边形】命令,绘制正六边形。使用夹点编辑操作修改中心线的长度,如图 2-26(d)所示。

3)画中间线段

(1)绘制 $R30$ 圆弧

执行【偏移】命令,把右边 $\phi 20$ 圆的竖直中心线向左偏移 15,执行【圆】命令,以右边 $\phi 20$ 圆的圆心为圆心绘制 $R20$ 圆($R30$ 圆弧与右边 $\phi 20$ 圆内切),所绘直线与圆的交点 A 即为 $R30$ 圆弧的圆心,执行【圆】命令,以点 A 为圆心绘制 $R30$ 圆,如图 2-26(e)所示,经过删除、修剪图线后如图 2-26(f)所示。

(2)绘制倾角为 30°的定向斜线

执行【直线】命令,输入 tan(单点捕捉方式捕捉切点),按回车键,再把光标移动到该定向斜线与 $\phi 40$ 圆切点的大致位置,此时有"递延切点"显示,如图 2-26(g)所示,然后单击(指定直线的一个端点),输入 40<30(斜线长度 40、与 X 轴正向夹角 30°),按回车键(指定直线的另一个端点),再按回车键结束命令,如图 2-26(h)所示。经过修剪图线如图 2-26(i)所示。命令历史窗口记录的操作信息如下:

```
命令: _line
指定第一个点: tan
到
指定下一点或 [放弃(U)]: @40<30
```

4)画连接线段

(1)$R20$、$R12$ 和 $R10$ 圆弧

执行【圆角】命令,绘制出这三段圆弧如图 2-26(j)所示。命令历史窗口记录的绘制 $R20$ 圆弧的操作信息如下:

```
命令: _fillet
当前设置: 模式 = 修剪,半径 = 12.0000
选择第一个对象或 [放弃(U)/多段线(P)/半径(R)/修剪(T)/多个(M)]: r
指定圆角半径 <12.0000>: 20

选择第一个对象或 [放弃(U)/多段线(P)/半径(R)/修剪(T)/多个(M)]:
选择第二个对象,或按住 Shift 键选择对象以应用角点或 [半径(R)]:
```

机械制图

（2）R80 圆弧

执行【圆】命令，输入 t，按回车键，分别移动光标到 R80 圆弧与 ϕ20 圆和 ϕ40 圆切点的大致位置（有"递延切点"显示）后单击，输入 80，按回车键即可完成 R80 圆弧所在圆的绘制，如图 2-26（k）所示。经过修剪图线后如图 2-26（m）所示。命令历史窗口记录的绘制 R80 圆弧所在圆的操作信息如下：

```
命令: circle
指定圆的圆心或 [三点(3P)/两点(2P)/切点、切点、半径(T)]: t
指定对象与圆的第一个切点:
指定对象与圆的第二个切点:
指定圆的半径: 80
```

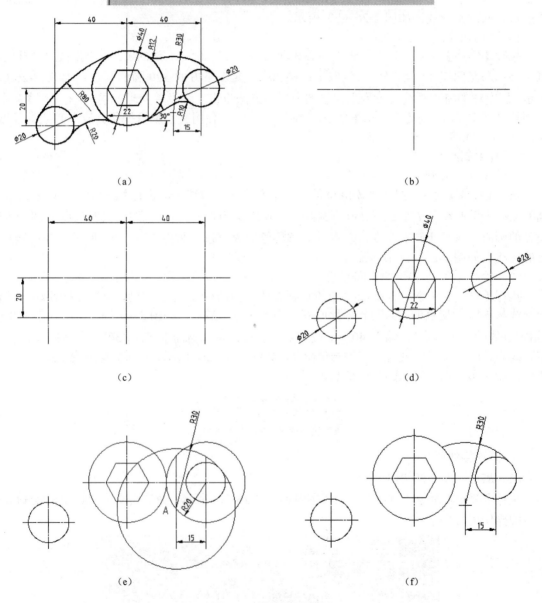

图 2-26 绘制平面图形

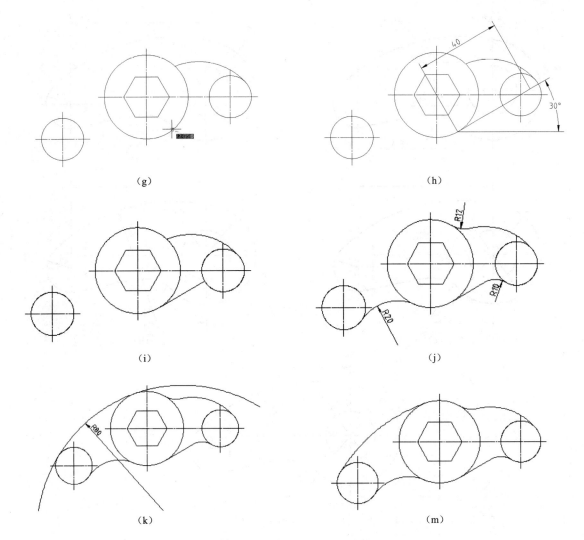

图 2-26 绘制平面图形（续）

2.2.7 平面图形的尺寸标注

按 1.2.3 节介绍的有关方法设置文字样式和需要的标注样式，将细实线设置为当前层。标注尺寸的方法、步骤与 2.1.4 节所介绍的方法、步骤相同。图 2-27（a）所示的平面图形的尺寸标注步骤如下：

（1）标注已知线段的尺寸。如图 2-27（b）所示，执行【线性】命令标注定位尺寸 55 和 5，执行【直径】命令标注定形尺寸 $\phi 40$ 和 $\phi 20$，执行【半径】命令标注定形尺寸 $R40$。

（2）标注中间线段的尺寸。如图 2-27（c）所示，执行【线性】命令标注定位尺寸 25，执行【半径】命令标注定形尺寸 $R15$。

（3）标注连接线段的尺寸。如图 2-27（d）所示，执行【半径】命令标注定形尺寸 $R70$。

（4）修改标注。按 2.2.5 节介绍的方法，修改 $R70$ 的尺寸线长度，如图 2-27（e）所示。

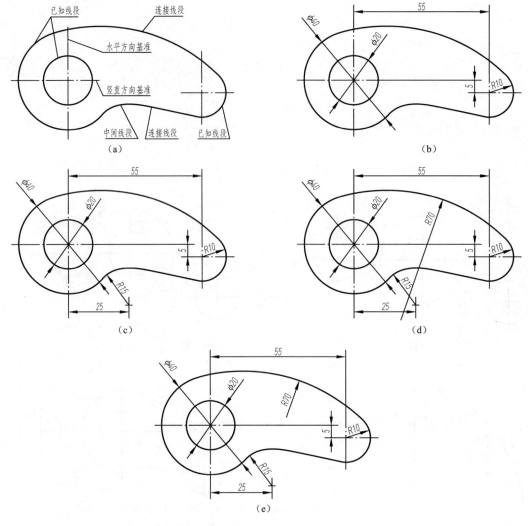

图 2-27 平面图形的尺寸标注

2.3 Pro/E 草绘

Pro/E 的核心是基于参数化的特征建模，特征建模就是通过对截面二维图形（草图）的操控来生成三维实体的造型方法。因此，草图的绘制是三维实体建模的基础，绘制草图一般称作草绘。本节通过案例讲解，介绍草绘环境、绘制基本图元、编辑草图、几何约束、尺寸标注，草绘的方法和步骤。

2.3.1 草绘环境

在 Pro/E 中，要进行草绘就要进入草绘环境。草绘环境是一个独立的模块，在其中绘制的所有二维图形都具有参数化尺寸驱动特性。

1. 进入草绘环境

1）新建草绘文件进入草绘环境

执行【文件】|【新建】命令弹出【新建】对话框，如图 2-28（a）所示。点选【草绘】，在【名称】文本框中输入文件名（本例使用系统默认的"S2D0001"），最后单击【确定】按钮进入草绘环境，如图 2-28（b）所示。在这种草绘环境下绘制的草图不具有任何参照，得到的是"独立的"草图，可供以后创建特征时使用。

(a)"新建"对话框

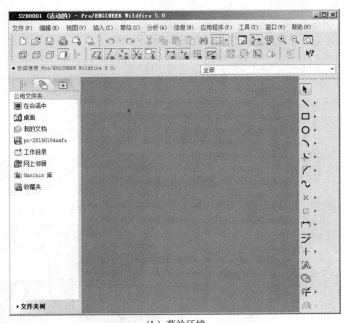
(b) 草绘环境

图 2-28　新建草绘文件进入草绘环境

2）从工具栏进入草绘环境

在如图 1-61 所示的 Pro/E 零件设计工作界面，单击右侧工具箱的【草绘工具】按钮弹出【草绘】对话框，如图 2-29（a）所示。在绘图区或模型树上选择草绘平面（草图所处的的平面，本例选取 TOP 面），【草绘方向】选项卡接受系统默认的"草绘视图方向"（用户观察草绘平面的方向，草绘平面上的箭头所指的方向为用户视线指向草绘平面的方向）、"参照"（确定草图位置和尺寸标注的依据）和"方向"（参照对象相对于草图绘制方向的方位）选项，如图 2-29（b）所示，最后单击【草绘】进入草绘环境，如图 2-29（c）所示。

(a)"草绘"对话框　　　　　　　　　　(b)选择草绘平面

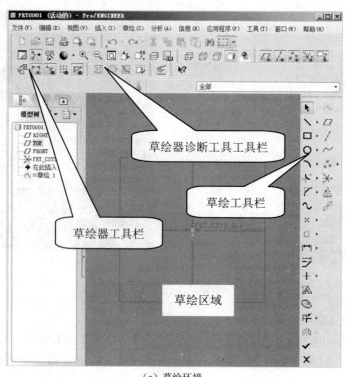

(c)草绘环境

图 2-29　从工具栏进入草绘环境

3）从操控板进入草绘环境

在特征建模过程中，还可以从操控板进入草绘环境。下面以拉伸为例介绍其操作过程：在如图 1-61 所示的 Pro/E 零件设计工作界面，单击右侧工具箱的【拉伸工具】按钮，在信息区弹出【拉伸工具】操控板，如图 2-30（a）所示，单击【放置】弹出【放置】滑出面板，如图 2-30（b）所示，单击【定义】按钮，也弹出如图 2-29（a）所示的【草绘】对话框，后面的操作与 2.3.1 节）介绍的操作相同，此处略。

(a)"拉伸工具"操控板

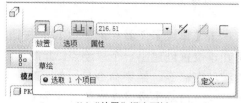
(b)"放置"滑出面板

图 2-30　从操控板进入草绘环境

在创建实体模型的过程中，后两种方法比较常用。

2．与草绘相关的工具栏

进入草绘环境后，上工具箱会出现【草绘器】工具栏和【草绘器诊断工具】工具栏，右工具箱会出现【草绘器工具】工具栏，简称【草绘】工具栏，如图 2-29（c）所示。单击【草绘】工具栏的图标按钮，再单击其右边的扩展按钮▶，即可弹出相应的面板，移动光标到图标按钮上稍作停留，系统会显示工具提示。例如【线】面板及其工具提示如图 2-31 所示，单击图标按钮，即可执行相应的命令。

图 2-31　"线"面板

3．退出草绘环境

完成草图绘制后，单击【草绘】工具栏的 ✓ 按钮，即可退出草绘环境。

4．鼠标的使用技巧

草绘工作界面下鼠标的使用技巧如表 2-1 所示。

表 2-1　鼠标的使用技巧

操 作 方 式	功 能 说 明
单击左键（简称为单击）	选取单个图元
按下 Ctrl 键+单击左键	一次选取多个图元
按下左键并拖动鼠标	框选多个图元
单击右键	弹出快捷菜单
单击中键	确认并结束操作
按下中键并拖动鼠标	在绘图区内任意旋转图元
按下 Shift 键+按下中键并拖动鼠标	在绘图区内平移图元
滚动中键滚轮	在绘图区内任意缩放图元

2.3.2　草绘基本图元

进入草绘环境后，便可开始草绘。Pro/E 草绘基本图元类似于 AutoCAD 绘制基本平面图形，但定义参数是在画出图形后，且可以任意修改，即先绘图，然后再修改尺寸。在草绘过程中，单击中键可以确认并结束操作或命令（有时需要两次单击中键才能结束命令）。单击【草绘】工具栏的 ▶（依次）按钮，可以结束命令。

1. 创建点

单击【草绘】工具栏的 × （点）按钮，然后将光标移动到草绘区域的预定位置后单击，便可在该位置创建出一个草绘点。此时，可以继续创建其他的草绘点，也可以稍移动光标后单击中键结束命令。结束命令后， （选取项目）自动处于被选中状态（下同），系统在默认情况下就同时自动生成以选定的参照为基准的尺寸约束，如此生成的尺寸称为"弱尺寸"（系统默认的小数点后位数为2），显示为灰色，如图2-32（a）所示。这些"弱尺寸"所定义的点的位置往往不能准确地反映用户的设计意图，用户可以通过对"弱尺寸"的尺寸数值进行修改来准确地体现自己的设计意图。例如，将图2-32（a）中的尺寸55.22修改为50的具体操作过程是：双击草图中的尺寸55.22，尺寸变为红色并出现尺寸文本框，框内显示弱尺寸的精确数值，如图2-32（b）所示，在框内输入50，然后按回车键，就可以完成修改，这时尺寸显示为正常的亮色，称为"强尺寸"，如图2-32（c）所示。若尺寸标注的位置不合适，可以通过以下操作来调整其位置：将光标移动到要调整位置的尺寸上（此时尺寸被亮显），按住鼠标左键拖动鼠标，即可调整尺寸线和尺寸数字的位置。

创建几何点（即俗称的草绘基准点，× 按钮）的方法与创建草绘点的方法相同，这里不再介绍。

当 处于被选中状态时，选取已创建的点（显示为红色），按 Delete 键即可删除该点（下面所介绍的其他基本图元亦可用此方法删除）。

　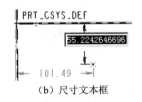　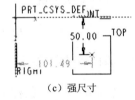

（a）弱尺寸　　　　　　（b）尺寸文本框　　　　　　（c）强尺寸

图 2-32　修改尺寸

2. 创建直线

两点可以定义一条直线。在 Pro/E 中，普通直线和中心线都是通过指定两点来创建的。

1）创建2点线

单击【草绘】工具栏的 ＼（线）按钮，然后移动光标到绘图区域分别指定直线的起点和终点位置，最后单击中键完成直线的绘制，如图2-33（a）所示。此时，可以继续创建其他直线，也可以再次单击中键结束命令。用户可以通过对"弱尺寸"进行修改来准确地反映自己的设计意图。

2）创建与2个图元相切的线

单击【草绘】工具栏的 ＼（直线相切）按钮，然后移动光标到绘图区域的一个已有图元的预定区域后单击（指定直线的一个端点），接着移动光标到另一已有图元的预定区域后单击（系统会自动捕捉到切点，直线的另一端点自动依附在图元的相切点上），便可创建出一条与该2个已有图元相切的直线，如图2-33（b）所示（图中的"T"即相切约束标记，详见2.3.4节）。此时，可以继续创建其他的与2个图元相切的线，也可以单击中键结束命令。要注意图元的选择位置，由于图元的选择位置不同，所创建的切线也不同。

3）创建中心线（┊按钮）与几何中心线（┊按钮）

中心线如图2-33（c）所示，它可以理解为构造直线，可以作为对称中心和其他辅助线使用。几何中心线如图2-33（d）所示，它可以作为旋转中心线和对称中心来使用，它在模型中以轴线形式显示。它们的创建方法与创建2点线的方法相同，略。

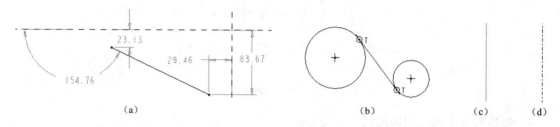

图 2-33 创建直线

3. 创建矩形

单击【草绘】工具栏的□（矩形）按钮，然后在草绘区域使用鼠标指定合适的两点（对角点），便可创建出一个矩形，如图 2-34（a）所示。此时，可以继续创建其他的矩形，也可以单击中键结束命令。用户可以通过对"弱尺寸"进行修改来准确地反映自己的设计意图。例如可通过修改尺寸将刚创建的矩形修改为如图2-33（b）所示的矩形。

图 2-34 创建矩形

4. 创建圆

1）通过拾取圆心和圆上一点来创建圆

单击【草绘】工具栏的○按钮，然后在草绘区域使用鼠标指定一点作为圆心，接着移动光标至合适的位置指定另外一点作为圆周上的一点，便可创建出一个圆，如图2-35（a）所示。此时，可以继续创建其他的圆，也可以稍移动光标后单击中键结束命令。用户可以通过对"弱尺寸"进行修改来准确地反映自己的设计意图。

2）创建同心圆

单击【草绘】工具栏的◎按钮，然后单击图 2-35（a）中的圆（或圆心），接着移动光标至合适的位置指定一点作为圆周上的一点，便可创建出一个该圆的同心圆，如图2-35（b）所示。此时，可以继续创建该已有圆的其他同心圆，也可以单击中键完成该已有圆的同心圆的绘制。再次单击中键，便可结束命令。用户可以通过对"弱尺寸"进行修改来准确地反映自己的设计意图。

3）通过拾取其3个点来创建圆

单击【草绘】工具栏的○按钮，然后在草绘区域使用鼠标依次拾取三个不在一条直线上的点，便可创建出一个过该三个点的圆，如图2-35（c）所示。此时，可以继续以3点方式创建其他的圆，也可以单击中键结束命令。

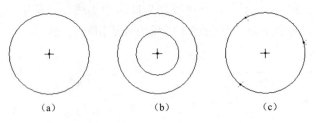

图 2-35　创建圆

4）创建与3个图元相切的圆

单击【草绘】工具栏的 ◯ 按钮，然后依次移动光标到如图2-36（a）所示的3个已有图元的预定区域后单击（系统会自动捕捉到切点），便可创建出一个与该3个已有图元相切的圆，如图2-36（b）所示。此时，可以继续以该方式创建其他的圆，也可以稍移动光标后单击中键结束命令。操作时，要注意图元的选择位置，尤其是圆和圆弧的选择位置，由于图元的选择位置不同，所创建的相切的圆也不同，如图2-36（c）所示。

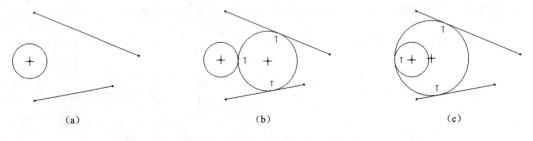

图 2-36　创建与3个图元相切的圆

其他基本图元的创建，请读者自行练习，并从中体会各命令的含义和作图步骤。

2.3.3　编辑草图

绘制好基本图元后，通常还需要进行编辑和修改，才能获得合乎设计要求的复杂图形。

1. 修剪

1）删除段

删除段即动态修剪剖面图元，简称动态修剪。使用该方法可以很方便地将一些不需要的线段删除掉，是最常用的修剪方式。下面以对图2-37（a）所示图形的修剪为例，介绍其操作步骤。单击【草绘】工具栏的 ✦ 按钮，然后单击图2-37（a）中圆在矩形内部的圆弧，便可将该段圆弧删除掉，如图2-37（b）所示。一个高效使用动态修剪的方法是：按下鼠标左键不放，拖动光标使其扫掠过需要删除的段或图元，光标轨迹见图2-37（c）中的曲线，凡是被扫掠到的独立线条都将被删除，如图2-37（d）所示。

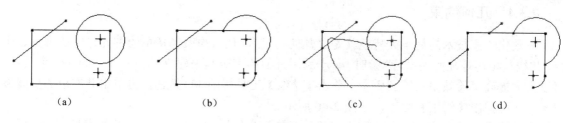

图 2-37 删除段

2)拐角

拐角即将图元修剪(剪切或延伸)到其他图元或几何特征,也称为边界修剪。

(1)要修剪的两图元是相交的

单击【草绘】工具栏的┤按钮,然后依次单击图 2-38(a)中两线段位于交点之上的部分,则将删除自交点另外一侧的部分,如图 2-38(b)所示。

(2)要修剪的两图元没有相交(延伸后可以相交)

单击【草绘】工具栏的┤按钮,然后依次单击图 2-38(c)中圆弧和线段位于延伸交点之上的部分,则圆弧自动延伸至交点,线段将删除自交点另外一侧的部分,如图 2-38(d)所示。

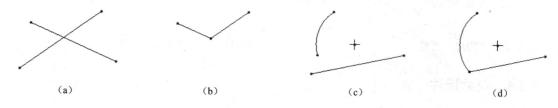

图 2-38 拐角

3)分割

分割即在选取点的位置分割图元。单击【草绘】工具栏的┌按钮,然后移动光标至要分割线条的分割点处单击,再单击中键结束命令,便可将线条打断于单击点,使其分成两部分。

2. 镜像

镜像即镜像选定的图元,使用该方法可以很方便地使图元沿着中心线产生与之对称的新图元,常用于创建对称图形。进行镜像操作时,必须要有一条作为镜像基准的中心线(中心线与几何中心线均可)。通过镜像图 2-39(a)所示的对象来绘制图 2-39(b)所示的对称图形的操作是:(1)按住 Ctrl 键,依次单击图 2-39(a)中的五个线段;(2)单击【草绘】工具栏的按钮(只有选取对象后,镜像工具才被激活);(3)单击图 2-39(a)中的中心线。

图 2-39 镜像

2.3.4 几何约束

参数化约束技术的另一大特色就是"几何约束",几何约束包括草绘图元之间的垂直、平行、共线和相切等几何关系。草绘时,善于利用几何约束工具来建立几何图元之间的约束关系,可以大大提高草绘效率和绘图质量。单击【草绘】工具栏上的 ┼ 按钮,再单击其右边的扩展按钮▶,即可弹出【约束】面板,如图2-40所示。

为图形设置几何约束的方法较为简单,先在【约束】面板单击所需要的约束按钮,然后单击相应的几何图元即可。下面以设置"水平"约束为例,介绍为图形设置几何约束的具体方法。单击【约束】面板的 ┼ (水平)按钮,然后单击图2-41(a)中倾斜的线段,便可将其修改为如图2-41(b)所示的水平线("H"即水平约束标记),最后单击中键结束命令。根据设计需要,有时需要删除已经创建的约束条件。删除约束的操作是:单击要删除的约束标记(显示为红色),按Delete键即可删除该约束。

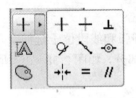

图2-40 "约束"面板

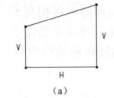 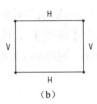

图2-41 设置"水平"约束

2.3.5 尺寸标注

图形绘制好之后,通常还需要根据设计要求来手动标注所需的尺寸。手动标注的尺寸属于强尺寸。单击弱尺寸(显示为红色),执行【编辑】|【转换到】|【强】命令,再单击中键结束命令,便可将该弱尺寸转换为强尺寸;单击强尺寸(显示为红色),按Delete键,便可把该强尺寸转换为弱尺寸。执行【草绘】|【选项】命令,即可弹出【草绘器首选项】对话框,如图2-42所示,在【其他】选项卡中取消【弱尺寸】勾选,最后单击 ✓ 按钮,即可在草图中隐藏弱尺寸。使用【草绘】工具栏的 ↔ (法向,俗称尺寸标注)按钮,可以标注大部分所需要的尺寸。

图2-42 "草绘器首选项"对话框

1)标注点与点的距离

单击【草绘】工具栏的按钮,接着依次单击要标注距离的已知两点,然后移动光标至放置尺寸处后单击中键,此时该尺寸值处于可定义状态,用户可以在文本框内输入数值,如不需要更改,则按回车键,最后单击中键结束命令(本例均未更改数值)。要注意选择放置尺寸处时单击中键的位置,当在以两点连线为对角线的矩形框外单击中键时,标注的尺寸为水平或竖直方向的坐标距离,如图 2-43(a)、(b)所示;当在以两点连线为对角线的矩形框内单击中键时,标注的尺寸为两点间的距离,如图 2-43(c)所示。

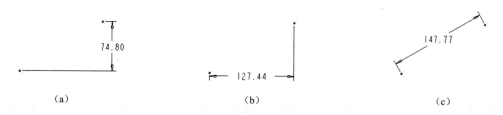

图 2-43 标注点与点的距离

标注点与线的距离和两平行线的距离的方法与上述方法类似,请读者自行练习。

2)标注半径、直径尺寸

单击【草绘】工具栏的按钮,接着单击圆(弧),然后移动光标至放置尺寸处后单击中键,便可标注半径尺寸。若要标注直径尺寸,则需要双击圆(弧)。

3)标注角度尺寸

(1)标注两相交直线之间的角度尺寸

单击【草绘】工具栏的按钮,接着依次单击两直线,然后移动光标至放置尺寸处后单击中键,便可标注出该两相交直线之间的角度尺寸。

(2)标注圆弧的角度尺寸

单击【草绘】工具栏的按钮,接着依次单击圆弧的起点、圆心和终点,然后移动光标至放置尺寸处后单击中键,便可标注出圆弧的角度尺寸。

2.3.6 草绘的方法和步骤

按 2.3.1 节介绍的方法进入草绘环境。下面以创建如图 2-44 所示的法兰盘截面为例,介绍 Pro/E 草绘的方法和步骤。需要说明的是所介绍的作图方法并不一定是绘制该图的最优方法,大家可以用不同的方法绘制,并与其尺规绘图和 AutoCAD 绘图的方法和步骤对比。

1)创建中心线

单击【草绘】工具栏的按钮,绘制 3 条相交的中心线,其中 1 条为竖直,如图 2-45 所示,然后对"弱尺寸"进行修改,使 3 条中心线均匀分布,如图 2-46 所示。

2)创建构造圆

单击【草绘】工具栏的○按钮,选取中心线交点为圆心,绘制 ϕ180 圆,如图 2-47 所示。单击 ϕ180 圆,执行【编辑】|【切换构造】命令使其成为构造圆(构造线即俗称的辅助线,用来作为草绘的参照,实体造型时不会形成特征,初学者应该养成进入草绘环境后,先做构造线,再做图元的习惯),如图 2-48 所示。

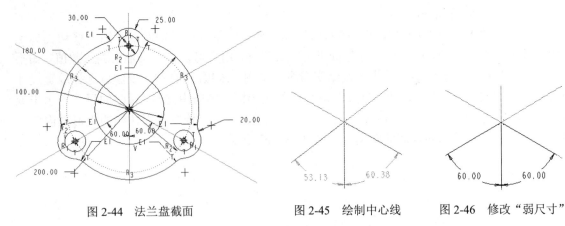

图 2-44 法兰盘截面　　图 2-45 绘制中心线　　图 2-46 修改"弱尺寸"

3）创建同心圆

单击【草绘】工具栏的 ○ 按钮，选取中心线交点为圆心，分别绘制 $\phi100$ 圆、$\phi200$ 圆，如图 2-49 所示。

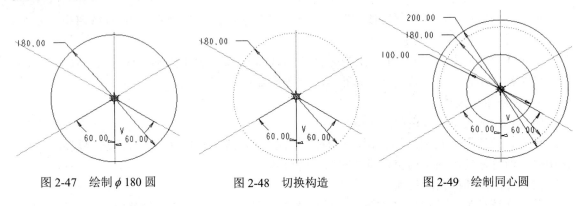

图 2-47 绘制 $\phi180$ 圆　　图 2-48 切换构造　　图 2-49 绘制同心圆

4）创建 $R25$ 圆弧

（1）单击【草绘】工具栏的 ○ 按钮，选取构造圆与竖直中心线的交点为圆心，绘制 $\phi50$ 圆，如图 2-50 所示。（2）单击 $\phi50$ 的尺寸值（尺寸标注亮显为红色），接着按下右键直至弹出快捷菜单，如图 2-51 所示，选择快捷菜单的【转换为半径】选项，便可将直径转换为半径，如图 2-52 所示。（3）单击【草绘】工具栏的 ○ 按钮，选取构造圆与另一中心线的交点为圆心，移动光标，待等半径约束标记"R"出现时单击，便可绘制出与已绘圆等半径的圆，如图 2-53 所示。（4）绘制第 3 个 $R25$ 圆，如图 2-54 所示。（5）单击【草绘】工具栏的 按钮，然后单击要删除的线段，修剪后如图 2-55 所示。

5）创建 $R20$ 圆角

（1）单击【草绘】工具栏的 按钮，分别选取两个圆弧，便可在两段圆弧之间生成圆角，重复操作即可绘制全部的 6 个圆角，如图 2-56 所示。（2）将图 2-56 右下方的半径弱尺寸"77.83"修改为 20，如图 2-57 所示。（3）打开【约束】面板，单击 = 按钮，再单击刚刚修改的尺寸值"20"，然后依次单击其他 5 个圆弧的半径值，最后 2 次单击弹出的【选取】对话框的【确定】按钮，便可将其他 5 个圆弧的半径均修改为 20（图中"E_1"标记），如图 2-57 所示。

第 2 章 平面图形

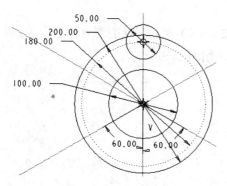

图 2-50 绘制 φ50 圆

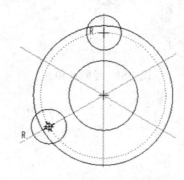

图 2-51 快捷菜单

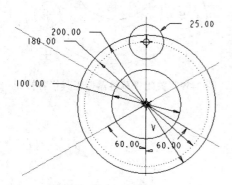

图 2-52 圆尺寸转换

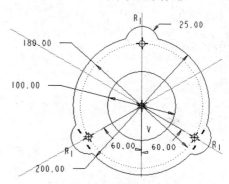

图 2-53 等半径约束标记

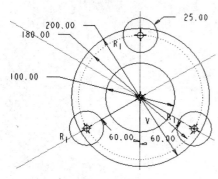

图 2-54 绘制 R25 圆

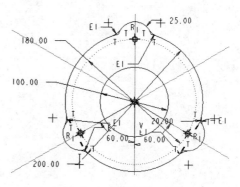

图 2-55 动态修剪后

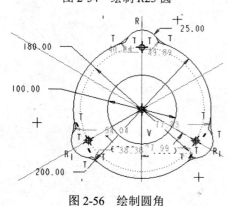

图 2-56 绘制圆角

图 2-57 修改圆角尺寸

57

6) 创建 φ30 圆

(1) 删除各 R25 圆角处的多余线段。(2) 用与 2.3.6-4) 类似的方法绘制 3 个 φ30 圆, 如图 2-58 所示。(3) 关闭【草绘器】工具栏的各按钮, 如图 2-59 所示。

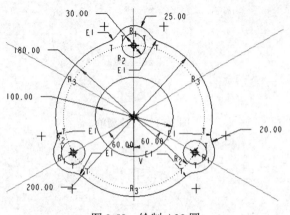

图 2-58　绘制 φ30 圆

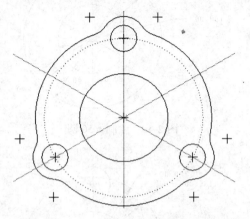

图 2-59　关闭"草绘器"工具栏各按钮

第3章

投 影 基 础

教学要求

通过本章学习,了解投影法及其分类,掌握平行投影法的投影特性,初步掌握三视图、轴测图的画法,掌握点、直线和平面的投影及其投影特性,掌握有关直线上的点及平面上的点和直线的基本作图方法,掌握垂直于同一投影面的两平面的交线的作图方法。

3.1 投影法概述

3.1.1 投影法

物体挡住光线后,会在地面或其他物体上产生影子,这是一种自然的投影现象。通过对物体、光线以及影子之间的几何关系和规律进行研究,人们总结出了在平面上表达物体形状的方法,即投影法。

约定:假想物体是透明的,物体的影子只表示物体的边、点等特征元素。用这种方法得到的物体的影子称为投影(图)。投影法就是投射线通过物体向选定的平面进行投射,并在该面上得到投影的方法。其中得到投影的平面称为投影面,发自投射中心且通过物体上各点的直线称为投射线,如图 3-1 所示。投射线、被投射的物体和投影面称为投影三要素。

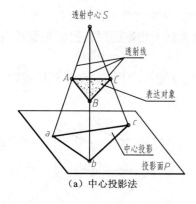
(a)中心投影法

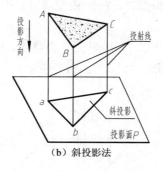
(b)斜投影法

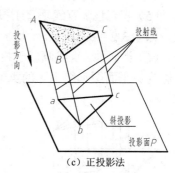
(c)正投影法

图 3-1 投影法及其分类

3.1.2 投影法的分类

根据投射线是交于一点还是互相平行,投影法可分为中心投影法和平行投影法。

1. 中心投影法

投射线交于一点的投影法称为中心投影法,如图 3-1（a）所示,用此法得到的投影称为中心投影。只要改变投影三要素的位置或方向都会影响投影图。中心投影具有立体感,其作图过程比较烦琐,一般用于辅助性的图样,如建筑物的透视图。

2. 平行投影法

投射线互相平行的投影法称为平行投影法。

1）斜投影法

投射线与投影面倾斜的平行投影法称为斜投影法,如图 3-1（b）所示,用此法得到的投影称为斜投影。斜投影一般用于轴测图。

2）正投影法

投射线与投影面垂直的平行投影法称为正投影法,如图 3-1（c）所示,用此法得到的投影称为正投影。正投影一般用于多面正投影图,也可用于轴测图。国家标准"图样画法"（GB/T 4458.1—2002）规定,机件的图样按正投影法绘制。本课程主要研究正投影法。为了叙述简便,本书如未加说明,所述投影均指正投影。

3.1.3 平行投影的特性

以正投影为例介绍平行投影的特性。

（1）从属性。点在直线（或平面）上,则该点的投影一定在直线（或平面）的同面投影上,如图 3-2（a）所示。

（2）平行性。空间平行的直线,其在同一投影面上的投影一定互相平行,如图 3-2（b）所示。

（3）定比性。点分线段之比,投影后比值不变；空间两平行线段之比,投影后比值不变,如图 3-2（c）所示。

（4）真实性。直线、平面平行于投影面时,投影反映实形,如图 3-2（d）所示。

（5）积聚性。直线垂直于投影面时,投影积聚成点；平面垂直于投影面时,投影积聚成直线,如图 3-2（e）所示。

（6）类似性。直线倾斜于投影面时,投影仍然为直线,但长度缩短；平面倾斜于投影面时,投影为原平面图形缩小了的类似形,如图 3-2（f）所示。

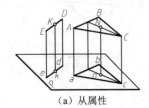
(a) 从属性

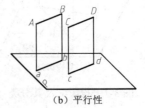
(b) 平行性

(c) 定比性

图 3-2 正投影的特性

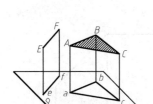 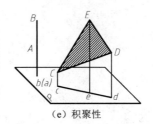 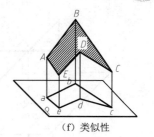

（d）真实性　　　　　　　　（e）积聚性　　　　　　　　（f）类似性

图 3-2　正投影的特性（续）

3.2　三　视　图

由图 3-3 可见，仅有物体的单面投影无法表达其真实形状。为此，必须增加投影面的数量。

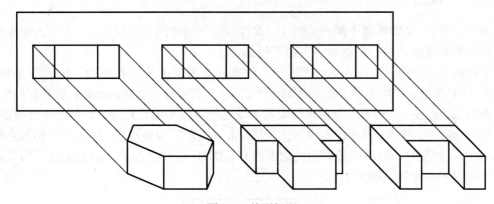

图 3-3　单面投影

3.2.1　三投影面体系

三个互相垂直的直角坐标面（XOZ、XOY、YOZ）将空间分成八个分角，如图 3-4 所示。我国国家标准规定优先采用第一分角投影，必要时（如按合同规定）允许采用第三分角投影。美国、英国和日本等国采用第三分角投影。

在第一分角中，XOZ 坐标面称为正立投影面，用字母 V 表示，简称为正（V）面；XOY 坐标面称为水平投影面，用字母 H 表示，简称为水平（H）面；YOZ 坐标面称为侧立投影面，用字母 W 表示，简称为侧（W）面。三个投影面的三根交线称为投影轴，分别简称为 X 轴、Y 轴和 Z 轴。由 V 面、H 面、W 面、X 轴、Y 轴和 Z 轴所构成的投影体系称为三投影面体系，如图 3-5 所示。显然，X 轴方向为左右方向，可以沿 X 轴方向度量物体的长度尺寸；Z 轴方向为上下方向，可以沿 Z 轴方向度量物体的高度尺寸；Y 轴方向为前后方向，可以沿 Y 轴方向度量物体的宽度尺寸。

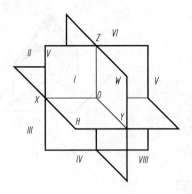

图 3-4 空间八个分角

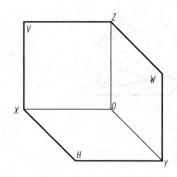

图 3-5 三投影面体系

3.2.2 三视图

如图 3-6 所示，将物体置于第一分角中，就可以得到物体的三面投影，分别称为正面投影、水平投影和侧面投影。它们是物体的多面正投影。

为了把物体的三面投影画在同一平面上，国家标准规定 V 面保持不动，H 面绕 X 轴向下转动 90°与 V 面重合，W 面绕 Z 轴向右转动 90°与 V 面重合。这样，就得到展开在同一平面上的三面投影，如图 3-7 所示。所谓视图实质上就是物体的多面正投影。物体的三面投影通常称为物体的三视图。其中，正面投影称为主视图，水平投影称为俯视图，侧面投影称为左视图，如图 3-7 所示。制图时一般不画投影面的边框线和投影轴，视图之间的距离根据具体情况确定，视图的名称也不必标注，如图 3-8 所示。

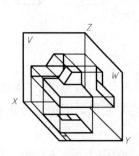

图 3-6 物体在三投影面体系中的投影

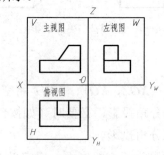

图 3-7 展开后的三面投影

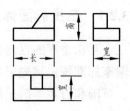

图 3-8 三视图

3.2.3 三视图与物体方位的对应关系

物体有上、下、左、右、前、后六个方位。主视图反映物体上下、左右方向，俯视图反映物体左右、前后方向，左视图反映物体前后、上下方向，如图 3-9 所示。

3.2.4 三视图之间的度量对应关系

物体有长、宽、高三个方向的尺寸。主视图反映物体的高度、长度，俯视图反映物体的长度、宽度，左视图反映物体的宽度、高度，如图 3-10 所示。显然，主视图和俯视图都反映物体的长度，主视图和左视图都反映物体的高度，俯视图和左视图都反映物体的宽度。三视图之间的投影关系可以归纳为：主视图、俯视图长对正，主视图、左视图高平齐，俯视图、左视图宽相等，即"长对正、高平齐、宽相等"。这种"三等"关系是三视图的重要特征，也是画图、读图的主要依据。

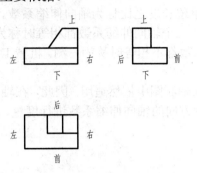

图 3-9　三视图与物体的方位对应关系

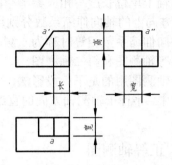

图 3-10　三视图之间的度量对应关系

3.3　轴　测　图

三视图具有投影简单、度量性好、作图简便等特点，但它缺乏直观性，一般需要两个以上的视图才能准确表达物体的结构形状。造成不直观的原因是由于物体的一些棱边、表面在投影中产生了积聚，如图 3-6 所示。如果改变投影三要素中的物体方向（如旋转物体）或投射方向（如斜投影），使物体的棱边、表面在投影中不积聚，便可在一个视图上反映长、宽、高三个方向，视图的立体感就增强。

3.3.1　轴测图的基本概念

物体连同其参考空间直角坐标系，沿不平行于任一坐标平面的方向，用平行投影法将其投射在单一投影面（称为轴测投影面）上所得到的投影，称为轴测图。如图 3-11 所示。与三视图相比，轴测图形象生动，具有立体感，但度量性差，作图麻烦，常作为辅助图样。

用正投影法绘制的轴测图称为正轴测图，用斜投影法绘制的轴测图称为斜轴测图。在轴测图中，应用粗实线画出物体的可见轮廓线；必要时，可用虚线画出物体的不可见轮廓线。

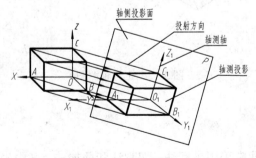

图 3-11　轴测图

3.3.2　轴间角与轴向伸缩系数

1）轴间角

参考空间直角坐标轴 OX、OY、OZ 在轴测投影面上的投影 O_1X_1、O_1Y_1、O_1Z_1 称为轴测轴，相邻两轴测轴之间的夹角称为轴间角，即∠$X_1O_1Z_1$、∠$X_1O_1Y_1$、∠$Y_1O_1Z_1$，如图3-11所示。

2）轴向伸缩系数

轴测轴上单位长度与相应参考空间直角坐标轴上单位长度之比称为轴向伸缩系数。X、Y、Z轴三个方向上的轴向伸缩系数分别用p_1、q_1、r_1表示。三个轴向伸缩系数都相等时称为等测，有两个轴向伸缩系数相等时称为二测，三个轴向伸缩系数都不相等时称为三测。机械工程中常用的是正等轴测图和斜二轴测图。

由于轴测图用的是平行投影法，平行投影的特性在轴测图中依然适用。因此，在轴测图的作图过程中，平行于轴测轴方向的直线就可以根据该轴方向的轴向伸缩系数进行度量，故称为轴测图。

3.3.3 正等轴测图

1. 正等轴测图的轴间角与轴向伸缩系数

所谓正等轴测图就是采用正投影法绘制，且三个方向的轴向伸缩系数都相等的轴测图，简称为正等测。为使三个轴向伸缩系数都相等，就必须使空间直角坐标系的三根坐标轴与轴测投影面的夹角都相等，通过计算可知，这三个夹角都为35°16′。正等测中，轴间角均为120°，三个轴向伸缩系数均为cos35°16′即0.82。作图时一般取O_1Z_1轴为竖直方向，上方为正向，如图3-12所示。为作图方便，通常取三个轴向伸缩系数为1，称为简化轴向伸缩系数，此时的轴测图比原来放大了1.22倍。由于物体是整体放大，所以并不影响对其结构形状的表达。如没有特别说明，正等测直接采用简化轴向伸缩系数。

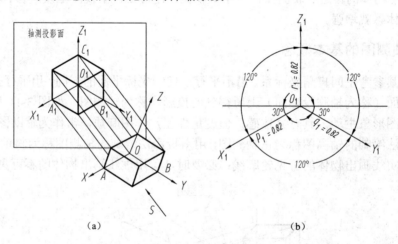

图3-12 正等轴测图

2. 正等轴测图的画法

1）平面立体的画法

绘制物体的轴测图，通常采用坐标法、切割法和叠加法，其中坐标法是最基本的画法，切割法和叠加法是建立在坐标法的基础上针对组合体所采用的方法。所谓坐标法就是根据立体表面上每个顶点的坐标，画出它们的轴测投影，然后连接立体表面的轮廓线，从而获得立体轴测投影的方法。

例3-1 已知长方体的三视图如图3-13（a）所示，求作其正等轴测图。

解:(1)在三视图上确定直角坐标系,如图 3-13(a)所示。(2)画正等轴测轴,分别在 X_1、Y_1 轴方向截取长度 a、b,再利用平行性便可作出底面矩形的正等测,如图 3-13(b)所示。(3)在 Z_1 轴方向截取长度 h,作出顶面各点的轴测投影,再依次连接各点便可作出顶面的正等测,如图 3-13(c)所示。(4)擦去多余图线,加深图线,便可作出长方体的正等测,如图 3-13(d)所示。

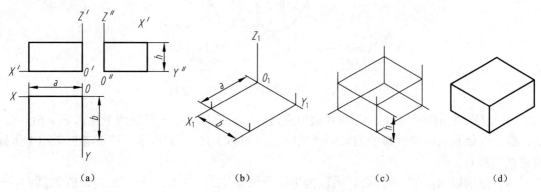

图 3-13 作长方体的正等轴测图

2)回转体的画法

圆柱是最常见的回转体,特殊位置圆柱的正等测如图 3-14 所示。作回转体的正等测,关键在于画出立体表面上圆的轴测投影。平行于坐标面的圆的正等测如图 3-15 所示。

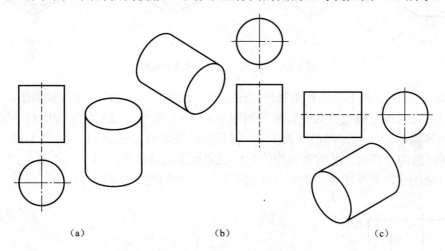

图 3-14 特殊位置圆柱的正等测

圆的正等测为椭圆,该椭圆常采用棱形四心法近似画法,即用四段圆弧近似代替椭圆弧,不论圆平行于哪个坐标面,其正等测的画法均相同。图 3-16 以平行于 XOY 坐标面的圆的正等测为例,介绍这种近似画法。

(1)在视图上建立直角坐标系,再作四边平行于坐标轴的圆的外切正方形,切点为 1、2、3、4,如图 3-16(a)所示。

(2)画正等轴测轴,在轴测轴上按圆的半径量得切点 1_1、2_1、3_1、4_1,再利用正投影的特性(平行性)便可作出圆的外切正方形的正等测,其形状为棱形,对角线为 A_1C_1、B_1D_1,如图 3-16(b)所示。

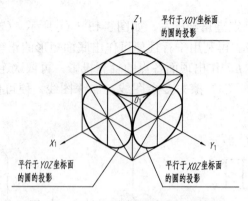

图 3-15　平行于坐标面的圆的正等测

(3) 过短对角线顶点 A_1、C_1 与对边中点连线，在长对角线上得到两个交点 E_1、F_1，点 A_1、C_1、E_1、F_1 就是代替椭圆弧的四段圆弧的圆心，如图 3-16（c）所示（请读者思考图中所标注的垂直关系）。

(4) 分别以 A_1、C_1 为圆心，$A_1 1_1$ 为半径画圆弧 $1_1 2_1$、$3_1 4_1$；分别以 E_1、F_1 为圆心，$E_1 1_1$ 为半径画圆弧 $1_1 4_1$、$2_1 3_1$，便可得到近似椭圆，如图 3-16（d）所示。

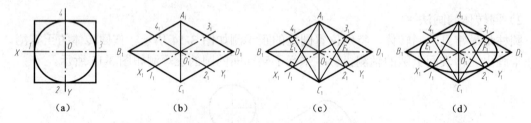

图 3-16　棱形四心法近似椭圆画法

例 3-2　已知圆柱的主视图和俯视图如图 3-17（a）所示，求作其正等轴测图。

解：（1）在视图上确定直角坐标系，如图 3-17（a）所示。（2）利用棱形四心法作出圆柱底面圆的正等测，在 Z 轴方向截取长度 h，得到圆柱顶面圆的圆心 O_2，如图 3-13（b）所示。（3）作出顶面圆的正等测，再作两椭圆的公切线便可作出圆柱的正等测，如图 3-17（c）所示。（4）擦去多余图线，加深图线，便可作出圆柱的正等轴测图，如图 3-17（d）所示。

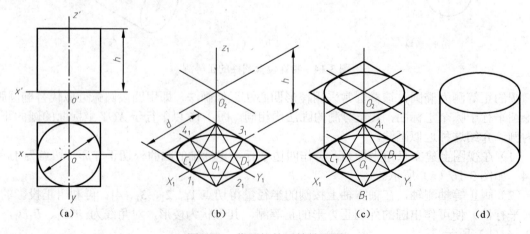

图 3-17　作圆柱的正等轴测图

3.3.4 斜二轴测图

1. 斜二轴测图的轴间角与轴向伸缩系数

所谓斜二轴测图就是采用斜投影法绘制，且轴测投影面平行于空间直角坐标系的一个坐标面（此时有两个坐标轴平行于轴测投影面，在该两轴方向上的轴向伸缩系数相等且为1）的轴测图，简称斜二测。一般选择 XOZ 坐标面平行于轴测投影面，如图 3-18 所示。因此，X、Z 轴方向的轴向伸缩系数相等，即 $p_1=r_1=1$，轴间角 $\angle X_1O_1Z_1=90°$，Y 轴方向的轴向伸缩系数 q_1 随着投射方向的不同而变化。为了使图形更接近视觉效果和作图简便，国家标准（GB/T14692—2008）规定：在斜二轴测图中，取 $q_1=0.5$。斜二轴测图的参数如图 3-19 所示。斜二轴测图能反映物体 XOZ 坐标面及其平行面的实形，故特别适合于用来绘制只有一个方向有圆或曲线的物体。

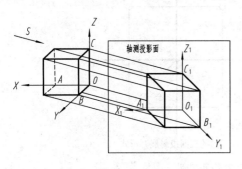

图 3-18 斜二轴测图

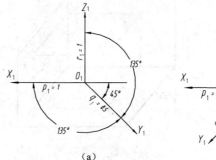

图 3-19 斜二轴测图的参数

2. 斜二轴测图的画法

画斜二测通常从最前面开始，沿 Y_1 轴测轴方向分层定位，在 $X_1O_1Z_1$ 轴测面及其平行面上定形。图 3-20 所示为根据物体的主视图和俯视图绘制其斜二测的画法示例，请读者认真思考，弄懂其具体的作图过程。

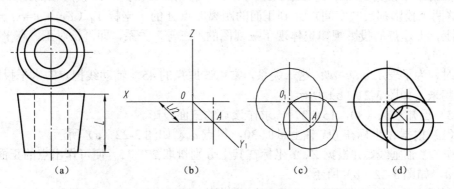

图 3-20 斜二轴测图画法

3.4 点、直线和平面的投影

点、直线和平面是组成立体的基本几何元素,研究它们的投影规律和图示特征可以为学习图示立体奠定基础。本节研究把三维空间的点、直线和平面在二维平面图形上表达出来的理论和方法。

3.4.1 点

1. 点的三面投影及其投影特性

空间一点 A 在三投影面体系中分别向三个投影面投射,投射线在投影面的垂足 a'、a、a'' 便分别是点 A 的正面投影、水平投影和侧面投影,如图 3-21 所示。

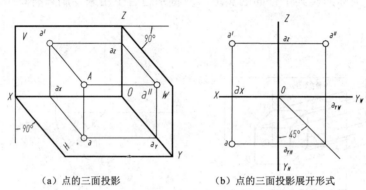

（a）点的三面投影　　　　（b）点的三面投影展开形式

图 3-21　点的三面投影及其投影特性

通过分析投影面的展开过程,可以得出点的投影特性如下:

（1）点的正面投影与水平投影的连线垂直于 OX 投影轴,即 $a'a \perp OX$,且这两个投影都反映空间点 A 到侧面的距离即点 A 的 X 坐标 X_A（$X_A = Aa'' = oa_x$）。

（2）点的正面投影与侧平投影的连线垂直于 OZ 投影轴,即 $a'a'' \perp OZ$,且这两个投影都反映空间点 A 到水平面的距离即点 A 的 Z 坐标 Z_A（$Z_A = Aa = oa_z$）。

（3）点的水平投影到 OX 投影轴的距离等于点的侧面投影到 OZ 投影轴的距离,即 $aa_x = a''a_z$,且这两个投影都反映空间点 A 到正面的距离即点 A 的 Y 坐标 Y_A（$Y_A = Aa' = oa_{Y_H} = oa_{Y_W}$）。

实际上,上述点的投影规律也体现了三视图的"三等"关系,即"长对正、高平齐、宽相等"。

作图时,为了表示 $aa_x = a''a_z$ 这一关系,常用过原点的 45°辅助线把点的水平投影和侧面投影联系起来,如图 3-21（b）所示。

例 3-3　已知点 A（30,15,27）,求作该点的三面投影。

解:（1）根据 X 坐标在 OX 轴上量取 30,得点 a_x,如图 3-22（a）所示。

（2）作 OX 轴垂线,并根据 Z、Y 坐标在其上分别量取 27、15,便可作出点的正面投影 a'、水平投影 a,如图 3-22（b）所示。

（3）利用点的投影特性便可作出点的侧面投影 a'',如图 3-22（c）所示。

上例解题作图的第三步即是根据点的两个投影求作第三投影,请读者通过该例深入理解并掌握利用点的投影特性作图的方法。

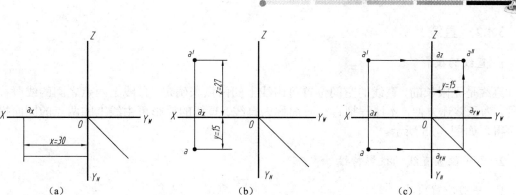

图 3-22 根据点的坐标求作三面投影

2. 两点的相对位置

两点的相对位置是指两点在空间的左右、上下和前后三个方向上的相对位置。两点的相对位置关系可以通过两点同面投影的相对位置或坐标大小来判断，X 坐标大者在左，Z 坐标大者在上，Y 坐标大者在前，两点的坐标差即相对坐标可以准确反映两点的相对位置，如图 3-23 所示，点 B 在点 A 的左方（$X_A - X_B$）处，点 B 在点 A 的下方（$Z_A - Z_B$）处，点 B 在点 A 的前方（$Y_A - Y_B$）处。

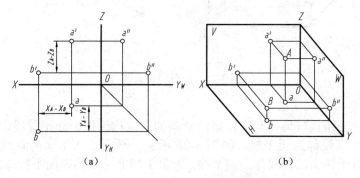

图 3-23 两点的相对位置

若空间两点在某一投影面的投影重合，则称此两点为对该投影面的重影点，如图 3-24 所示，点 A、B 为对水平面的重影点，向水平面投射时，点 A 挡住了点 B，故点 A 的投影 a 可见，点 B 的投影 b 不可见，规定不可见的投影加括号表示。

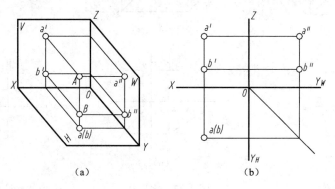

图 3-24 重影点

3.4.2 直线

1. 直线的投影

直线是无限长的，直线的空间位置可由线上的两点来确定。直线上两点之间的线段称为直线段，为了叙述方便，本课程把直线段简称为直线。直线的投影可由线上的两点的同面投影相连而得，如图 3-25 所示。

2. 各种位置直线的投影特性

1）一般位置直线

一般位置直线是指与三个投影面都倾斜的直线，如图 3-25 所示。其投影特性是：三个投影都倾斜于投影轴，且长度小于空间直线的实际长度。

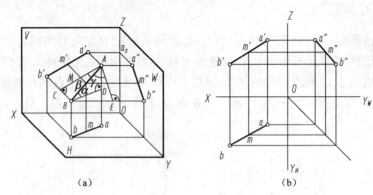

图 3-25 一般位置直线

2）投影面平行线

平行于某一投影面且与另外两个投影面倾斜的直线称为投影面平行线。在投影面平行线中，平行于正面的直线称为正平线，如图 3-26 所示；平行于水平面的直线称为水平线，如图 3-27 所示；平行于侧面的直线称为侧平线，如图 3-28 所示。投影面平行线的投影特性如下。

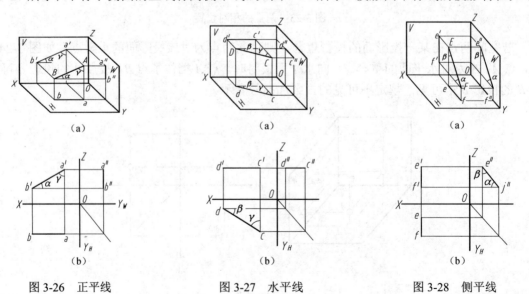

图 3-26 正平线　　图 3-27 水平线　　图 3-28 侧平线

(1) 在所平行的投影面上,其投影倾斜于投影轴,且长度反映空间直线的实际长度。

(2) 在另外两个投影面上的投影分别平行于相应的投影轴,且长度小于空间直线的实际长度。

3) 投影面垂直线

垂直于某一投影面与另外两个投影面平行的直线称为投影面垂直线。在投影面垂直线中,垂直于正面的直线称为正垂线,如图 3-29 所示;垂直于水平面的直线称为铅垂线,如图 3-30 所示;垂直于侧面的直线称为侧垂线,如图 3-31 所示。投影面垂直线的投影特性如下。

(1) 在所垂直的投影面上,其投影积聚为一点。

(2) 在另外两个投影面上的投影分别垂直于相应的投影轴,且长度反映空间直线的实际长度。

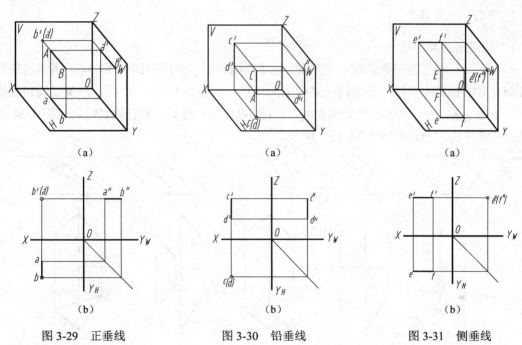

图 3-29　正垂线　　　　图 3-30　铅垂线　　　　图 3-31　侧垂线

3. 直线上的点

根据正投影的特性可知,直线上的点的投影具有从属性和定比性,即

(1) 点的投影一定在直线的同面投影上。

(2) 点分线段之比,投影后比值不变。

例 3-4　如图 3-32 所示,已知点 C 分 AB 为 $AC:CB=3:2$,求作点 C 的投影。

解:(1) 过 a 作任意直线,在其上截取 5 个单位长度,连 $5b$。

(2) 过 3 作 $5b$ 的平行线,与 ab 的交点即为 c。

(3) 过 c 作投影轴 OX 垂线,便可得到 c',如图 3-33 所示。

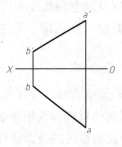

图 3-32 直线

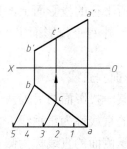

图 3-33 直线上的点

3.4.3 平面

1. 平面的表示法

1) 几何元素表示法

不在同一直线上的三点确定一个平面。在投影图中，空间平面可由图 3-34 所示的任意一组几何元素的投影来表示：不在同一直线上的三点，如图 3-34（a）所示；一条直线和直线外一点，如图 3-34（b）所示；相交两直线，如图 3-34（c）所示；平行两直线，如图 3-34（d）所示；任意平面图形，如图 3-34（e）所示。

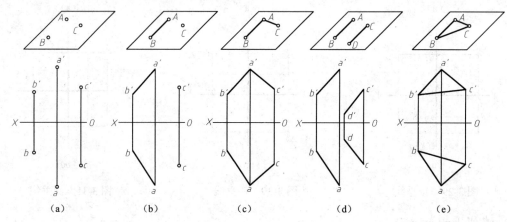

图 3-34 平面的表示法

2) 迹线表示法

平面与投影面的交线称为平面的迹线，如图 3-35（a）所示，平面与 V、H 和 W 面的交线分别称为正面迹线（用 P_V 标记）、水平迹线（用 P_H 标记）和侧面迹线（用 P_W 标记）。为了使平面的空间位置比较明显和表示方便起见，也常用平面的迹线来表示平面。由于迹线是属于投影面的直线，因此迹线的三面投影中必有一个投影和它自身重合，另外两个投影与相应的投影轴重合。在投影图中，通常只将与迹线自身重合的那个投影画出并用符号标记，和投影轴重合的投影不画且省略标记，如图 3-35（b）所示。

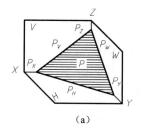 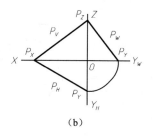

图 3-35 平面的迹线

2. 各种位置平面的投影特性

1）一般位置平面

对三个投影面都倾斜的平面称为一般位置平面，如图 3-36 所示。其投影特性是三个投影均为原平面图形缩小了的类似形。

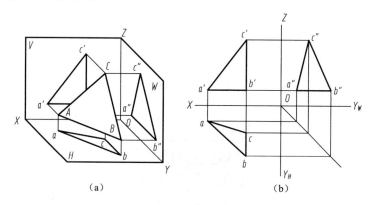

图 3-36 一般位置平面

2）投影面垂直面

垂直于某一投影面并且与另外两个投影面倾斜的平面称为投影面垂直面。在投影面垂直面中，垂直于正面的平面称为正垂面，如图 3-37 所示；垂直于水平面的平面称为铅垂面，如图 3-38 所示；垂直于侧面的平面称为侧垂面，如图 3-39 所示。投影面垂直面的投影特性如下。

（1）在所垂直的投影面上，其投影积聚为一直线。

（2）在另外两个投影面上的投影为原平面图形缩小了的类似形。

3）投影面平行面

平行于某一投影面与另外两个投影面垂直的平面称为投影面平行面。在投影面平行面中，平行于正面的平面称为正平面，如图 3-40 所示；平行于水平面的平面称为水平面，如图 3-41 所示；平行于侧面的平面称为侧平面，如图 3-42 所示。投影面平行面的投影特性如下。

（1）在所平行的投影面上，其投影反映平面图形的实形。

（2）在另外两个投影面上的投影积聚为一直线，且平行与该投影面上的两投影轴。

3. 平面上的点、直线

（1）点如果在一个平面上，它必在该平面上的一条直线上，反之亦然。

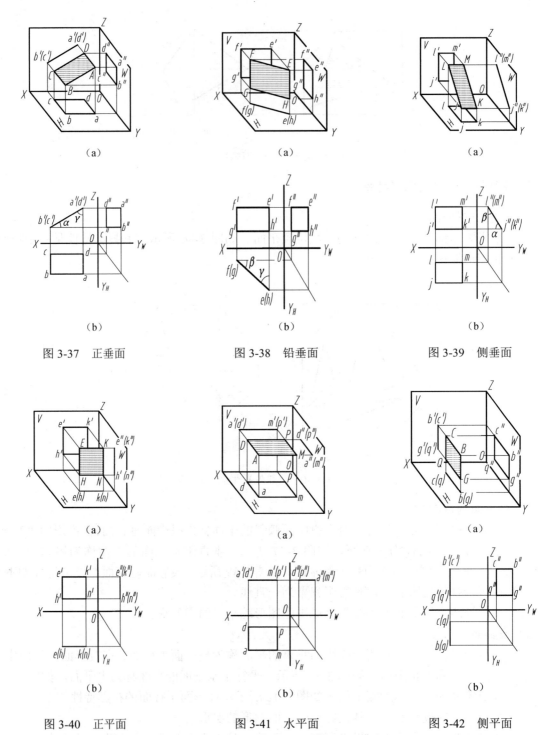

图 3-37 正垂面　　图 3-38 铅垂面　　图 3-39 侧垂面

图 3-40 正平面　　图 3-41 水平面　　图 3-42 侧平面

（2）直线如果在一个平面上，它必通过该平面上的两个点或通过该平面上的一个点且平行于该平面上的一条直线，反之亦然。

显然，在平面上取点和取直线是密切相关的，取点要先取直线，而取直线又离不开取点。

例 3-5　如图 3-43（a）所示，已知点 K 在由直线 AB、BC 所确定的平面上，求作点 K 的正面投影。

解：（1）连 ac 和 $a'c'$。

（2）连 bk 交 ac 于 d，应用直线上点的投影特性作出点 D 的正面投影 d'。

（3）连 $b'd'$ 并延长。

（4）过 k 作投影轴 OX 的垂线，它与 $b'd'$ 的交点即为点 K 的正面投影 k'，如图 3-43（b）所示。

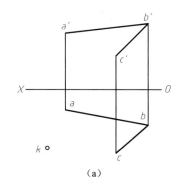
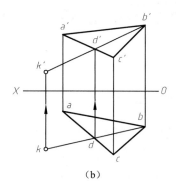

图 3-43 平面上的点

例 3-6 如图 3-44（a）所示，已知直线 DE 在由 $\triangle ABC$ 所确定的平面上，求作直线 DE 的水平投影。

解：（1）延长 $d'e'$，交 $a'b'$ 于 $1'$，交 $a'c'$ 于 $2'$。

（2）应用直线上点的投影特性作出点 I、II 的水平投影 1、2。

（3）连接点 1 和点 2。

（4）应用直线上点的投影特性作出点 D、E 的水平投影 d、e，加深 DE，如图 3-44（b）所示。

4. 垂直于同一投影面的两平面的交线

如图 3-45（a）所示，矩形 P 和 $\triangle ABC$ 均为铅垂面，它们的交线 $I\ II$ 必是铅垂线，图 3-45（b）所示为其投影图，请读者认真思考，弄懂其具体的作图过程。

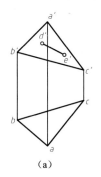
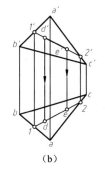
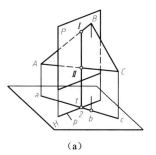
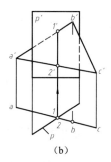

图 3-44 平面上的直线　　　　图 3-45 垂直于同一投影面的两平面的交线

第4章 基本立体及其表面交线

教学要求

通过本章学习，了解基本立体的概念，掌握基本立体三视图的画法和立体表面取点的方法；了解截交线、相贯线的概念，掌握平面与立体表面交线的画法，掌握两圆柱正交和特殊相贯线的画法；掌握 Pro/E 中拉伸、旋转、混合命令的使用方法和切割体、相贯体的建模方法。

基本立体分为平面立体和曲面立体两大类。表面全部由平面围成的立体称为平面立体，表面由曲面或曲面与平面围成的立体称为曲面立体。

常见的平面立体有棱柱和棱锥，常见的曲面立体是回转体，如圆柱、圆锥、圆球、圆环等，如图 4-1 所示。

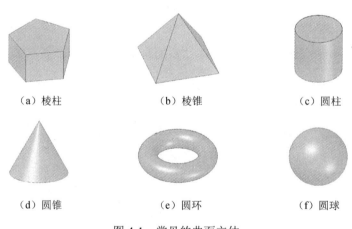

(a) 棱柱　　(b) 棱锥　　(c) 圆柱

(d) 圆锥　　(e) 圆环　　(f) 圆球

图 4-1　常见的曲面立体

4.1　Pro/E 基础特征的建立

4.1.1　拉伸特征

拉伸特征是将一个二维截面沿着垂直于草绘平面的方向延伸一定距离所形成的三维特征。基本立体中的直棱柱和圆柱都可以用拉伸特征创建。下面以正六棱柱为例说明拉伸特征的操作过程。

（1）在【插入】下拉菜单中选择【拉伸】，或者单击工具栏中的【拉伸】按钮，进入拉伸命令，出现如图 4-2 所示的操控板。

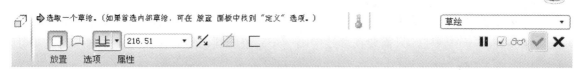

图 4-2 拉伸操控板

（2）单击操控板上的【放置】按钮，弹出如图 4-3 所示的上滑面板，单击上滑面板中的【定义】按钮，弹出如图 4-4 所示的【草绘】对话框。在绘图区或模型树中选择 TOP 面作为草绘平面，单击【草绘】按钮进入草绘环境。

（3）单击【草绘】工具栏中 ○ 按钮，以两参照交点为圆心画圆，将圆的直径改为正六边形外接圆直径 30。用画直线命令在圆内画出一个内接六边形，并使水平参照与圆的两个交点作为六边形的两个顶点，然后利用"相等"约束，使六边形成为正六边形，如图 4-5 所示。

（4）选择外接圆，单击鼠标右键，弹出如图 4-6 所示的快捷菜单，选择其中的【构建】命令，将圆转化为构造线，如图 4-7 所示。

图 4-3 上滑面板

图 4-4 "草绘"对话框

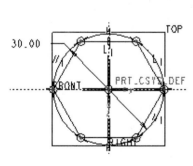

图 4-5 绘制正六边形

图 4-6 快捷菜单

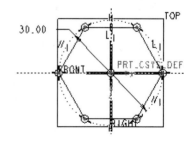

图 4-7 将圆转化为构造线

（5）单击【草绘】工具栏中 ✓ 按钮，结束草绘。

（6）在操控板上的尺寸窗口 20.00 内输入正六棱柱的高度 20，单击 ⁒ 按钮可以改变正六棱柱拉伸的方向。也可以单击深度类型按钮 ⊥ 右边的箭头，选择其中的对称类型 ⊟ ，使立体以草绘平面为对称面，向两边各拉伸出一半高度。

（7）单击操控板上的 ✓ 按钮，结束拉伸命令，得到的正六棱柱如图4-8所示。

如果要得到一个圆柱，只需要在草绘中画一个完整的圆，然后在操控板中输入高度即可。

图4-8　正六棱柱

4.1.2　旋转特征

旋转特征是将一个二维截面绕一根轴线旋转一定角度所形成的三维特征。基本立体中的回转体都可以用旋转特征创建。下面以圆锥为例说明旋转特征操作过程。

（1）在【插入】下拉菜单中选择【旋转】，或者单击工具栏中的【旋转】按钮 ⚬⚬，进入旋转命令，出现如图4-9所示的操控板。

（2）和拉伸特征一样，单击操控板上的【放置】按钮，弹出上滑面板，再单击上滑面板中的【定义】按钮，弹出【草绘】对话框。在绘图区或模型树中选择FRONT面作为草绘平面，单击【草绘】按钮进入草绘环境。

图4-9　旋转操控板

（3）单击【草绘】工具栏中 ┆ 按钮，在竖直参照上画一条几何中心线，作为圆锥的轴线，然后在轴线的一侧画一个封闭的三角形，如图4-10所示。注意和轴线重合的那一条边也必须画出，不能省略。将尺寸改为所需大小之后，单击【草绘】工具栏中 ✓ 按钮，结束草绘。

（4）在操控板上的尺寸窗口 360.00 内输入截面的旋转角度360°，单击 ％ 按钮可以改变截面旋转的方向。也可以单击旋转角度类型按钮 ⊥ 右边的箭头，选择其中的对称类型 ⊟，使立体以草绘平面为对称面，向两边各旋转一半角度。

（5）单击操控板上的 ✓ 按钮，结束旋转命令，得到的圆锥如图4-11所示。

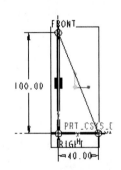

图4-10　轴线与三角形

图4-11　圆锥

如果要得到一个圆球,只需要在草绘中将三角形改为封闭的半圆即可。

4.1.3 混合特征

混合特征是由两个或两个以上的截面在其边处用过渡曲面连接形成的特征,可以实现立体中不同位置出现不同截面的要求。棱锥、棱台类立体可以用混合特征创建,下面以正三棱锥为例简单介绍混合特征操作过程。

(1) 在【插入】下拉菜单中选择【混合】→【伸出项】,弹出如图 4-12 所示的混合选项菜单管理器,接受【平行】、【规则截面】、【草绘截面】三个默认选项,直接单击【完成】按钮。在弹出的如图 4-13 所示属性菜单管理器中,直接单击【完成】按钮。在弹出的如图 4-14 所示设置草绘平面菜单管理器后,选取 TOP 面作为草绘平面,在如图 4-15 所示的方向选项中单击【确定】按钮,然后在如图 4-16 所示的草绘视图选项中单击【缺省】按钮,就进入到草绘环境。

图 4-12　混合选项

图 4-13　属性选项

图 4-14　草绘平面选项

图 4-15　方向选项

(2) 首先以两参照交点为中心画正三棱锥底面的正三角形,如图 4-17 所示。然后在作图区的空白处单击鼠标右键,在弹出的快捷菜单中选择【切换截面】,如图 4-18 所示,就进入第二个截面,即锥顶的绘制。锥顶只有一个点,只需单击【草绘】工具栏中 按钮,在两个参照交点处放置一个点,再单击【草绘】工具栏中 按钮,结束草绘。

图 4-16　草绘视图选项

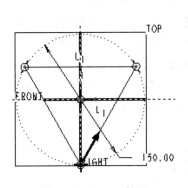
图 4-17　画正三角形

图 4-18　快捷菜单

（3）在弹出的深度对话框中输入正三棱锥的高度，如图4-19所示，单击☑确认按钮。
（4）在如图4-20所示的混合命令对话框中单击【确定】，即可得到如图4-21所示的正三棱锥。

图4-19　深度对话框

图4-20　混合命令对话框

图4-21　正三棱锥

4.2　Pro/E创建工程图

在零件三维造型完成之后，为了便于加工制造，一般要为零件绘制二维工程图。Pro/E软件的工程图模块可以快速、准确地由三维实体模型直接生成二维工程图。

4.2.1　从三维实体模型进入二维工程图的基本设置

（1）在【文件】下拉菜单中选择【新建】，或者单击工具栏中的 ▯，弹出如图4-22所示的"新建"对话框，在新建类型中选择【绘图】，在名称文本框中输入文件名，并将【使用缺省模板】选项前的☑取消。最后单击【确定】按钮。

（2）系统弹出如图4-23所示的"新建"绘图对话框，单击【浏览】按钮，查找出要创建二维工程图的三维模型，单击【标准大小】文本框内的箭头，可以选择图纸的大小，然后单击【确定】按钮，就进入了工程图模块界面，如图4-24所示。

（3）从【文件】下拉菜单中选择【绘图选项】，弹出如图4-25所示的选项对话框。在中间的文本框内找到"projection_type"选项，单击该选项使它进入到对话框下方的选项文本框，然后单击【值】文本框内的箭头，在弹出的选项中选择"first_angle"，再单击【添加/更改】按钮，就可以把投影类型改为第一角投影法。用同样的方法把"drawing_units"选项的值改为"mm"，就把绘图单位改为毫米了。最后单击【确定】按钮关闭【选项】对话框。

图 4-22 "新建"对话框

图 4-23 "新建"绘图对话框

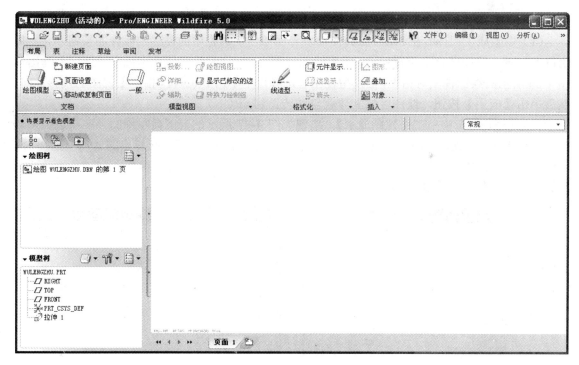

图 4-24 Pro/E 工程图模块界面

图 4-25 "选项"对话框

4.2.2 三视图的生成

下面以正五棱柱为例介绍由三维模型生成三视图的方法。

(1)先生成主视图。在 Pro/E 工程图模块界面单击工具栏中的创建一般视图按钮，然后用鼠标左键在绘图区合适位置单击,用来给主视图定位。这时候立体会出现在绘图区并弹出如图 4-26 所示的绘图视图对话框,在模型视图名选择框中单击 FRONT,指定主视图的投影方向,然后单击【应用】按钮,绘图区的立体就自动转正到 FRONT 方向。

(2)在图 4-26 中单击【视图显示】,出现如图 4-27 所示的视图显示界面,在左边类别选择框中单击选择"视图显示",在右边单击显示样式文本框内的箭头,在弹出的选项中选择"隐藏线"选项;单击相切边显示样式文本框内的箭头,在弹出的选项中选择"无"选项。单击【确定】按钮,主视图就自动生成了。

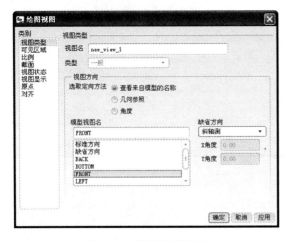

图 4-26 视图类型界面

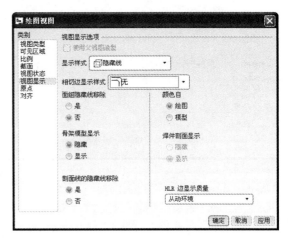

图 4-27 视图显示界面

(3)生成俯视图。在 Pro/E 工程图模块界面单击工具栏中的 投影 按钮,将光标移动到主视图的下方时,主视图正下方会出现一个方框,显示的是俯视图的位置,如图 4-28 所示,将方框移到合适位置后单击,俯视图就显示出来了。

(4)双击俯视图,在弹出的绘图视图对话框中重复上述的(2)中的两项设置,便可完成俯视图的创建。

(5)生成左视图。单击主视图,在 Pro/E 工程图模块界面单击工具栏中的 投影 按钮,将光标移动到主视图的右方时,主视图正右方会出现一个方框,显示的是左视图的位置,将方框移到合适位置后单击,左视图就显示出来了。

(6)双击左视图,在弹出的绘图视图对话框中重复上述的(2)中的两项设置,便可完成左视图的创建。

正五棱柱三视图创建完毕,如图 4-29 所示。在工程图模块中,不可见的轮廓线暂时显示为暗灰色的实线,而不是虚线,打印时或导出到其他绘图软件时,虚线就正常显示了。

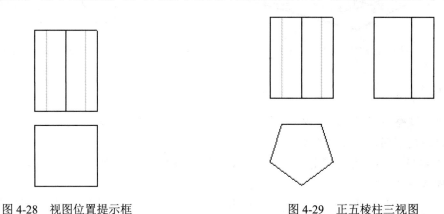

图 4-28　视图位置提示框　　　　　　　图 4-29　正五棱柱三视图

4.3　基本立体的三视图

4.3.1　平面立体的三视图

平面立体各个表面都是平面多边形,面与面的交线是棱线,棱线与棱线的交点是顶点。绘制平面立体的视图就是绘制各棱线的投影,并判断可见性,可见棱线的投影画成粗实线,不可见的画成虚线。

1. 棱柱

常见的棱柱为直棱柱,它的顶面和底面是两个全等且互相平行的多边形,各侧面为矩形,侧棱垂直于底面。顶面和底面为正多边形的直棱柱,称为正棱柱。

如图 4-30 所示的正六棱柱,顶面和底面均为水平面,前、后棱面为正平面,其余四个棱面均为铅垂面。画三视图时先从俯视图入手,顶面和底面的投影重合,都是正六边形,六个棱面的水平投影积聚成六段线。

在主视图中,顶面和底面的投影积聚成线。六个棱面的投影是三个矩形,中间的矩形是前、后棱面的重合投影,反映实形。左、右两个矩形是其余四个棱面的重合投影,是类似形。

在左视图中,顶面和底面的投影积聚成线,前、后棱面的投影也积聚成线。两个矩形是其余四个棱面的重合投影,是类似形。

画出的正六棱柱三视图如图 4-31 所示。

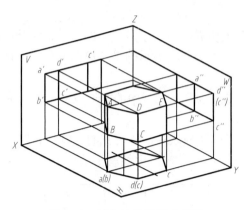

图 4-30 正六棱柱投影直观图

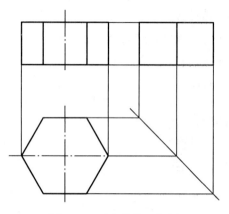

图 4-31 正六棱柱三视图

2. 棱锥

棱锥的底面为多边形,各侧面为具有公共顶点的三角形。当底面为正多边形,各侧面是全等的等腰三角形时,称为正棱锥。

如图 4-32 所示的正三棱锥,底面△ABC 为水平面,在俯视图中反映实形,在主视图、左视图中积聚成线。

棱面△SAC 是侧垂面,在左视图中积聚成线,在主视图、俯视图中是类似三角形。

棱面△SAB 和△SBC 为一般位置平面,三面投影都是类似三角形。

画出的正三棱锥三视图如图 4-33 所示。

画棱锥的三视图时,一般先画底面和顶点的投影,然后画出各棱线的投影,并判断可见性。

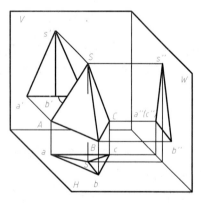

图 4-32 正三棱锥投影直观图

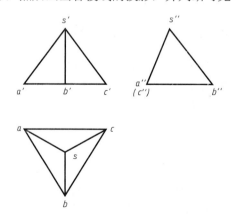

图 4-33 正三棱锥三视图

4.3.2 回转体的三视图

回转体的曲面是由母线绕一根轴线旋转而形成的。曲面上任一位置的母线称为素线。由于回转体的曲面是光滑曲面,因此画投影图时,仅画曲面上可见表面与不可见表面的分界线,这种分界线称为转向轮廓线。

1. 圆柱

圆柱是由圆柱面、顶面和底面围成。圆柱面由直线绕与它平行的轴线旋转而成。

如图 4-34 所示的圆柱,轴线垂直于水平面。此时,圆柱的上下底面为水平面,其水平投影重合,是一个圆。其正面投影和侧面投影积聚为直线。

圆柱面的水平投影积聚在圆周上,其正面投影和侧面投影是两个大小相等的矩形。正面投影矩形的两条竖边分别是圆柱面上最左素线 AA_1、最右素线 BB_1 的投影,它们是圆柱面相对于 V 面的转向轮廓线,把圆柱面分为对称的前后两半,前半边可见,后半边不可见。侧面投影矩形的两条竖边分别是圆柱面上最前素线 CC_1、最后素线 DD_1 的投影,它们是圆柱面相对于 W 面的转向轮廓线,把圆柱面分为对称的左右两半,左半边可见,右半边不可见。

画出的圆柱三视图如图 4-35 所示。

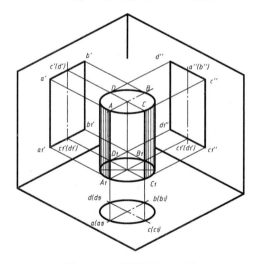

图 4-34 圆柱投影直观图

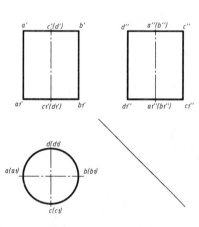

图 4-35 圆柱三视图

2. 圆锥

圆锥是由圆锥面和底面围成的。圆锥面由直线绕与它相交的轴线回转而成,因此,圆锥面的素线都是通过锥顶的直线。

如图 4-36 所示的圆锥,轴线垂直于水平面。此时,圆锥的底面为水平面,其水平投影是一个圆,不可见。其正面投影和侧面投影积聚为直线。

圆锥面的水平投影也是一个圆,和底面的投影重合。其正面投影和侧面投影是两个大小相等的等腰三角形。正面投影的两腰分别是圆锥面上最左素线 SA、最右素线 SB 的投影,它们是圆锥面相对于 V 面的转向轮廓线,把圆锥面分为对称的前后两半,前半边可见,后半边不可见。侧面投影的两腰分别是圆锥面上最前素线 SC、最后素线 SD 的投影，它们是圆锥面相对于 W 面的转向轮廓线，把圆锥面分为对称的左右两半，左半边可见，右半边不可见。

画出的圆锥三视图如图 4-37 所示。

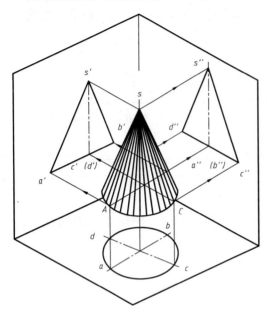

图 4-36　圆锥投影直观图

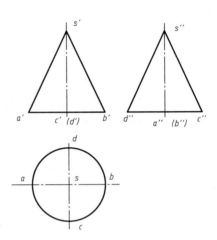

图 4-37　圆锥三视图

3．圆球

圆球是由球面围成的，球面是由一个半圆绕其直径旋转而成的。

如图 4-38 所示，圆球的三视图都是圆，并且直径与圆球的直径相等，它们是圆球上三个方向转向轮廓线的投影。

如图 4-39 所示，主视图的圆是平行于 V 面、直径等于球径的圆 A 的投影，它是前面可见半球与后面不可见半球的分界线。它的水平投影和侧面投影都积聚成线，位置和中心线重合。

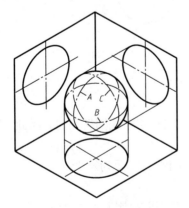

图 4-38　圆球投影直观图

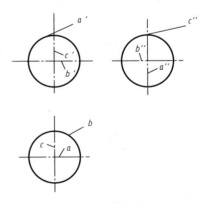

图 4-39　圆球三视图

同理，俯视图的圆是平行于 H 面、直径等于球径的圆 B 的投影，它是上面可见半球与下面不可见半球的分界线。它的正面投影和侧面投影都积聚成线，位置和中心线重合。左视图的圆是平行于 W 面、直径等于球径的圆 C 的投影，它是左面可见半球与右面不可见半球的分界线。它的正面投影和水平投影都积聚成线，位置和中心线重合。

4.3.3 基本立体的尺寸标注

平面立体一般应标注长、宽、高三个方向的尺寸。棱柱、棱锥随着底面形状的不同，其标注方法也不尽相同，如图 4-40 所示。

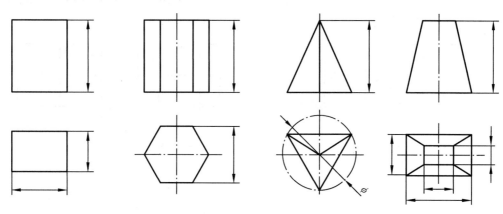

图 4-40 平面立体的尺寸标注

常见回转体尺寸标注如图 4-41 所示，圆柱和圆锥应标注出底圆直径和高度，圆台还应加注顶圆的直径。圆球只用标注球径。

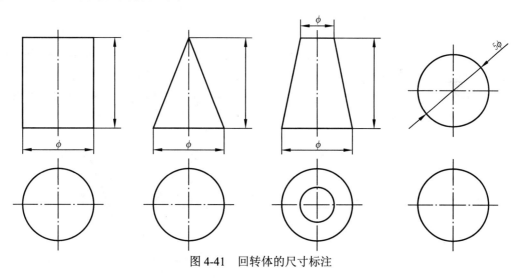

图 4-41 回转体的尺寸标注

4.4 基本立体表面上的点

在立体表面取点，首先要根据点的投影位置和可见性确定点在哪个面上，然后再用在这个面内取点的方法作出点的另外两面投影。

4.4.1 棱柱表面上的点

由于直棱柱的各个表面都是特殊位置平面,所以直棱柱表面上的点都可以利用平面投影的积聚性来作图。

如图 4-42（a）所示,已知正六棱柱表面上点 M 的正面投影和点 N 的水平投影,求其另两个投影。由于 m' 可见,所以可以断定点 M 在左前方的棱面上,该棱面水平投影积聚成直线,则点 M 的水平投影 m 必然在这条线上,由 m' 可以直接对应得到,然后根据 m' 和 m 即可求出 m″,作图过程如图 4-42（b）所示。

由于 n 不可见,所以可以断定点 N 在底面上,底面正面投影、侧面投影都积聚成直线,则点 N 的正面投影 n' 和侧面投影 n″ 必然在底面的积聚投影上。

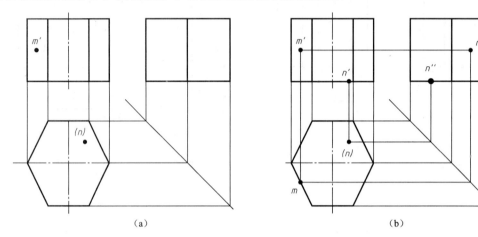

图 4-42　正六棱柱表面上的点

4.4.2 棱锥表面上的点

如图 4-43（a）所示,已知正三棱锥表面上两点 M 和 N 的正面投影,求其另两个投影。由于 m' 不可见,所以可以断定点 M 在后方的棱面 SBC 上,该棱面侧面投影积聚成直线,则点 M 的侧面投影 m″ 必然在这条线上,由 m' 可以直接对应得到,然后根据 m' 和 m″ 即可求出 m,作图过程如图 4-43（b）所示。

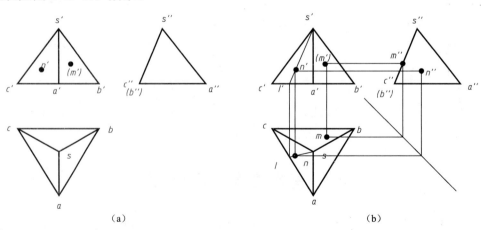

图 4-43　正三棱锥表面上的点

由于 n′可见，所以点 N 在左侧棱面 SAC 上，棱面 SAC 是一般位置平面，需要在面内作辅助线求出点 N 的另两个投影。过点 N 和锥顶 S 作一条直线 SI 和底边交于点 I，即图 4-43b 中过 n′作 s′1′，再对应下来作出其水平投影 s1。由于 N 在直线 SI 上，水平投影 n 必然在 s1 上，然后根据 n′和 n 即可求出 n″。

4.4.3 圆柱表面上的点

如图 4-44（a）所示，已知圆柱表面上两点 M 和 N 的正面投影，求其另两个投影。由于圆柱面的水平投影积聚成圆，圆柱面上所有点的水平投影都在圆周上。由正面投影的可见性可以断定，点 M 在前半个圆柱面上、点 N 在后半个圆柱面上。

作图过程如图 4-44（b）所示，由 m′和 n′直接对应下来得到 m 和 n，然后根据正面投影和水平投影对应求出侧面投影 m″和 n″。因为点 M 在左半个圆柱面上，所以 m″可见，点 N 在右半个圆柱面上，所以 n″不可见。

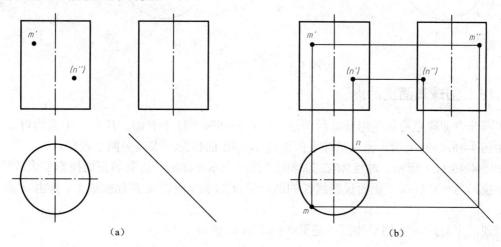

图 4-44 圆柱表面上的点

4.4.4 圆锥表面上的点

如图 4-45 所示，已知圆锥表面上点 K 的正面投影，求其另两个投影。由于圆锥面三面投影都没有积聚性，因此在圆锥面上取点时，除了位于圆锥面转向轮廓线上的点可以直接对应求出外，其余处于一般位置的点，必须在圆锥面上过点作辅助线，先求出辅助线的投影，然后在辅助线的投影上确定点的投影。圆锥面上的辅助线有素线和纬圆两种。

1. 辅助素线

如图 4-45（a）所示，先过 k′和锥顶 s′连出素线 SA 的正面投影作 s′a′，A 在底圆的圆周上，所以可以直接作出素线 SA 的水平投影 sa，再由正面投影和水平投影作出 SA 的侧面投影 s″a″。由于 K 在直线 SA 上，其水平投影和侧面投影必然在 SA 的水平投影和侧面投影上，就可以求出 k 和 k″。

2. 辅助纬圆

如图 4-45（b）所示，过点 K 在圆锥面上作一个垂直于回转轴线的水平辅助圆（纬圆），该圆的正面投影积聚成线且和轴线垂直，即过 k' 作 $1'2'$。它的水平投影为一直径等于 $1'2'$ 的圆，点 K 的水平投影 k 在此圆周上，再由 k' 和 k 求出 k''。

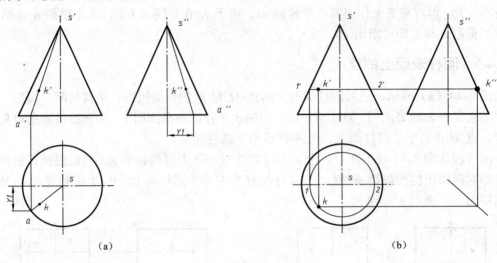

图 4-45　圆锥表面上的点

4.4.5　圆球表面上的点

在圆球表面取点可以使用辅助纬圆法，所作的纬圆平行于 V 面、H 面、W 面均可。

如图 4-46（a）所示，已知圆球表面上点 M 的正面投影，求其另两个投影。

如图 4-46（b）所示，过点 M 在圆球面上作一个水平纬圆，该圆的正面投影积聚成线，它的水平投影为一直径等于正面投影线长的圆，点 M 的水平投影 m 在此圆周上，再由 m' 和 m 求出 m''。

同理，也可过 m' 作侧平纬圆或正平纬圆求出 m 和 m''。

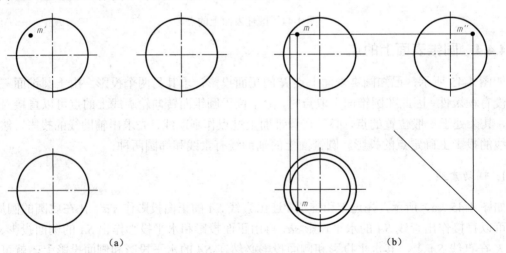

图 4-46　圆球表面上的点

4.5 切割体和相贯体的三维建模

基本体被平面截切后的部分称为切割体，截切基本体的平面称为截平面，基本体被截切后的断面称为截断面，截平面与立体表面的交线称为截交线。

两个相交的立体称为相贯体，相交两立体表面产生的交线称为相贯线。

4.5.1 切割体三维建模实例

进行切割体三维建模时，首先创建出完整的基本体，然后利用【拉伸】命令中的"去除材料"选项将多余部分切去。

如图 4-47 所示的立体，就是由两个截平面组合切割正六棱柱得到的，称为切割体，其三维建模过程如下所述。

（1）打开第 4 章第 1 节所创建的正六棱柱文件。

（2）在【插入】下拉菜单中选择【拉伸】，或者单击工具栏中的【拉伸】按钮 ，进入拉伸命令。

图 4-47 切割体

（3）在图 4-48 所示的拉伸操控板上单击 按钮，软件将进行"去除材料"，即切割操作。

图 4-48 拉伸操控板

（4）单击操控板上的【放置】按钮，在弹出的上滑面板中单击【定义】按钮，弹出【草绘】对话框。在绘图区或模型树中选择 FRONT 面作为草绘平面，单击【草绘】按钮进入草绘环境。

（5）根据切割情况画一个四边形，圈出正六棱柱上将被切除的部分，如图 4-49 所示。单击工具栏中 按钮，结束草绘。

（6）在操控板上单击深度类型按钮 右边的箭头，选择其中的对称类型 。在尺寸窗口 内输入四边形的拉伸长度 30，则该四边形以草绘平面为对称面，向两边各拉伸 15，构成一个四个棱柱，正六棱柱上所有和这个四棱柱重叠的部分都会被切除掉。

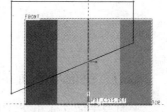

图 4-49 草绘四边形

（7）单击操控板上的 按钮，结束拉伸命令，完成切割体的建模。

4.5.2 相贯体三维建模实例

进行相贯体三维建模，就是根据给定的大小和位置创建两个基本体，两个基本体可以有重叠部分。

现将如图 4-50 所示的两个圆柱的相贯体建模过程简述如下。

（1）执行【拉伸】命令，选择 TOP 面为草绘面，以 TRONT 和 RIGHT 两参照交点为圆心画圆，将圆的直径改为大圆柱的直径 100，如图 4-51 所示。

（2）在操控板上单击深度类型按钮 右边的箭头，选择其中的对称类型 ，在尺寸窗口内输入圆柱的拉伸长度 120。结束【拉伸】命令，得到图 4-52 所示的大圆柱。

（3）再次执行【拉伸】命令，选择 RIGHT 面为草绘面，以 TRONT 和 TOP 两参照交点为圆心画圆，将圆的直径改为小圆柱的直径 60，如图 4-53 所示。

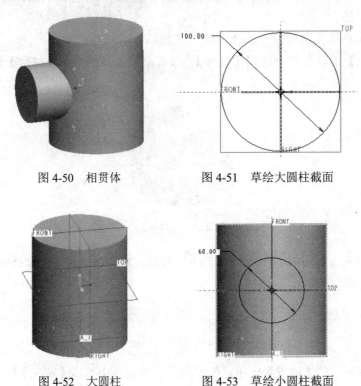

图 4-50 相贯体　　图 4-51 草绘大圆柱截面

图 4-52 大圆柱　　图 4-53 草绘小圆柱截面

（4）在操控板上尺寸窗口内输入小圆柱的拉伸长度 80。结束【拉伸】命令，完成相贯体的建模。

4.6 平面与基本立体相交

4.6.1 平面与平面立体相交

平面与平面立体相交，其截交线是一个由直线围成的封闭的多边形，多边形的边就是截平面与平面立体表面的交线，多边形的顶点是截平面与平面立体棱线的交点。因此，求平面立体的截交线，就是找出截平面与平面立体棱线的交点，然后再依次连线，连线前要判别投影的可见性。

例 4-1 如图 4-54（a）所示，已知正四棱锥被一个正垂面切割后的主视图，完成其俯视图和左视图。

解： 因为截平面与正四棱锥的四个棱面相交，所以截交线为四边形，它的四个顶点是截平面与四条棱线的交点。截平面是正垂面，所以截交线的正面投影在截平面上的积聚投影上，其水平投影和侧面投影具有类似性。

作图步骤如图 4-54（b）所示：

（1）在截平面的积聚性投影上直接找出截交线四个顶点的正面投影 1′、2′、3′、4′。

（2）求出截交线四个顶点的正面投影 1、2、3、4 和侧面投影 1″、2″、3″、4″。

（3）依次连接顶点投影，得到截交线的水平投影和侧面投影。

（4）整理轮廓线，将正四棱锥棱线上被截掉的部分擦掉，存在的部分描深。注意侧面投影上的一段虚线不要遗漏。

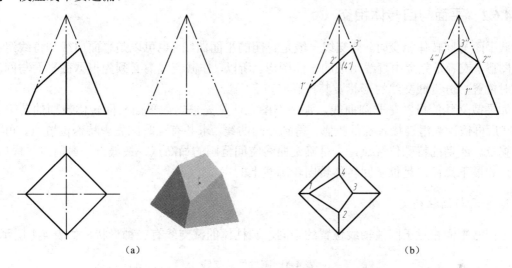

图 4-54 平面截正四棱锥

例 4-2 如图 4-55（a）所示，已知正六棱锥被两平面 P、Q 切割后的主视图，完成其俯视图和左视图。

解： 截平面 P 是正垂面，与正六棱柱的六个棱面相交，在正六棱柱的表面上形成六条截交线。截平面 Q 是侧平面，与正六棱柱的三个表面相交，在正六棱柱的表面上形成三条截交线。截平面 P 和 Q 相交，也形成一条交线，因此两个截断面的形状分别是七边形和矩形，这十条交线的正面投影都在 p′ 和 q′ 上。

作图步骤如图 4-55（b）所示：

（1）在 p′ 上找出 P 平面与正六棱柱各棱面交线的顶点 1′、2′、3′、4′、5′、6′、7′。

（2）在 q′ 上找出 Q 平面与正六棱柱各表面交线的顶点 6′、7′、8′、9′。

（3）由正面投影求出九个顶点的水平投影和侧面投影，按照空间比邻连接各顶点投影，得到各条截交线的投影。

（4）连接 67 和 6″7″，得到截平面交线的投影。

（5）整理轮廓线，将正六棱柱棱线上被截掉的部分擦掉，存在的部分描深。注意侧面投影上的一段虚线不要遗漏。

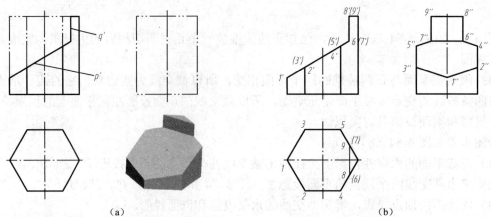

图 4-55 平面截正六棱柱

4.6.2 平面与回转体相交

截平面与回转体相交时，截交线一般是封闭的平面曲线，也可以是平面曲线与直线组成的平面图形，或者是完全由直线组成的平面图形。所以，作截交线前必须先根据截平面与回转体的相对位置，分析截交线的形状及其投影特点。

如果截交线的投影是非圆曲线，那么作图方法是先求出截平面与回转体表面的若干共有点，然后再依次光滑连接各点的投影，得到非圆曲线。求共有点时应先求特殊位置点，再求一般位置点。所谓的特殊位置点，一是确定曲线空间范围的最高点、最低点、最前点、最后点、最上点和最下点；二是位于回转体转向轮廓线上的点。

1. 平面与圆柱相交

根据截平面相对于圆柱轴线位置的不同，圆柱体的截交线有三种形状，如表 4-1 所示。

表 4-1 圆柱体截交线

截平面位置	垂直于轴线	平行于轴线	倾斜于轴线
截交线形状	圆	矩形	椭圆
立体图			
投影图			

例 4-3 如图 4-56（a）所示，已知一个圆柱被正垂面截切，求截交线的投影。

解：截平面与圆柱轴线倾斜，所以截交线是一椭圆。截平面正面投影积聚成直线，因此，截交线正面投影也在此线上。圆柱面水平投影积聚成圆周，因此，截交线水平投影也在此圆周上。所以，只需作出截交线的侧面投影。

作图步骤如图 4-56（b）所示：

（1）先求特殊点。找出截交线上特殊点的正面投影 1′、2′、3′、4′，Ⅰ是最左、最下点，Ⅱ是最右、最高点，Ⅲ是最前点，Ⅳ是最后点，这四个点还是位于圆柱转向轮廓线上的点。由正面投影可以直接对应得到它们的侧面投影。

（2）在特殊点中间适量补充一般点。在截交线正面投影上任意选取四个点 5′、6′、7′、8′，先直接对应得到它们的水平投影，再由正面投影和水平投影对应求得侧面投影。

（3）依次光滑连接各点的侧面投影，得到截交线的侧面投影。

（4）整理轮廓线。将 3″、4″ 以上的轮廓线清理掉。

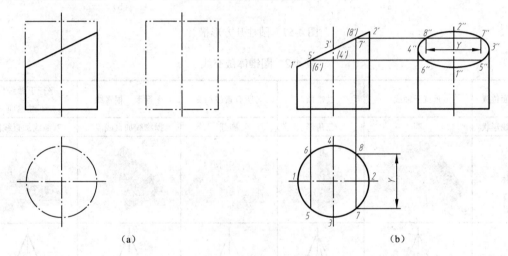

图 4-56 平面斜切圆柱

例 4-4 如图 4-57（a）所示，在圆柱上开一个方形槽，求其侧面投影。

解：方槽可看作是由两个与轴线平行的侧平面和一个和轴线垂直的水平面组合截切而成的。侧平截断面是一矩形，在圆柱面上的截交线是两段素线，这两段素线水平投影积聚成点，侧面投影反映实形。水平面截圆柱面的截交线为两段圆弧，其水平投影在圆周上，侧面投影积聚成两段直线。

作图步骤如图 4-57（b）所示：

（1）在正面投影上标记出四条素线的八个顶点 1′、2′、3′、4′、5′、6′、7′、8′，先直接对应得到它们的水平投影，再由正面投影和水平投影对应求得侧面投影。

（2）连接顶点的投影，得到各段截交线的投影。

（3）清理轮廓线，判别可见性。

2．平面与圆锥相交

根据截平面相对于圆锥轴线位置的不同，圆锥的截交线有五种形状，如表 4-2 所示。

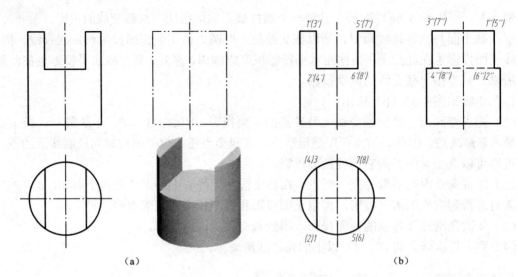

（a）　　　　　　　　　　　　　　　　（b）

图 4-57　圆柱开方形槽

表 4-2　圆锥体截交线

截平面位置	垂直于轴线	过锥顶	与所有素线相交	平行于一根素线	平行于轴线且不过锥顶
截交线形状	圆	三角形	椭圆	抛物线加直线段	双曲线加直线段
立体图					
投影图					

例 4-5　如图 4-58（a）所示，已知圆锥被正平面所截，求截交线的正面投影。

解：由水平投影可以看到，截平面与圆锥轴线平行且不过锥顶，所以它与圆锥面的截交线为双曲线，双曲线的水平投影积聚在截平面的水平投影上，正面投影反映实形。截平面与圆锥底面的交线为一条侧垂线段，它的正面投影和圆锥底面的投影重合。

作图步骤如图 4-58（b）所示：

（1）先求特殊点。找出截交线上特殊点的水平投影 1、2、3，Ⅰ是最左、最下点，Ⅱ是最右、最下点，Ⅲ是最高点。由 1、2 直接对应到圆锥底圆的正面投影上，可以得到 1′、2′。过 3

作辅助纬圆，在辅助纬圆的正面投影上求得 3′。

（2）求一般点。在截交线水平投影的适当位置取两个一般点的投影 4、5，利用辅助纬圆法求出它们的正面投影 4′、5′。

（3）依次光滑连接各点的投影，得到截交线的正面投影。

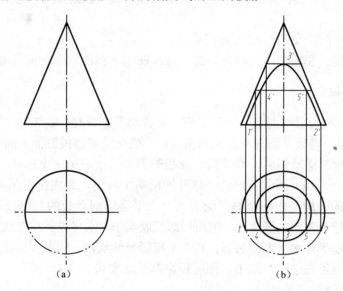

图 4-58　正平面截圆锥

例 4-6　如图 4-59（a）所示，已知圆锥被两平面截后的主视图，补全俯视图和左视图。

解：由主视图可知，圆锥被一个正垂面和一个水平面组合切割。正垂面过锥顶，所以它和圆锥面的截交线是两条素线，截交线水平投影和侧面投影依然是直线。水平面垂直于轴线，所以它和圆锥面的截交线是一段圆弧，圆弧的侧面投影积聚成直线，水平投影反映实形。两个截平面相交，也有一条交线，这条交线是正垂线，其正面投影积聚成点，水平投影和侧面投影反映实长，水平投影不可见。

作图步骤如图 4-59（b）所示：

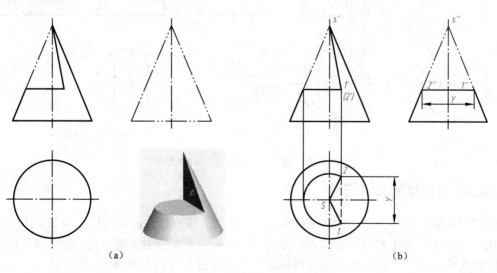

图 4-59　正垂面和水平面组合截圆锥

（1）作水平截切面与圆锥面的截交线。由正面投影得到圆弧半径，作出圆弧的水平投影和侧面投影。

（2）作正垂截切面与圆锥面的截交线。在正面投影上找到两条素线顶点的投影 s′、1′、2′，先求出它们的水平投影，再由正面投影和水平投影对应求出侧面投影。连接顶点投影，得到素线投影。

（3）求两个截平面的交线。12 要连成虚线。

（4）整理轮廓线。左视图中，最前、最后素线在水平截面以上的部分被截掉。

3. 平面与圆球相交

平面截切圆球，截交线总是圆。当截平面与某投影面平行时，截交线在该投影面上的投影反映实形，是一个圆；当截平面与某投影面垂直时，截交线在该投影面上的投影积聚成一条直线；当截平面与某投影面倾斜时，截交线在该投影面上的投影是一个椭圆。

例 4-7　如图 4-60（a）所示，已知半球开通槽的主视图，完成俯视图和左视图。

解： 半球表面的通槽是由两个侧平面和一个水平面切割而成的。每个侧平面与圆球面的截交线都是一段平行于侧面的圆弧，其侧面投影反映实形，水平投影积聚成直线。水平面与圆球面的截交线是两段平行水平面的圆弧，其水平投影反映实形，侧面投影积聚成两段直线。三个截平面的交线是两条正垂线，水平、侧面投影都反映实长。

作图步骤如图 4-60（b）所示：

（1）求水平面与球面的截交线。先由正面投影得到水平投影，再由正面、水平投影对应求出侧面投影。

（2）求侧平面与球面的截交线。先由正面投影得到侧面投影，再由正面、侧面投影对应求出水平投影。

（3）求截平面的交线。在侧面投影中连接 1″2″，要连成虚线。

（4）整理轮廓线，结果如图 4-60（c）所示。

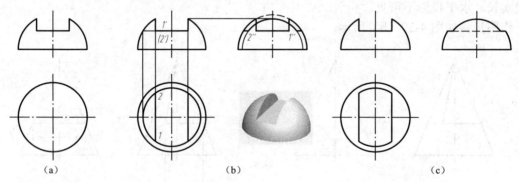

图 4-60　侧平面和水平面组合截圆球

4.6.3 切割体的尺寸标注

对切割体标注尺寸，除了要标注基本体的尺寸外，还要标注截切平面的位置。因为截交线的形状大小取决于截切平面与基本体的相对位置，截切平面的位置确定后，截交线的形状大小自然而然就确定了，所以不能对截交线的形状大小标注尺寸，如图 4-61 所示。

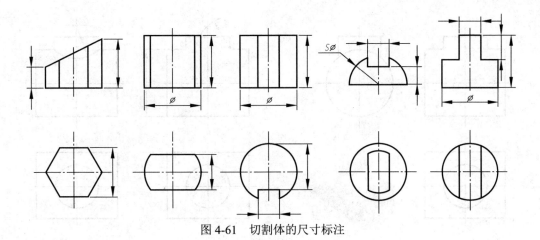

图 4-61　切割体的尺寸标注

4.7　两回转体相交

两个立体表面的交线称为相贯线，两立体的形状、大小、相对位置不同，相贯线的形状也不同。两回转体的相贯线一般情况下是封闭的空间曲线，特殊情况下也可以不封闭，也可能是平面曲线或直线。

由于相贯线是两立体表面的交线，所以相贯线是两立体表面的共有线，相贯线上的点是两立体表面的共有点。所以，求相贯线的实质就是求两立体表面的一系列共有点。

4.7.1　两圆柱相交

1. 相贯线的近似画法

两个圆柱轴线垂直相交，这样的相贯在机器零件中最常见，如图 4-62（a）所示，两圆柱正交，求作相贯线的投影。

两个圆柱轴线垂直相交，相贯线为一条前后、左右对称的封闭的空间曲线。由于小圆柱的轴线垂直于水平面，大圆柱的轴线垂直于侧面，所以小圆柱面的水平投影积聚成圆，大圆柱面的侧面投影积聚成圆。相贯线的水平投影和小圆柱的水平投影重合，为一个圆；相贯线的侧面投影是大圆柱侧面投影上和小圆柱重合的一部分，为一段圆弧。因此相贯线的水平投影和侧面投影已知，只需作出其正面投影。

这种情况下，相贯线的正面投影可以采用近似画法，用一段圆弧替代，作图方法如下：

（1）以两圆柱轮廓的交点为圆心，以大圆柱的半径为半径画圆弧，和小圆柱的轴线交于 O 点，如图 4-62（b）所示。

（2）以 O 点为圆心，以大圆柱的半径为半径，在两个圆柱的两个轮廓线交点之间画圆弧，如图 4-62（c）所示。

2. 两圆柱相交的三种形式

两圆柱相交有三种形式，图 4-63（a）为实体和实体相交，图 4-63（b）为实体和圆孔相交，图 4-63（c）为圆孔和圆孔相交。由于两圆柱的大小和相对位置一样，因此它们相贯线的形状和大小完全相同。

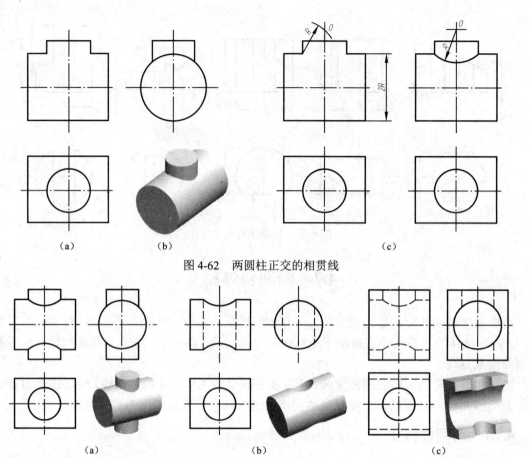

图 4-62 两圆柱正交的相贯线

图 4-63 两圆柱相交的三种形式

4.7.2 相贯线的特殊情况

两回转体的相贯线一般情况下是空间曲线，特殊情况下也可能是平面曲线或直线。

（1）两回转体有公共轴线时，相贯线为和轴线垂直的圆，如图 4-64 所示。

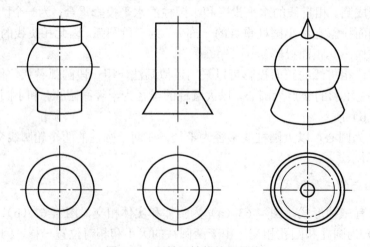

图 4-64 同轴回转体的相贯线

（2）两圆柱轴线平行时，相贯线为两条直线（素线），如图 4-65 所示。

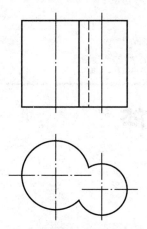

图 4-65　轴线平行两圆柱的相贯线

（3）两圆柱轴线相交且有公共内切球时，相贯线为两个椭圆，并且椭圆垂直于两圆柱轴线所在的平面，在向与该平面平行的投影面作投影时积聚成两条直线，如图 4-66 所示。

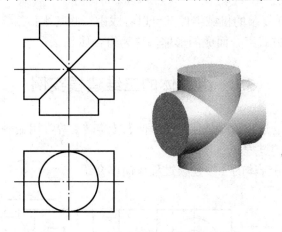

图 4-66　有公共内切球两圆柱的相贯线

第5章

组 合 体

教学要求

通过本章学习,了解组合体的概念和组合方式,掌握组合体三视图的画法;理解组合体尺寸标注的相关规定和要求,掌握组合体尺寸标注方法;掌握用形体分析法和线面分析法看图的方法;掌握利用 Pro/E 对组合体三维建模的方法。

从形体角度看,任何复杂的机械零件都可以看成由一些基本体组合而成的。这种由两个或两个以上基本体按一定方式组合而成的形体,称为组合体。

5.1 组合体的三维建模实例

对组合体三维建模的过程,就是使用【拉伸】、【旋转】等常用命令,按照指定的大小和相对位置逐个创建基本体的过程。

下面对图 5-1 所示组合体的三维建模过程作简单介绍。

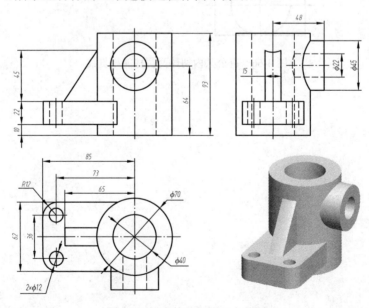

图 5-1 组合体三视图及立体图

（1）执行【拉伸】命令，如图 5-2 所示，选择 TOP 面作为草绘平面，以 FRONT、RIGHT 两参照的交点为圆心画一个直径为 70 的圆。结束草绘后，在操控板上的尺寸窗口中输入 93，得到如图 5-3 所示的大圆柱。

（2）单击【草绘】工具栏中的【基准平面工具】按钮 ⬜，弹出如图 5-4 所示的【基准平面】对话框，然后用鼠标左键单击 TOP 面，将其选作参照，在"平移"对话框中输入 10，单击"确定"按钮关闭对话框。这样就在 TOP 面上方距离 10 的地方创建了一个基准面 DTM1，如图 5-5 所示。

（3）执行【拉伸】命令，选择 DTM1 面作为草绘平面，绘制如图 5-6 所示的图形。结束草绘后，在操控板上的尺寸窗口中输入 22，得到如图 5-7 所示的平板。

（4）执行【拉伸】命令，选择面 FRONT 作为草绘平面，绘制如图 5-8 所示的圆。结束草绘后，在操控板上的尺寸窗口中输入 48，得到如图 5-9 所示的小圆柱。

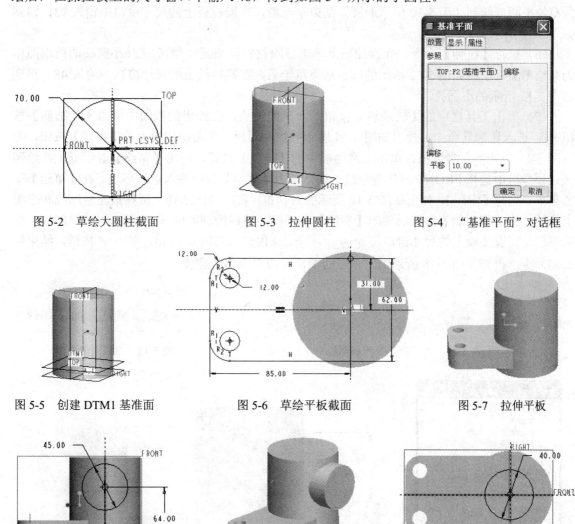

图 5-2　草绘大圆柱截面　　　图 5-3　拉伸圆柱　　　图 5-4　"基准平面"对话框

图 5-5　创建 DTM1 基准面　　　图 5-6　草绘平板截面　　　图 5-7　拉伸平板

图 5-8　草绘小圆柱截面　　　图 5-9　拉伸小圆柱　　　图 5-10　草绘大圆孔

图 5-11 拉伸大圆孔

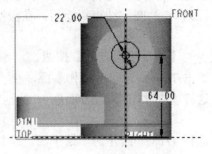
图 5-12 草绘小圆孔

图 5-13 拉伸小圆孔

（5）执行【拉伸】命令，在操控板上单击移除材料按钮，然后选择大圆柱的上端面作为草绘平面，绘制如图 5-10 所示的圆。结束草绘后，在操控板上的尺寸窗口中输入 93，得到如图 5-11 所示的大圆孔。

（6）执行【拉伸】命令，在操控板上单击移除材料按钮，然后选择小圆柱的前端面作为草绘平面，绘制如图 5-12 所示的圆。结束草绘后，在操控板上的尺寸窗口中输入 48，得到如图 5-13 所示的小圆孔。

（7）单击工具栏中的【轨迹筋】按钮后的箭头，在弹出的按钮中单击【轮廓筋】按钮，进入轮廓筋命令，弹出如图 5-14 所示的控制面板。单击操控板上的【参照】按钮，弹出图 5-15 所示的上滑面板，单击上滑面板中的【定义】按钮，弹出【草绘】对话框。在绘图区或模型树中选择 FRONT 面作为草绘平面，单击【草绘】按钮进入草绘环境。在【草绘】下拉菜单中选择【参照】，弹出如图 5-16 所示的对话框，在绘图区选择大圆柱最左轮廓线和平板上表面，将它们添加为参照后关闭【参照】对话框。然后绘制如图 5-17 所示的一根斜线，结束草绘。在操控板上的尺寸窗口 内输入筋的厚度 15，单击 按钮，结束轮廓筋命令，得到如图 5-18 所示的三角形肋板，完成组合体的建模。

图 5-14 "轮廓筋" 控制面板

图 5-15 参照上滑面板

图 5-16 "参照" 对话框

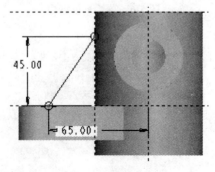
图 5-17 草绘筋截面

图 5-18 创建肋板

5.2 画组合体的三视图

5.2.1 组合体的组合方式

组合体的组合方式有叠加、切割、综合三种，如图 5-19 所示。

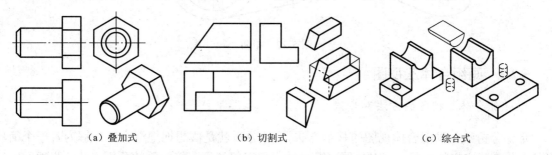

(a) 叠加式　　　　　　(b) 切割式　　　　　　(c) 综合式

图 5-19　组合体的组合方式

5.2.2 组合体的表面连接关系

组合体各基本形体相邻表面之间的连接关系可以分为平齐、相交、相切三种情况。

(1) 平齐。如图 5-20 所示，该形体上、下两部分的前、后面都是平齐的，它们是共面的，因此视图上两个基本形体之间不画分界线。

(2) 相交。如图 5-21 所示，当两基本立体的表面相交时，在相交处要按照投影关系画出表面交线。

(3) 相切。如图 5-22 所示，当两基本立体的表面相切时，两表面光滑地连接在一起，此时两表面无明显的分界线，所以视图上相切处不画轮廓线。

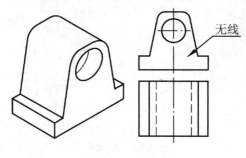

图 5-20　平齐

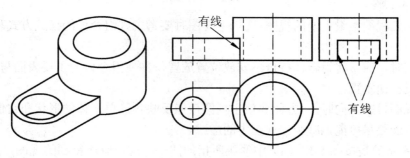

图 5-21　相交

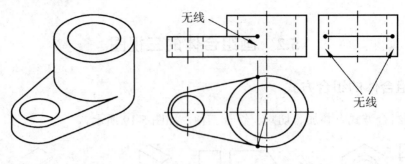

图 5-22 相切

5.2.3 画组合体三视图

1. 画组合体三视图的方法和步骤

形体分析法是画组合体视图的基本方法。形体分析就是假想地把组合体分解为若干个简单形体，并弄清它们的形状、相对位置、组合形式和相邻表面连接关系的分析方法，这种方法对于叠加形体尤其有效。下面以图 5-23（a）所示的轴承座为例，说明画组合体三视图的方法和步骤。

1）形体分析

如图 5-23（b）所示，轴承座可以分解为五个简单形体：底板、支撑板、圆筒、肋板和凸台。支撑板与肋板叠加在底座上，圆筒由支撑板和肋板支撑；支撑板的背面与底板平齐，支撑板的侧面与圆筒外表面相切；肋板与圆筒外表面相交；凸台与圆筒相贯，内外表面均有相贯线。

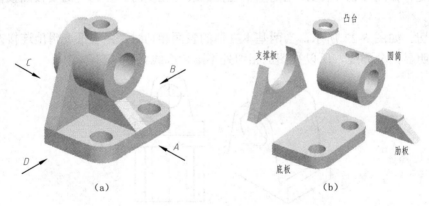

图 5-23 轴承座

2）选择主视图

主视图是三视图中最主要的视图，选择主视图时要考虑好组合体的摆放方式和投影方向两方面的问题。

画三视图时，通常将组合体按自然安放位置放置，并使组合体的主要表面与投影面平行，主要轴线与投影面垂直。

确定主视图投影方向时，一方面要使主视图最能反映各简单形体的形状和它们之间的相对位置，另一方面要尽可能地减少三视图中的虚线。

图 5-24 所示的是按图 5-23（a）中箭头所指的四个方向投影所得到的视图。对比可知，C

向视图出现比较多的虚线，没有 A 向视图清楚；B 向视图和 D 向视图一样，但是如果以 D 向视图作为主视图，在左视图中会出现比较多的虚线，所以不如以 B 向视图作为主视图好；以 A 向视图和 B 向视图作主视图均可，此处选择 A 向视图作为主视图。主视图确定之后，俯视图和左视图也就确定了。

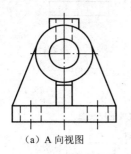 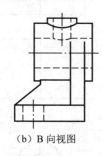 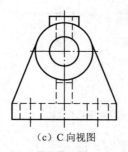 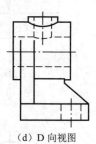

（a）A 向视图　　　（b）B 向视图　　　（c）C 向视图　　　（d）D 向视图

图 5-24　主视图投影方向比较

3）选比例、定图幅

根据组合体的复杂程度和大小，在国家标准中选定作图比例和图幅。图幅的大小不仅要考虑视图所占面积，而且要在视图之间留出足够的标注尺寸空间以及标题栏所占空间。

4）布置视图、画基准线

根据各视图的大小，将各视图均匀地布置在图框内，每个视图都画出两个方向的作图基准线。作图基准线一般为对称面、底面、主要端面、主要轴线等，如图 5-25（a）所示。

5）画底稿

根据各简单形体的形状特征，逐个画出每个简单形体的三视图，如图 5-25（b）～（f）所示。

在画各简单形体的视图时，应先画主要形体，后画次要形体，先画可见的部分，后画不可见的部分。如图中先画底板和圆筒，后画支撑板、肋板和凸台。

画每一个简单形体时，应该三个视图联系起来对应着画，先画反映形体特征的视图，再按投影关系画其他两个视图。如图中圆筒和支撑板先画主视图，而凸台则应先画俯视图。

作图时尤其要注意各形体表面之间形成平齐、相交、相切之处的正确画法。

6）检查、描深

各形体的底稿画好后，要认真检查，擦掉多余作图线，然后描深全图。

2．画切割型组合体三视图的方法

轴承座从形体构成角度看，主要是叠加起来的，对于比较复杂的切割体可以使用线面分析法画图。线面分析法是在形体分析法的基础上，对某些线面还要作线面投影特性的分析，如分析物体的表面形状、面与面的相对位置、表面交线等，这样才能绘出正确的图形。画切割型组合体三视图的步骤和叠加型组合体相同，首先进行形体分析，清楚组合体的形成过程。作图时先画出组合体被切割前的原形，然后按照切割顺序，逐步画出每次切割之后的三视图。

下面以图 5-26（a）所示的组合体为例介绍切割型组合体的作图方法，作图步骤和轴承座作图步骤一样。作图过程如图 5-26（b）～（f）所示。

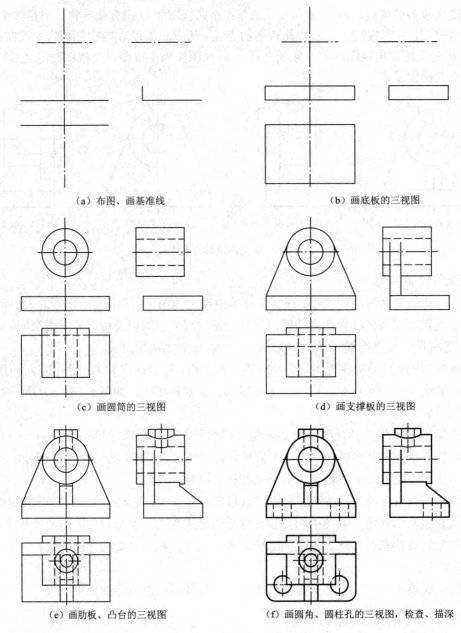

图 5-25 轴承座的作图过程

画切割型组合体三视图时应注意:

(1) 作图时应先画出切割面有积聚性的那一面投影,然后根据切割面与立体表面相交的情况画出其他面内的投影。

(2) 如果切割面为投影面的垂直面,那么该面的另两面投影应为类似图形。

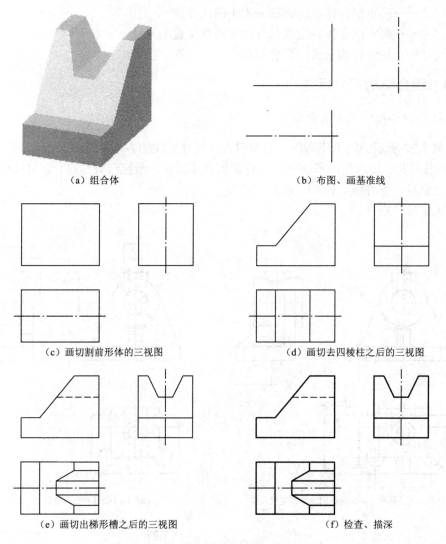

图 5-26 切割型组合体的作图过程

5.3 组合体的尺寸标注

5.3.1 组合体尺寸标注的基本要求

组合体的尺寸标注应达到以下三点要求：

正确——符合国家标准关于尺寸标注的相关规定。

完整——标注的尺寸要能够完全确定组合体中各基本形体的大小及相对位置，既不遗漏，也不重复。

清晰——尺寸布置整齐合理，便于看图。

5.3.2 组合体的尺寸分类

组合体一般要标注三类尺寸：定形尺寸、定位尺寸和总体尺寸。

定形尺寸——确定组合体各组成部分大小的尺寸。
定位尺寸——确定组合体各组成部分之间相对位置的尺寸。
总体尺寸——组合体的总长、总宽和总高。

5.3.3 组合体的尺寸标注

1. 标注组合体尺寸的方法和步骤

现以图 5-27 所示的轴承座为例，说明组合体尺寸标注的方法和步骤。

（1）形体分析。轴承座的形体分析在前面组合体画法一节已经叙述过，它可以分解为五个简单形体：底板、支撑板、圆筒、肋板和凸台。

（2）选定尺寸基准。

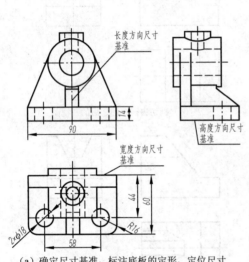

（a）确定尺寸基准，标注底板的定形、定位尺寸

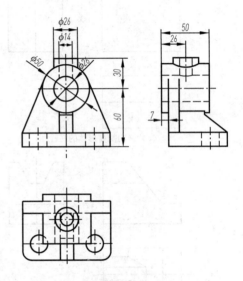

（b）标注圆筒和凸台的定形、定位尺寸

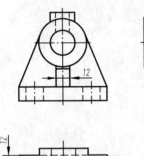

（c）标注支撑板和肋板底板的定形、定位尺寸

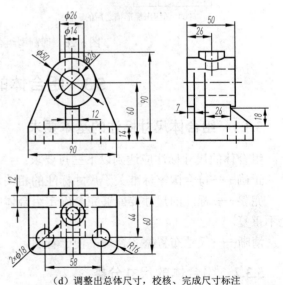

（d）调整出总体尺寸，校核、完成尺寸标注

图 5-27 组合体的尺寸标注

尺寸基准是确定尺寸位置的几何元素，对立体标注尺寸时必须在长、宽、高三个方向上分别选定尺寸基准，作为该方向标注尺寸的出发点。通常选择立体上的对称面、底面、端面等较大平面以及重要回转体的轴线作为尺寸基准。如图5-27（a）所示，选择轴承座的左右对称面作为长度方向的尺寸基准；选择底面作为高度方向的尺寸基准；选择底板和支撑板的背面作为宽度方向的尺寸基准。

（3）逐个标注每一简单形体的定形尺寸和定位尺寸，如图5-27（a）～图5-27（c）所示。

（4）调整出总体尺寸。立体的总体尺寸一般需要直接标注出来，如图5-27d轴承座的总长90已经标注，不必重复标注。总高90没有直接标注，需要直接标注出来，但是总高90标注之后，和原有的30、60这两个尺寸之和造成重复，应把30这个尺寸去除。总宽67也没有直接标注，是通过60、7这两个尺寸之和体现的，这里67不宜直接标注，因为保留60、7这两个尺寸更有利于清晰表达底板和圆筒在宽度方向上的相对位置。

（5）校核。校核的重点是检查尺寸是否完整，不得有遗漏和重复。

2. 尺寸标注的注意事项

（1）尺寸应尽量标注在反映形体特征最明显的视图上。

（2）同一形体的尺寸应尽量集中标注。

（3）尽量避免在虚线上标注尺寸。

（4）对称立体的尺寸应以对称形式标注，不能偏在半边，如图5-28所示。

（5）当形体的外轮廓为曲面时，总体尺寸应标注到该曲面的中心线位置，不能标注到曲面上，如图5-29所示。

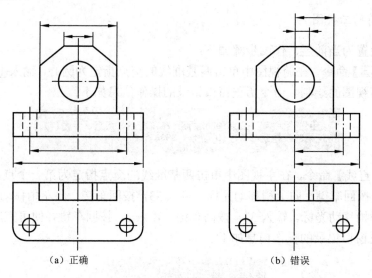

（a）正确　　　　　　　　（b）错误

图5-28　对称立体的尺寸标注

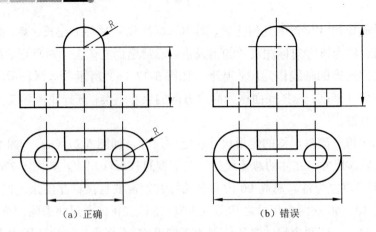

(a) 正确　　　　　　　　　(b) 错误

图 5-29　外轮廓为曲面时总体尺寸的注法

5.4　AutoCAD 绘制组合体三视图

本节通过案例讲解，介绍 AutoCAD 绘制组合体三视图以及尺寸标注的方法和步骤，所采用的画图方法是形体分析法（读者可以用不同的方法绘制）。在学习本节之前，请先回顾第 1.2.3 节和第 2.2 节的内容。下面以图 5-30（a）的绘制过程为例，介绍作图的方法和步骤。

1. 画基准线

分别将点画线、细实线设置为当前层，绘制基准线，如图 5-30（b）所示。若线的长度过长，或线的位置不合适，可以在绘图完成后通过【移动】和【修剪】等命令来进行修改。

2. 绘制圆筒的三视图

将粗实线设置为当前层，作图步骤如下：
（1）执行【圆】命令，在俯视图中单击两基准线的交点指定为圆心，输入 17.5，按回车键，便可完成圆柱俯视图的绘制。命令历史窗口记录的操作信息如下：

```
命令: _circle
指定圆的圆心或 [三点(3P)/两点(2P)/切点、切点、半径(T)]:
指定圆的半径或 [直径(D)] <17.5000>: 17.5
```

（2）执行【直线】命令，在主视图中单击两基准线的交点指定为第一个点，向右稍移动光标，输入 17.5，按回车键；向上稍移动光标，输入 33，按回车键；向左稍移动光标，输入 35，按回车键；向下稍移动光标，输入 33，按回车键；输入 c，按回车键，便可完成圆柱主视图的绘制。命令历史窗口记录的操作信息如下：

```
命令: _line
指定第一个点:
指定下一点或 [放弃(U)]: 17.5
指定下一点或 [放弃(U)]: 33
指定下一点或 [闭合(C)/放弃(U)]: 35
指定下一点或 [闭合(C)/放弃(U)]: 33
指定下一点或 [闭合(C)/放弃(U)]: c
```

(3) 执行【复制】命令，在主视图中使用窗口选择方式选择上一步所绘制的矩形指定为对象，单击矩形下面边的中点指定为基点，单击左视图中两基准线的交点指定为第二个点，按 Esc 键完成复制，便可作出圆柱的左视图。命令历史窗口记录的操作信息如下：

```
命令: _copy
选择对象: 指定对角点: 找到 5 个

选择对象:

当前设置: 复制模式 = 多个
指定基点或 [位移(D)/模式(O)] <位移>:
指定第二个点或 [阵列(A)] <使用第一个点作为位移>:
指定第二个点或 [阵列(A)/退出(E)/放弃(U)] <退出>: *取消*
```

所绘制的圆柱的三视图如图 5-30（c）所示。

(4) 用类似的方法可绘制圆孔的三视图，如图 5-30（d）所示。请读者思考如何提高作图效率。

3. 绘制底板的三视图

(1) 执行【圆】命令，在俯视图中单击两基准线的交点指定为圆心，输入 43，按回车键，绘制出 $R43$ 圆；执行【偏移】命令，输入 15，按回车键，在俯视图中单击水平中心线指定为要偏移的对象，向其一侧稍移动光标后单击，再单击水平中心线指定为要偏移的对象，向其另一侧稍移动光标后单击，按回车键结束命令；执行【修剪】命令，在俯视图中分别单击 $R43$ 圆和 $\phi 35$ 圆，单击右键（选择剪切边），再分别单击上一步通过【偏移】所绘制的两条中心线的多余段，按回车键结束命令；执行【修剪】命令，在俯视图中分别单击经上一步修剪后的两条中心线，单击右键（选择剪切边），再单击 $R43$ 圆的多余段，按回车键结束命令；分别单击上述的两条中心线，单击【图层】工具栏的【图层控制】文本框，在弹出的【图层控制】下拉列表中选择所设置的粗实线，将其修改为粗实线，便可完成底板俯视图的绘制，如图 5-30（e）所示。

(2) 执行【直线】命令，在主视图中单击两基准线的交点指定为第一个点，向左稍移动光标，输入 43，按回车键；向上稍移动光标，输入 12，按回车键；向右稍移动光标，输入 43，按回车键；执行【直线】命令，在俯视图中单击底板后表面投影与圆柱面投影的交点指定为第一个点，向上移动光标，捕捉该线与底板上表面投影的交点为第二个点，按回车键结束命令；用同样的方法，过底板后表面投影与 $R43$ 圆柱面投影的交点绘制直线，如图 5-30（f）所示。执行【修剪】命令，将多余的线段删除，便可完成底板主视图的绘制，如图 5-30（g）所示。

(3) 绘制底板的左视图，如图 5-30（h）所示，请读者探究其作图步骤。

(4) 绘制底板上圆孔的三视图，如图 5-30（i）所示，请读者探究其作图方法，并用不同的方法绘制。

4. 尺寸标注

将细实线设置为当前层，分别执行【线性】、【半径】和【直径】命令，进行尺寸标注，如图 5-30（j）所示。

5. 尺寸标注修改

（1）执行【修改】|【对象】|【文字】|【编辑】命令，选择所标注的尺寸 35 为注释对象，在弹出的【文字格式】对话框中单击 @· 按钮，在弹出的下拉列表中选择【直径】，如图 5-30（k）所示，便可为尺寸 35 添加符号 ϕ。

（2）单击尺寸 $\phi25$，该尺寸被选择而显示出其夹点，将光标移动到尺寸线端点处的夹点稍作停留，在弹出的快捷菜单中选择【翻转箭头】，完成该箭头的翻转，如图 5-30（m）所示；用同样的方法将另一箭头翻转，再执行【删除】命令，将多余的线段删除，便可完成图 5-30（a）所示的三视图的绘制。

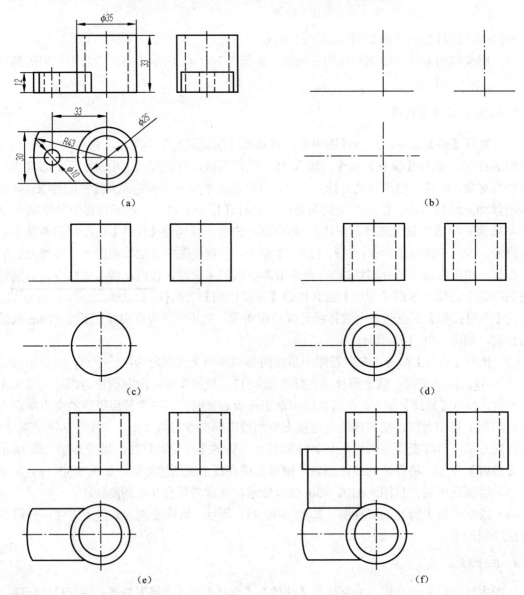

图 5-30 AutoCAD 绘制组合体三视图

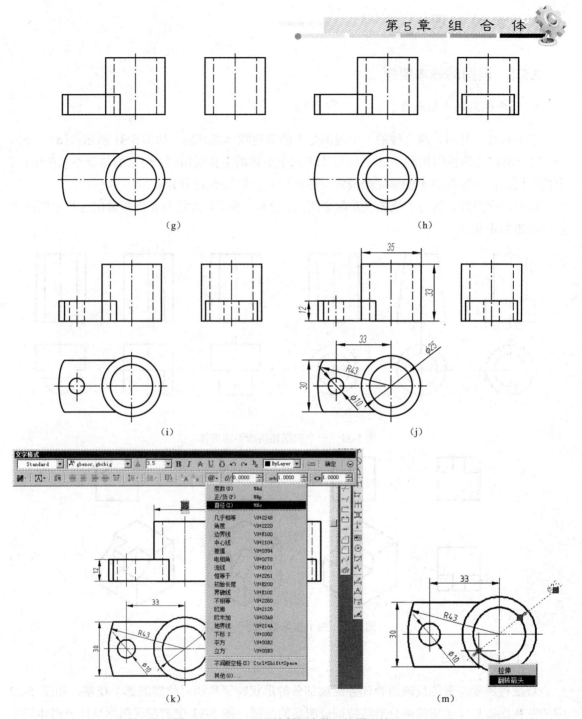

图 5-30 AutoCAD 绘制组合体三视图（续）

5.5 读组合体视图

读组合体视图是对给定的视图进行分析，想象出形体的实际形状，读图是绘图的逆过程。

5.5.1 读图的基本要领

1. 几个视图联系起来看

在不标注尺寸时，组合体的一个视图是不能确定物体形状的，如图 5-31 所示，（a）、（b）、（c）三个形体的俯视图相同，（d）、（e）、（f）三个形体的主视图相同，但它们却是不同的形体。有的时候，两个视图也不能够完全确定物体的形状，如图 5-32 所示。

因此，读图时要将各个视图联系起来阅读、分析、构思，才能够正确想象出这组视图所表示的物体的形状。

图 5-31 一个视图相同的不同形体

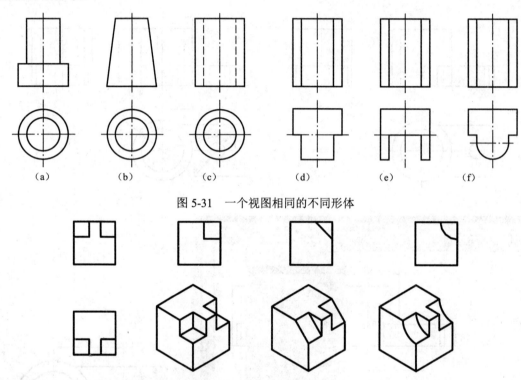

图 5-32 两个视图相同的不同形体

2. 抓住特征视图

特征视图就是最能反映组合体各组成部分的形状特征和相对位置的那个视图，如图 5-32 中的左视图就是反应切除部分形状特征最明显的视图；图 5-33 中的左视图就是反映形体间相对位置最明显的视图。在看图时，要善于抓住特征视图，再结合其他视图，就能够比较快地确定组合体的形状。

3. 明确视图中线条和线框的含义

视图是由线条组成的，线条又组成一个个封闭的线框。识别视图中线条和线框的含义，也是读图的基础。

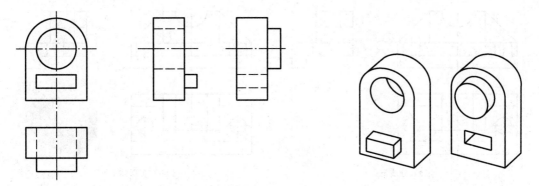

图 5-33 位置特征明显的视图

如图 5-34 所示，视图中的一条轮廓线可以是：
(1) 立体上两个表面交线的投影。
(2) 曲面转向轮廓线的投影。
(3) 平面或曲面的积聚性投影。

如图 5-35 所示，视图中的一个封闭线框可以是：
(1) 一个平面的投影；
(2) 一个曲面的投影；
(3) 两个或两个以上相切表面的投影；
(4) 一个空腔的投影。

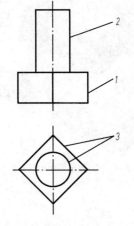

图 5-34 视图中线条的含义

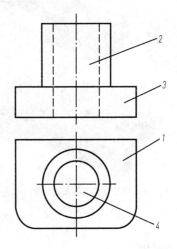

图 5-35 视图中线框的含义

5.5.2 形体分析法读图

形体分析法是读组合体视图的一种基本方法，思路是根据已知视图，将立体分解为若干组成部分，然后按照投影规律和各视图之间的联系，分析出各组成部分的形状和相对位置，最终想象出组合体的整体形状。

下面以图 5-36 所示的轴承座为例说明形体分析法读图的步骤。

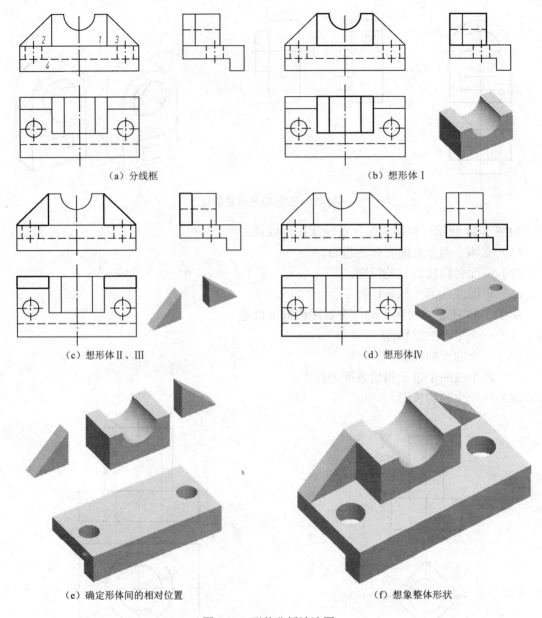

图 5-36 形体分析法读图

1)分线框

一般从主视图入手,将其分成几个封闭线框,每个封闭线框代表一块简单立体,如图 5-36(a)所示,轴承座的主视图可以分成 4 个封闭线框,代表轴承座由 4 块简单立体构成,其中 2、3 块立体,形状一样,位置对称。

2)对投影,想形体

根据投影规律,找出各线框的对应投影,然后根据三面投影想象出每一块简单形体的形状。

如图 5-36(b)所示,线框 1 的在俯视图中的对应投影是中间带有两条直线的矩形,在左视图中的对应投影是带有一条虚线的矩形,可以想象该块立体是在长方体上挖了一个半圆槽。

如图 5-36（c）所示，线框 2、3 在俯视图和左视图中的对应投影都是矩形，可以想象出这是两块三角形的肋板。

如图 5-36（d）所示，线框 4 在在俯视图中的对应投影是带有一条虚线的矩形，矩形内有两个圆，在左视图中的对应投影是带有两条虚线的倒置 L 形，可以想象出该块立体是一块直角弯板，上面钻有两个孔。

3）综合起来想整体

根据各块立体的形状和相对位置，综合想象出轴承座的整体形状，如图 5-36（e）和图 5-36（f）所示。

5.5.3　线面分析法读图

线面分析法是形体分析法读图的补充，当立体形状不规则或经过多次切割后，三视图中的线框就变得比较复杂，使读图的难度加大。这时可以利用线、面的投影理论来分析立体表面的形状和各表面间的相对位置，就可以比较容易地构思出立体的整体形状，这种方法称为线面分析法。

下面以图 5-37 所示的压块为例说明线面分析法读图的步骤。

1）确定立体原始形状

如图 5-37（a）所示，压块三视图均是有缺角或缺口的矩形，可初步认定该物体是由长方体切割而成的，且中间有一个阶梯圆柱孔。

2）利用线面分析法确定切割面的位置和形状。

如图 5-37（b）所示，俯视图中的线框 p，在主视图中的对应投影是一条斜线，在左视图的对应投影是一个类似的梯形线框，由此可以判断出这是一个正垂面，即用一个正垂面切去长方体的左上角。

如图 5-37（c）所示，主视图中的线框 q，在俯视图中的对应投影是一条斜线，在左视图在的对应投影是一个类似的七边形线框，由此可以判断出这是一个铅垂面，即用两个铅垂面在长方体的左前方和左后方各切去一个角。

如图 5-37（d）所示，主视图中的矩形线框 r，在俯视图中的对应投影是一条虚线，在左视图在的对应投影也是一条直线，由此可以判断出这是一个正平面。

如图 5-37（e）所示，俯视图中的线框 s，在主视图中的对应投影是一条直线，在左视图在的对应投影也是一条直线，由此可以判断出这是一个水平面。由此可知左视图中的两个缺口是被正平面和水平面组合截切而成的。

3）综合起来想整体

想清楚压块各个表面的形状和空间位置后，就可以综合想象出压块的形状，如图 5-37（f）所示。

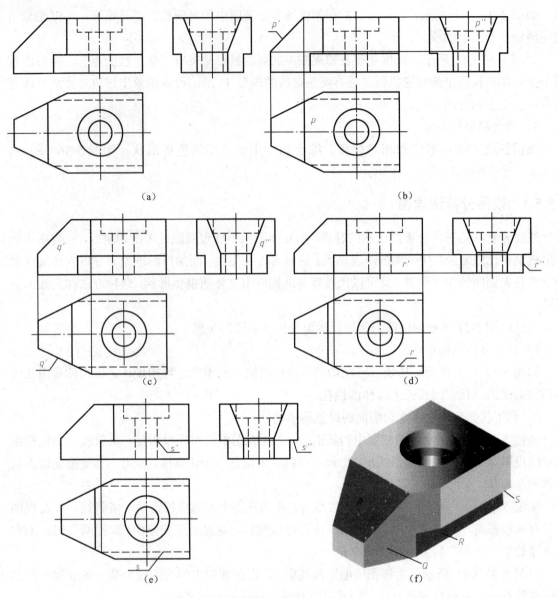

图 5-37 线面分析法读图

5.5.4 读图的运用

如图 5-38（a）所示，已知组合体的俯视图和左视图，补画其主视图。

（1）利用形体分析法看图，将左视图分为四个封闭线框，对应四块简单形体。

（2）利用投影关系，将四部分在俯视图中的对应投影找出来，可以想象出这四部分分别是带阶梯孔的圆筒、左边切角并带有 U 形槽的底板、四棱柱和三角形肋板，在组合体的底部开有一个方槽。

（3）综合想象出整体形状，如图 5-38（g）所示。

（4）根据投影规律，逐个画出各部分的主视图，最后检查、加深，完成作图，如图 5-38（b）～（f）所示。

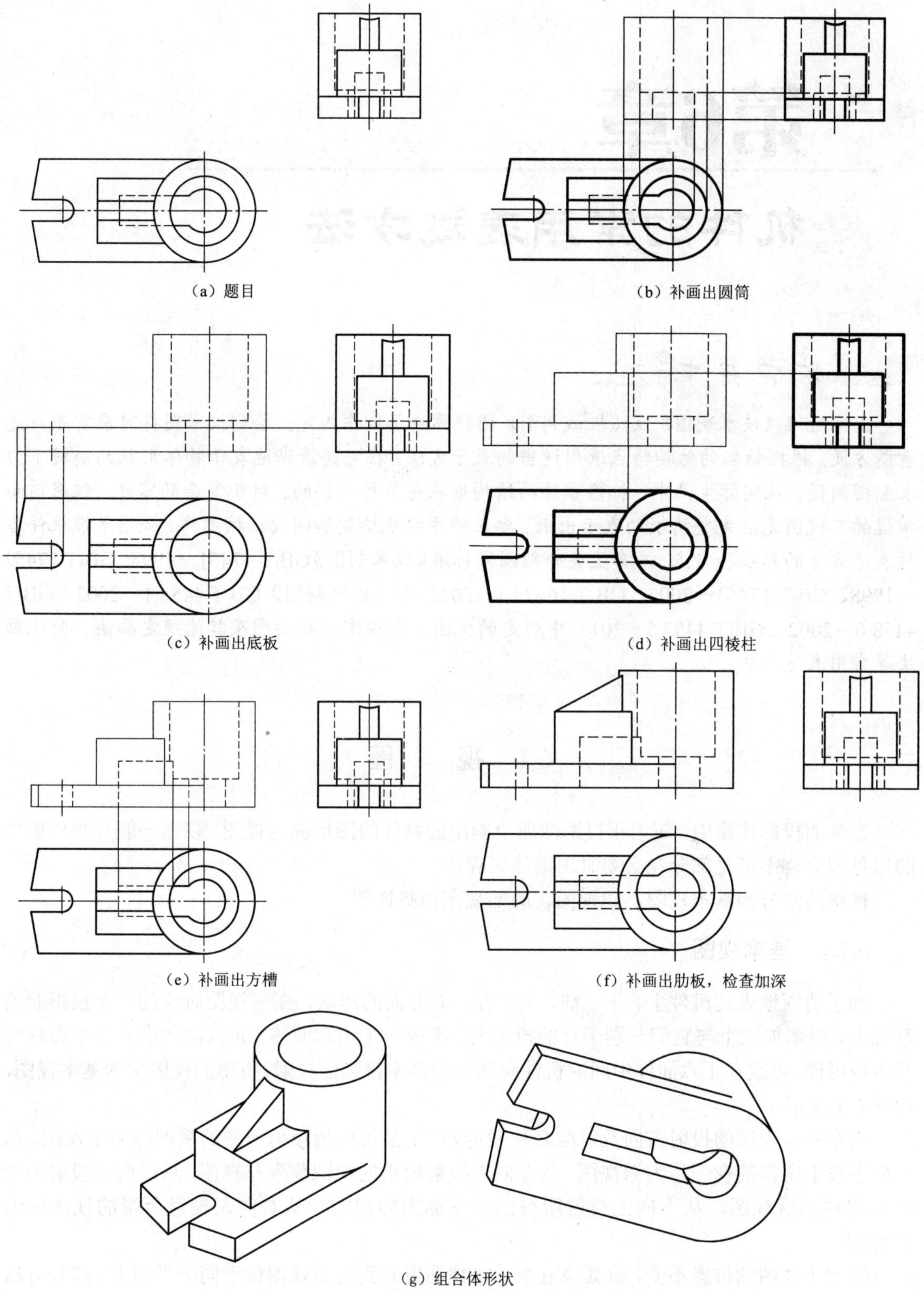

第 5 章 组 合 体

(a) 题目　　(b) 补画出圆筒

(c) 补画出底板　　(d) 补画出四棱柱

(e) 补画出方槽　　(f) 补画出肋板，检查加深

(g) 组合体形状

图 5-38　根据俯视图、左视图补画出主视图

第6章

机件的常用表达方法

教学要求

国家标准《技术制图》及《机械制图》图样画法总则中规定：绘制技术图样时应首先考虑看图方便。根据物体的结构特点选用适当的表示方法。在完整清晰地表示物体形状的前提下力求制图简便。在实际生产中，机器零件的结构形状是多种多样的。对于复杂的零件，仅用前面学过的三视图无法完整清晰的表示出来。要正确方便地绘制和阅读机械图样，必须掌握机件各种表达方法的画法和特点。本章主要介绍国家标准《技术制图》GB/T 17451—1998、GB/T 17452—1998、GB/T 17453—2005、GB/T 16675.1—2012 和《机械制图》GB/T 4458.1—2002、GB/T 4458.6—2002、GB/T 4457.5—2013 中规定的视图、剖视图、断面图及其他规定画法、简化画法等常用表达方法。

6.1 视 图

在多面投影体系中，应用正投影法所绘制出的物体的图形称为视图。视图一般只画出机件的可见部分，不可见部分在必要时用虚线来表达。

视图通常分为基本视图、向视图、局部视图和斜视图。

6.1.1 基本视图

为了清晰地表达机件上、下、前、后、左、右方向的形状，在三视图对应的三个投影面的基础上，再增加三个与它们分别平行的投影面，组成一个正六面体。正六面体的六个平面称为基本投影面。将放在正六面体中间的机件向这六个基本投影面投射，所得的视图称为基本视图，如图 6-1 所示。

六个基本视图的投射方向及对应名称规定如下：从前向后投射所得的视图称为主视图，从上向下投射所得的视图称为俯视图，从左向右投射所得的视图称为左视图，从后向前投射所得的视图称为后视图，从下向上投射所得的视图称为仰视图，从右向左投射所得的视图称为右视图。

固定主视图的位置不变，将其余五个基本视图展开到与主视图位于同一平面上，展开方法如图 6-2 所示。展开后各基本视图之间的配置关系如图 6-3 所示。

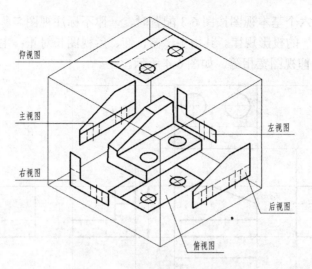

图 6-1 基本投影面与基本视图

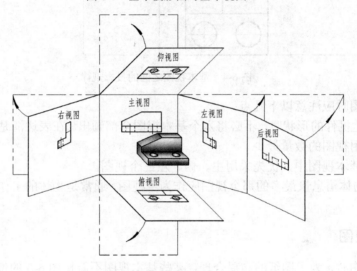

图 6-2 基本视图的展开

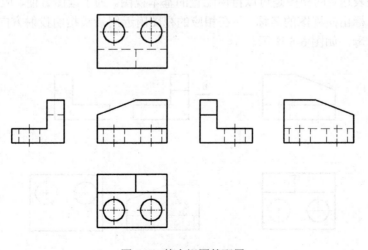

图 6-3 基本视图的配置

在同一图样内，六个基本视图按图 6-3 配置时，一律不标注视图名称，且仍然保持"长对正、高平齐、宽相等"的投影规律。其中主、俯、仰、后视图长对正；主、左、右、后视图高平齐；左、右、俯、仰视图宽相等，如图 6-4 所示。

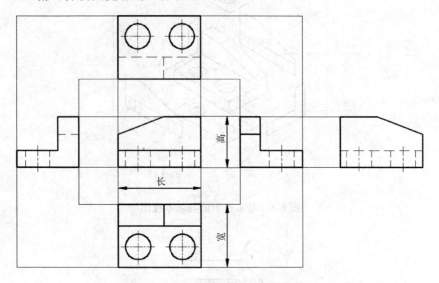

图 6-4　基本视图之间的投影规律

画基本视图时应注意以下几点：

（1）在表达机件的形状时，不必将六个基本视图全部画出。在表达清楚机件形状结构的前提下，应使所用视图的数量最少。

（2）六个基本视图中，优先采用主、俯、左三个视图。

（3）表示物体信息量最多的那个视图应作为主视图，通常是物体的工作位置或加工位置或安装位置。

6.1.2　向视图

在实际绘图时，为了图纸的布局合理，某些基本视图不能按图 6-3 的位置来配置，此时可以采用向视图来表达。向视图是可以自由配置的基本视图。为了读图方便，应在向视图的上方用大写拉丁字母标出向视图的名称，并在相应的视图附近用箭头指明投射方向，且标注与向视图名称相同的字母，如图 6-5 所示。

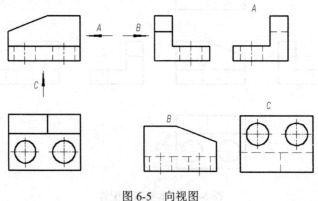

图 6-5　向视图

6.1.3 局部视图

局部视图是将机件的某一部分向基本投影面投射所得的视图,它实际是某一基本视图的局部形状。

当机件的某些局部形状没有表达清楚,而此时又没有必要用完整的基本视图来表达时,可以只把这些局部结构向基本投影面进行投射来表达。使用局部视图可以简化作图,避免机件上已经表达清楚的部位重复表达。

如图6-6所示的机件,主视图和俯视图已经将机件大部分形状表达清楚,只有左、右两侧凸台的端面形状未表达清楚。若再用一个完整的左视图和右视图来表达,则底座和空心圆筒部分将会被重复表达。因此只需画出两个凸台端面的局部视图即可将机件简单明了地表达清楚,如图6-6所示。

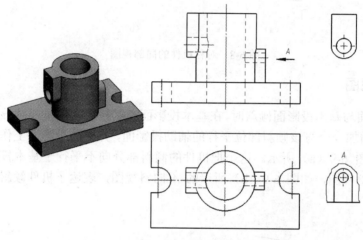

图6-6 局部视图

局部视图的标注方法:

(1)局部视图可按基本视图的配置形式配置,此时可省略投射方向和局部视图的名称,如图6-6中左视图的局部视图。

(2)局部视图也可按向视图的配置形式配置并标注,如图6-6中的A向局部视图。

局部视图的画法注意事项:

(1)局部视图的断裂边界应以波浪线或双折线来表示,如图6-6中的A向局部视图。当所表示的局部结构是完整的,且外轮廓又成独立的封闭形状,波浪线可以省略不画,如图6-6中左视图的局部视图。

(2)用波浪线表示断开边界时,波浪线不应超出机构的轮廓线,且应画在机件的实体部位,不应画在中空处,如图6-7所示。

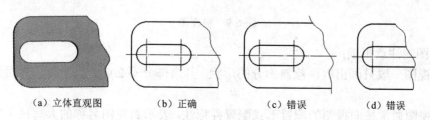

(a)立体直观图　　(b)正确　　(c)错误　　(d)错误

图6-7 波浪线的正误画法

（3）为简化作图，对称机件的视图可只画一半或四分之一，并在对称中心线两端画出两条与其垂直的平行细实线（对称符号），如图 6-8 所示。

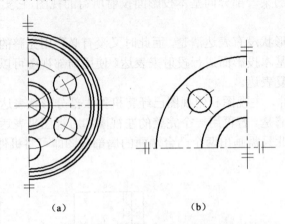

图 6-8 对称机件的局部视图

6.1.4 斜视图

当机件的表面与基本投影面倾斜时，在基本投影面上的投影便不能反映该倾斜部位的实际形状。此时可以增加一个与该倾斜部位平行的辅助投影面，并在该投影面上作出反映倾斜部分实形的投影，如图 6-9（a）所示。这个把机件的倾斜部分向不平行于基本投影面的平面投射所得的视图称为斜视图，如图 6-9（b）所示的 A 向斜视图，表达了机件倾斜部位的局部结构的真实形状。

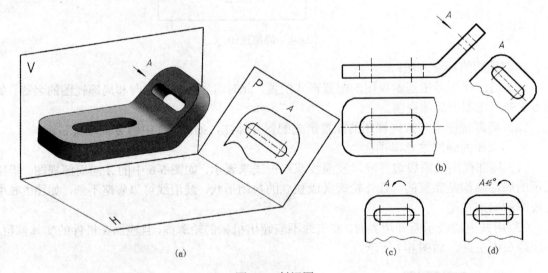

图 6-9 斜视图

画斜视图的注意事项：

（1）斜视图一般只画出机件倾斜部分的形状，其余部分不必画出，断裂边界用波浪线或双折线表示。

（2）斜视图通常按向视图的配置形式配置并标注，表示斜视图名称的大写拉丁字母一律水平书写,投射方向箭头要垂直指向倾斜表面。

(3)必要时允许将斜视图旋转配置,但必须加注表示旋转方向的旋转符号,如图6-9(c)所示。表示斜视图名称的字母应靠近旋转符号的箭头端,也可以将旋转角度标注在字母之后,如图6-9(d)所示。旋转符号的画法应符号国家标准规定,如图6-10所示。

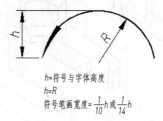

图 6-10　旋转符号的画法

6.2　剖　视　图

视图主要表达机件的外部结构形状,而内部结构形状一般用细虚线来表示。当机件的内部结构比较复杂时,视图中的虚线就会较多,既不便于画图和标注尺寸,又影响看图,如图6-11(a)所示。为了清楚地表示物体的内部结构形状,避免出现较多的细虚线,可以采用如图6-11(b)所示的剖视图来表达。

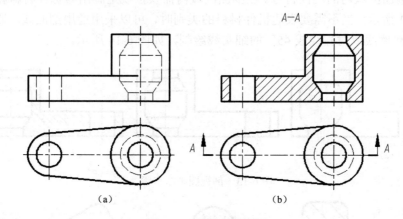

图 6-11　视图和剖视图

6.2.1　剖视图的基本知识

1. 剖视图的概念

假想用剖切面剖开物体,将处在观察者和剖切面之间的部分移去,而将其余部分向投影面投射所得的图形称为剖视图,也可简称为剖视,如图6-12所示。

2. 剖视图的画法步骤

(1)确定剖切面的位置。剖切面通常用平面,也可用柱面。剖切面一般应通过物体的对称面或者轴线,并平行于相应的基本投影面,如图6-11(b)中的剖切面通过物体的前后对称面。

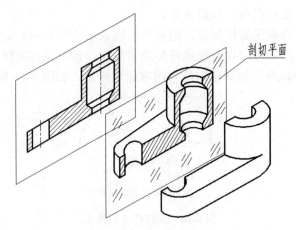

图 6-12 剖视图的概念

（2）绘制剖面区域。假想用剖切面剖开物体，剖切面与物体的接触部分即为剖面区域，如图 6-13（a）所示的轮廓。

（3）绘制剖切平面之后可见轮廓的投影。剖切平面之后的可见轮廓线用粗实线画出，如图 6-13（b）所示。剖切平面之后不可见的轮廓线，如果在其他视图中已经表达清楚，在剖视图中一般不再画虚线。对于没有表达清楚的结构，剖视图中仍然要画出虚线。

（4）绘制剖面区域内的剖面符号。在剖面区域内需要按规定画出与机件材料相对应的剖面符号，如表 6-1 所示。当不需要表达机件材料的类别时，可以采用通用剖面线。通用剖面线一般采用与主要轮廓线或对称线成 45°的细实线绘制，如图 6-14 所示。

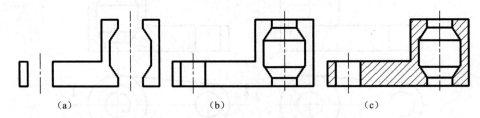

图 6-13 剖视图画法步骤

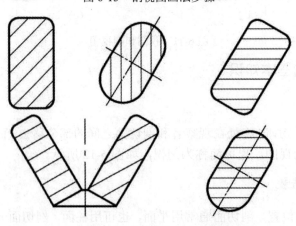

图 6-14 通用剖面线的画法

表 6-1 剖面符号

材料	符号	材料	符号
金属材料（已有规定剖面符号者除外）	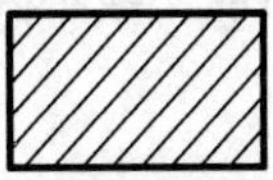	木质胶合板（不分层数）	
线圈绕组元件	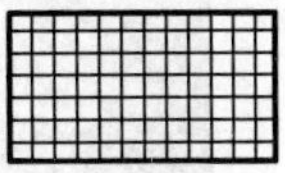	基础周围的泥土	
转子、电枢、变压器和电抗器等的叠钢片	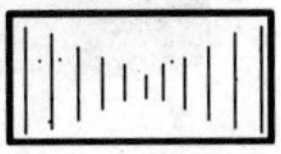	混凝土	
非金属材料（已有规定剖面符号者除外）	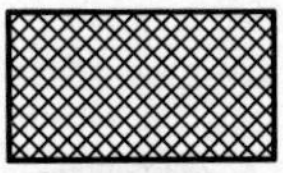	钢筋混凝土	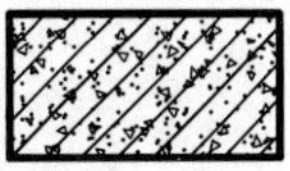
型砂、填砂、粉末冶金、砂轮、陶瓷刀片、硬质合金刀片等	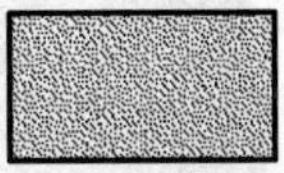	格网（筛网、过滤网等）	
玻璃及供观察用的其他透明材料	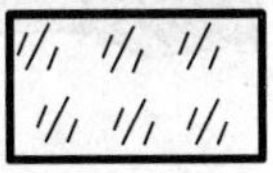	固体材料	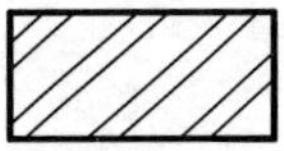
木材 纵向剖面		液体材料	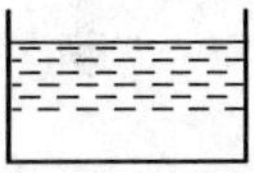
木材 横向剖面		气体材料	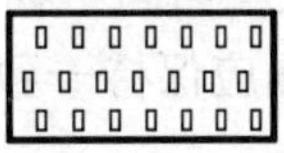

3. 剖视图的标注方法

1）标注剖视图名称

为了便于读图，一般在剖视图的正上方用大写字母"X—X"的形式标出剖视图的名称。

2）标注剖切符号

剖切符号是指示剖切面起、迄和转折位置（用粗短画表示）及投射方向（用箭头或粗短画表示）的符号。

通常在相应的视图上用剖切符号表示出剖切面的位置和投射方向，并标注相同的字母，如图 6-11（b）所示。

3）省略标注的情况

（1）当剖视图按投影关系配置，且中间又无其他图形隔开时，可以省略投射箭头。

（2）当单一剖切平面通过机件的对称面或基本对称面剖切，且剖视图按投影关系配置，中间无其他图形隔开时，可省略标注。例如图 6-11（b）中的标注可以全部省略。

4. 剖视图画法的注意事项

（1）剖视图只是用剖切面假想地将机件剖开，因此除剖视图外，表达该机件的其他视图仍然应该画出整体形状。

（2）在剖视图中，剖切平面之后的可见台阶面或交线不要漏画，如图 6-15 所示。

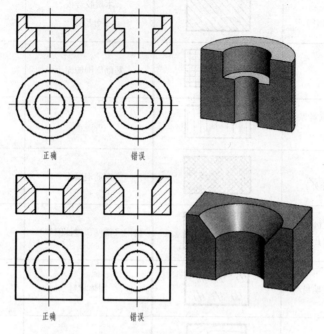

图 6-15　剖切面之后可见台阶面及交线的画法

（3）当同一物体在同一张图样上用多个剖视图来表达时，各个剖视图上的通用剖面线方向和间隔应保持一致。如图 6-16 所示的机件，其主视图和俯视图中剖面区域的剖面线相同。

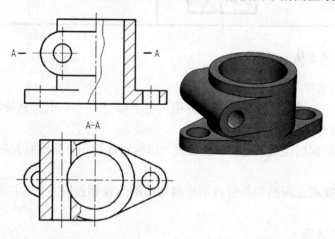

图 6-16　同一机件多个剖视图上剖面线的画法

6.2.2　剖视图的种类

按照机件被假想剖开范围的大小，可以将剖视图分为全剖视图、半剖视图和局部剖视图。

1. 全剖视图

用剖切面完全地剖开机件所得的剖视图称为全剖视图，如图 6-17 所示的主视图。全剖视图能将机件的内部形状结构完全表达出来，但对机件的外形结构表达比较欠缺，需要通过其他视图来补充。所以全剖视图通常用于表达外部形状简单、内部结构复杂的机件。全剖视图的画法与标注方法符合剖视图的画法及标注方法的规定。

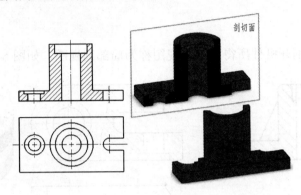

图 6-17 全剖视图

2. 半剖视图

当对称机件的外形和内部结构均需要表达时，可以向垂直于对称面的投影面上投射，并以对称中心线为分界，将机件一半画成剖视图表达内部结构，另一半画成视图表达外形，这种剖视图称为半剖视图。如图 6-18 中的主视图和俯视图均为半剖视图。

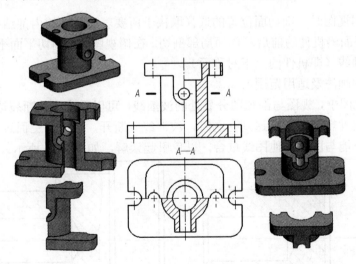

图 6-18 半剖视图

半剖视图的标注方法与全剖视图相同。在图 6-18 中，主视图的半剖是沿机件的前后对称面剖切，且半剖视图按基本投影关系配置，符合省略标注的情况。俯视图中的剖切面并不是机件的上下对称面，所以需要用剖切符号标出剖切平面的位置，但半剖视图按基本投影关系配置，所以可以省略投射箭头。

半剖视图的画法注意事项：

（1）半剖视图适用于内、外结构均需表达的对称机件。当机件的结构基本对称，且不对称部分已在其他视图中表达清楚时，也可采用半剖视图，如图 6-19 所示。

（2）半剖视图中，视图和剖视图的分界线规定画成细点画线，不能用粗实线或其他线型替代。

（3）半剖视图中，在半个剖视图中已经表达清楚的内部结构，在半个视图中的虚线不必画出。在图 6-18 中，主视图和俯视图中半个视图部分表达内部结构的虚线均省略不画。

3. 局部剖视图

用剖切面局部地剖开机件所得到的剖视图称为局部剖视图，如图 6-20 所示。

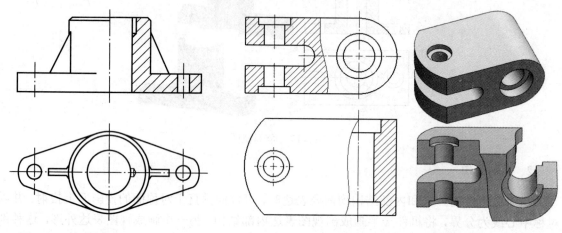

图 6-19　基本对称机件的半剖视图　　　　图 6-20　局部剖视图

在绘制局部剖视图时，剖切面位置的选择取决于所要表达机件的内部结构。在图 6-20 的主视图中，剖切平面沿机件的前后对称面局部剖切。在俯视图中，剖切平面平行于水平投影面且通过右侧孔的轴线（即机件的上下对称面）。

局部剖视图的画法及适用范围：

（1）局部剖视图中，视图与剖视图分界处的波浪线，可以看成机件断裂边界的投影，所以波浪线不能超出机件轮廓范围，遇到孔洞时，波浪线应断开，不能穿空而过（参考图 6-7）。此外，波浪线也不能与图中其他图线重合，以免引起误解，如图 6-21 所示。

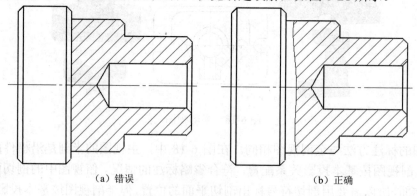

（a）错误　　　　　　　　　　　　（b）正确

图 6-21　波浪线的用法

(2)当剖切位置比较明显时，局部剖视图可以省略标注。必要时可按全剖视图的标注方法进行标注。图 6-20 中，主视图和俯视图中的局部剖视图均可省略标注。

(3)当被剖切的局部结构为回转体时，允许将该结构的中心线作为视图与剖视图的分界线，此时不用再画波浪线，如图 6-22 所示。

(4)局部剖视图通常适用于内外形状都需要表达的不对称机件，如图 6-16 和图 6-20 所示。

(5)对于对称结构的机件，当中心线与机件的轮廓线投影重合时，此时不宜采用半剖。在表达该机件内部结构时，应该采用局部剖视图，如图 6-23 所示。

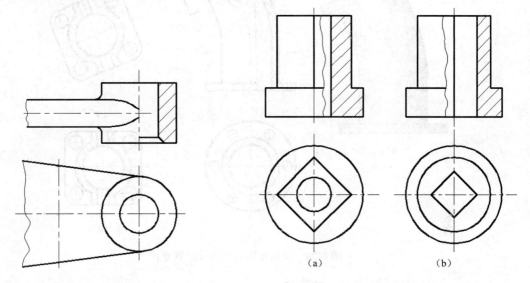

图 6-22　剖切回转体时用中心线用为分界线　　图 6-23　用局部剖视图表达对称机件的情况

6.2.3　剖切面的种类

在绘制剖视图时，根据机件的结构特征所选择的剖切面的类型和数量也不尽相同。国家标准规定，剖切面可以是平面也可以是曲面，可以是单一剖切平面或柱面，也可以是多个互相平行或相交的剖切平面。剖切面的位置一般平行于基本投影面，但也可以与基本投影面倾斜。

1. 单一剖切面

单一剖切面可以是平面，也可以是曲面。采用单一平面剖切机件时，如果剖切平面不平行于任何基本投影面，但却垂直于某个基本投影面，那么该剖切方法称为斜剖。斜剖一般用于表达机件上倾斜部分结构的内部形状，如图 6-24（b）所示的 A—A 剖视图。

斜剖视图必须进行标注。为了看图方便，斜剖视图一般按投影关系进行配置。有时为了图纸布局合理，也可以将斜剖视图平移到其他地方放置，如图 6-24（c）所示。在不致引起误解时，允许将斜剖视图旋转一定角度再放置，但必须加注旋转符号，如图 6-24（d）所示。

当被剖切部分轮廓的对称线或中心线为曲线时，可以选择曲面剖切面进行剖切。图 6-25 所示为单一柱面剖切得到的全剖视图。当采用曲面剖切机件时，剖视图一般采用展开画法，此时应在剖视图名称后加注"展开"二字。

机械制图

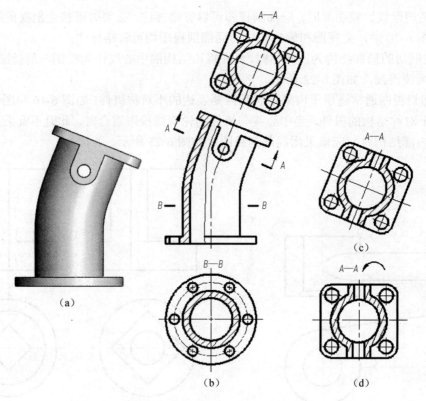

图 6-24 斜剖视图的画法及配置方式

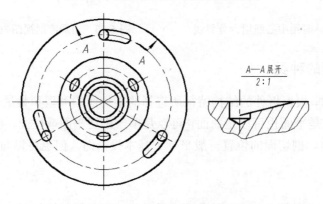

图 6-25 单一圆柱面剖切剖视图的画法

2. 几个平行的剖切平面

当机件上有多处内部结构需要表达，且它们的轴线或对称面在几个互相平行的平面上时，可以采用几个平行的剖切平面将机件剖开，然后向基本投影面进行投射。用这种剖切方法绘制的剖视图通常也称为阶梯剖视图。如图 6-26（a）所示的机件，左侧的柱形沉头孔、中间圆柱体内部的孔，以及右侧的 U 形槽结构，分别位于三个与正投影面平行的平面上。采用图 6-26（b）所示的剖切方法能同时将三处内部结构剖开，在正投影面上投影得到的剖视图如图 6-26（c）所示。

第 6 章 机件的常用表达方法

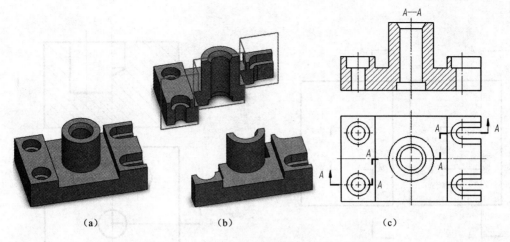

图 6-26 几个平行的剖切平面剖得的剖视图

该剖视图的画法注意事项：

（1）机件只是被假想剖开，在绘制剖视图时，剖切平面转折处不应该画出投影轮廓线，如图 6-27（a）所示。

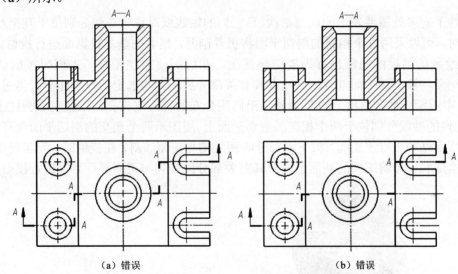

图 6-27 几个平行的剖切平面剖得的剖视图画法注意事项

（2）剖切符号不应该与机件上的轮廓线重合，以免引起误解，如图 6-27（b）所示。

（3）在标注时，应在相应的视图上用剖切符号指示出剖切平面的起始、转折和终止位置，并在剖切符号旁标注和剖视图名称相同的大写拉丁字母。剖切平面一般用细点画线表示，也可以省略不画，如图 6-28 所示。

（4）用此种方法剖切机件时，剖切平面应该将被剖切的孔或槽等内部结构完整剖切开来，不能在剖视图中出现不完整的剖切要素，如半个孔、半个槽等。仅当两个要素在图形上具有公共对称中心线或轴线时，可以各画一半，此时应以对称中心线或轴线为界，如图 6-29 所示。

135

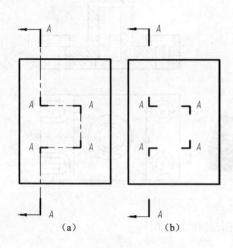

图 6-28　剖切符号的画法

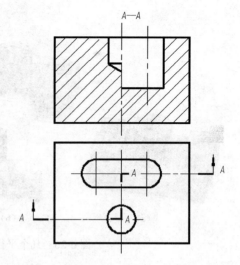

图 6-29　剖切后允许出现不完整要素的情况

3. 几个相交的剖切平面

当机件上有多处需要表达的内部结构,且它们的轴线或对称中心线分别位于几个相交的剖切平面上时,可以采用几个相交的剖切平面将机件剖开,然后向基本投影面进行投射。用这种剖切方法绘制的剖视图通常也称为旋转剖视图。在绘制该剖视图时,先假想按剖切位置剖开机件,然后将被剖切平面剖开的结构及其有关部分旋转到与选定的投影面平行再进行投射。如图 6-30 中所示机件,圆盘上的 U 形槽、沿圆周分布的柱形沉头孔,以及空心圆柱上的锥形沉头孔,它们的轴线分别位于两个相交的剖切平面上。用图示两个相交的剖切平面剖开机件后,上面部分断面结构平行于正面,但下面部分断面结构与正面倾斜,在投射时,为了反映各断面结构的真实形状,须将下部的断面结构及其有关部分旋转到与正面平行后再进行投射。

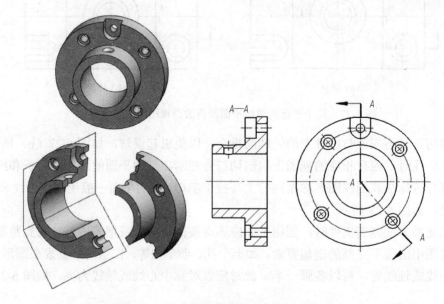

图 6-30　几个相交的剖切平面剖切的画法

该剖视图的画法注意事项：

（1）旋转剖视图也可以采用展开画法来绘制，此时应在剖视图正上方标注"$X—X$展开"，如图 6-31 所示。

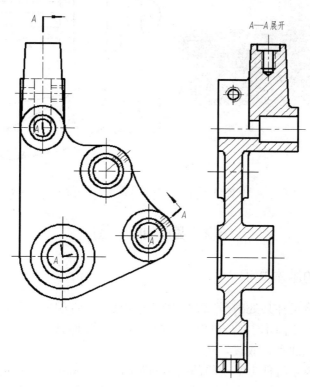

图 6-31　几个相交的剖切平面的展开画法

（2）在剖切平面之后的其他结构，剖开后一般仍按原来的位置进行投射。如图 6-32 中的油孔在剖视图中仍按其旋转之前的位置进行投影。

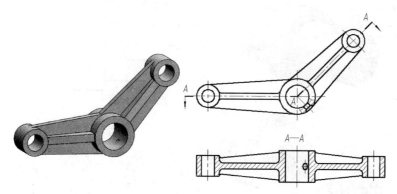

图 6-32　位于剖切平面之后的结构的画法

（3）当剖切后产生不完整要素时，应将此部分按不剖绘制。如图 6-33 中位于中间位置的悬臂，剖切后会产生不完整要素，因此在剖视图中按不剖绘制。

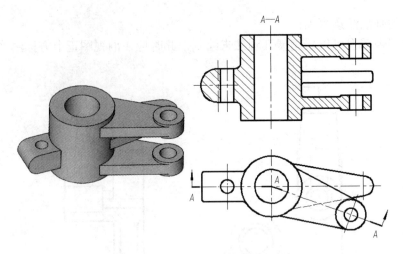

图 6-33　剖切后不完整要素的画法

6.3　断　面　图

6.3.1　断面图的基本知识

假想用剖切平面将机件某处剖开，仅画出该剖切面与机件接触部分轮廓的图形，称为断面图。在剖切机件时，剖切平面通常与机件结构的轴线或主要轮廓线垂直，在投影面上绘制的断面图通过翻折后与图纸面重合放置。

断面图通常用来表示机件上某一局部结构的断面形状，如机件上的肋板、轮辐、轴上的键槽、孔、型材的断面等。如图 6-34（a）所示的轴，图（b）为中轴上键槽处的断面图，图（c）为对应位置处的剖视图画法。通过对比可以看出，断面图只画出断面轮廓和剖面符号，剖视图除此之外还要画出断面之后的轮廓形状。

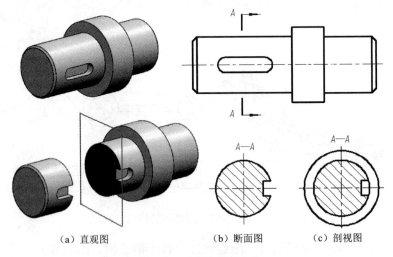

（a）直观图　　　（b）断面图　　　（c）剖视图

图 6-34　断面图的形成

根据断面图绘制时所配置的位置，可将断面图分为移出断面图和重合断面图。

6.3.2 移出断面图

画在视图轮廓之外的断面图称为移出断面图。

移出断面图的画法注意事项：

（1）断面的轮廓线用粗实线绘制，并用细实线画出代表机件材质的剖面符号（当材料未知时，可以用通用剖面线替代）。断面图通常配置在剖切线的延长线上，如图6-35（a）、（b）所示。

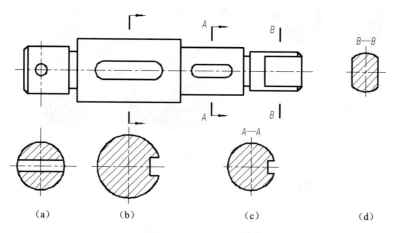

图 6-35 移出断面图的画法

（2）当移出断面的图形对称时，可以将其画在视图的中断处，如图6-36所示。

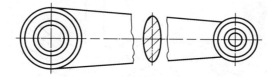

图 6-36 对称的移出断面图的画法

（3）必要时可以将移出断面图配置在其他适当的位置，如图 6-35（c）、（d）所示。在不引起误解时，允许将图形旋转，如图6-37所示。

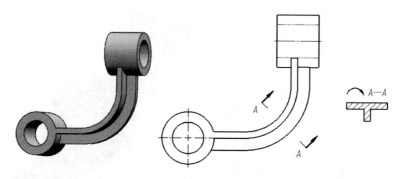

图 6-37 断面图旋转后的画法

（4）当剖切平面通过回转面形成的孔或凹坑的轴线时，则这些结构按剖视图要求绘制，如图 6-38 所示。

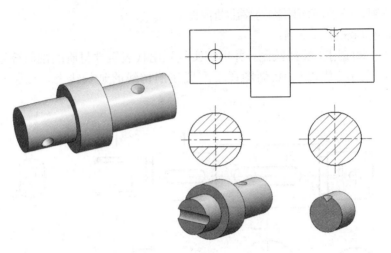

图 6-38　回转孔及凹坑断面图的画法

（5）当剖切平面通过非圆孔，会导致出现完全分离的断面时，则这些结构应按剖视图要求绘制，如图 6-39 所示。

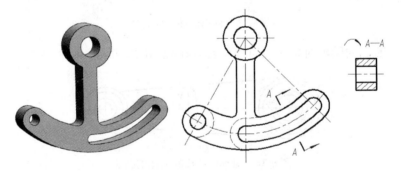

图 6-39　非圆孔断面图的画法

（6）由两个或多个相交的剖切平面剖切得出的移出断面图，中间一般应断开，如图 6-40 所示。

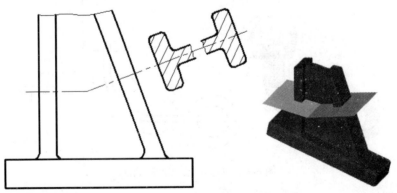

图 6-40　由两个相交的剖切平面剖得的断面图的画法

移出断面图的标注方法：

（1）在视图上用剖切符号表示剖切位置，用箭头表示投射方向，并标记大写拉丁字母。在断面图上方应该用相同的字母标出断面图的名称"X-X"，如图6-35（c）所示。

（2）配置在剖切符号延长线上的断面图，可省略字母标记，如图6-35（b）所示。

（3）按投影关系配置的断面图以及对称的断面图，均可省略表示投射方向的箭头，如图6-35（d）所示。

（4）配置在剖切符号延长线上的对称移出断面图和配置在视图中断处的对称移出断面图均不必标注，如图6-36和图6-38所示。

6.3.3 重合断面图

画在视图轮廓线内的断面图称为重合断面图。当断面形状简单，画在视图轮廓之内不会影响图形清晰时，允许使用重合断面图。

重合断面图的轮廓线用细实线绘制。当视图中的轮廓线与断面图形重叠时，视图中的轮廓线应连续不间断画出，如图6-41（b）、（c）所示。

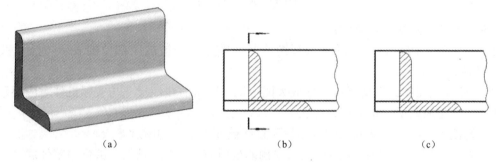

图 6-41 重合断面图的画法

对称的重合断面图不必标注，断面轮廓的对称中心线即代表剖切线，如图6-42所示。不对称的重合断面图不必标注字母，剖切符号应与断面轮廓的一侧对齐，如图6-41（b）所示。在不致引起误解时也可省略标注，如图6-41（c）所示。

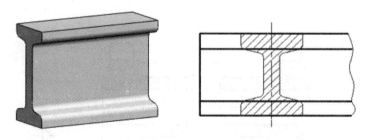

图 6-42 不对称重合断面图的画法

6.4 其他表达方法

为了便于画图和看图，在不致引起误解的前提下，可采用国家标准规定的简化画法和其他规定画法对机件的结构进行表达。

6.4.1 局部放大图

将机件上的部分结构用大于原图形所采用的比例画出的图形，称为局部放大图。当机件上的一些细小结构，如退刀槽、越程槽等，用原图所采用的比例表达不清楚或不便于标注尺寸时，可以将这部分细小结构用局部放大图来表示，如图 6-43 所示。

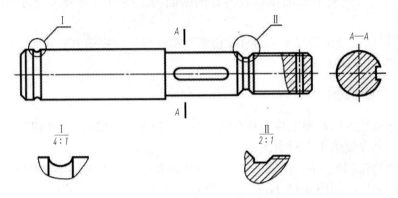

图 6-43　局部放大图

局部放大图的画法注意事项：

（1）局部放大图可画成视图、剖视图或断面图，它与被放大部位的表示方法无关，如图 6-43 所示。

（2）局部放大图的比例是指该局部放大图中机件要素的线性尺寸与实际机件对应要素的线性尺寸之比，与原图所采用的比例无关。

（3）为便于读图，局部放大图应尽量配置在被放大部位的附近。

（4）局部放大图应与原图中对应局部结构的投射方向一致，且放大部位与整体联系的部分用波浪线断开。

（5）局部放大图画成剖视图或断面图时，其剖面符号应与原图相同，且剖面线之间的间距不随之放大，如图 6-43 所示。

（6）同一机件上不同部位的局部放大图，当图形相同或对称时，只需画出一个即可，如图 6-44 所示。

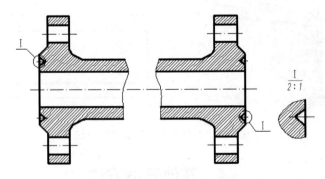

图 6-44　相同结构局部放大图的画法

局部放大图的标注方法：

（1）在原图上用细实线圈出被放大的部位。

（2）当同一机件上有几个被放大的部位时，需用细实线引出，并用罗马数字依次标明被放大的部位，同时在局部放大图的正上方标出相应的罗马数字和所采用的比例，如图 6-43 所示。

（3）当机件上仅有一处结构被放大时，在原图中可以省略罗马数字标记，同时在局部放大图中也只需注明所采用的比例即可，如图 6-45 所示。

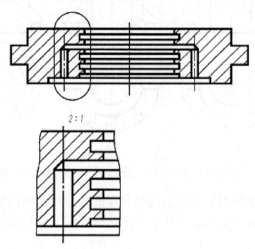

图 6-45　局部放大图的简化标注

6.4.2　简化画法和其他规定画法

1. 机件上肋板、轮辐、薄壁及孔等剖切后的画法

（1）对于机件上的肋板、轮辐及薄壁等结构，当剖切平面沿纵向剖切时（剖切平面平行于其厚度表面），这些结构不画剖面符号，而且要用粗实线与其他部分隔开。当剖切平面沿横向剖切时，仍按剖视图的基本要求绘制，如图 6-46 所示。

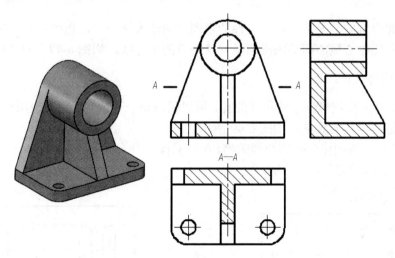

图 6-46　肋板剖切后的画法

（2）对于回转体上均匀分布的肋板、轮辐及孔等结构，剖切时如果这些结构不处于剖切平面上，可将其旋转到剖切面上画出，如图 6-47 所示。

2. 机件上均匀分布结构的画法

（1）对于回转体上均匀分布的孔，在投影为圆的视图中可以只画一个，其余用中心线表示出孔的中心位置即可，如图 6-47 所示。

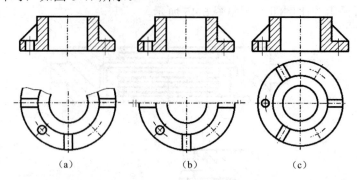

图 6-47　回转体上肋板及孔结构剖切时的画法

（2）对于圆柱形法兰和类似零件上均匀分布的孔的数量和位置，可按图 6-48 所示的方法绘制。图中点画线半圆的圆心在法兰孔所在法兰盘外端面圆心点处。

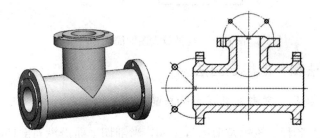

图 6-48　法兰端部均匀分布孔的画法

3. 对称机件的简化画法

在不致引起误解的情况下，对称零件的视图可画略大于一半，也可只画一半或四分之一，并用细实线在对称中心线的两端画出两条与其垂直的平行线，如图 6-47（b）所示。

4. 相同结构的简化画法

（1）对于机件上按规律分布的相同的孔，可以只画出一个或几个，其余用点画线表示出其中心位置，并标注出孔的数量，如图 6-49 所示。

（2）对于机件上按规律分布的相同的槽，可以只画出几个完整的结构，其余用细实线连接，并标注出槽的数量，如图 6-50 所示。

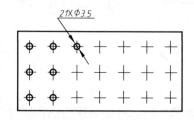

图 6-49　按规律分布的相同孔的画法

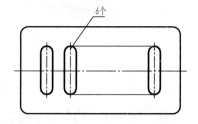

图 6-50　按规律分布的相同槽的画法

5. 回转体上平面的简化画法

当回转体零件上的平面在当前视图中不能充分表达清楚时，可用平面符号（两条相交的细实线）表示，如图 6-51 所示。

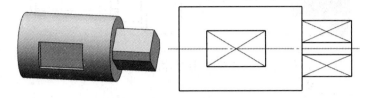

图 6-51　轴上矩形平面的画法

6. 较小结构交线的简化画法

机件上较小结构所产生的截交线、相贯线等，如在一个图形中已经表达清楚时，在其他图形中可以简化，如图 6-52 所示。

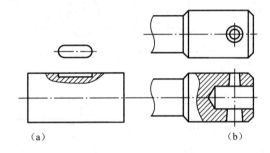

图 6-52　较小结构交线的画法

7. 移出断面图的简化画法

在不致引起误解时，移出断面图的剖面符号允许省略不画，如图 6-53 所示。

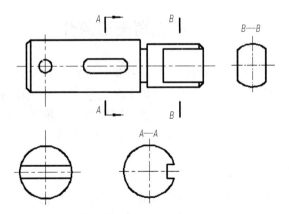

图 6-53　移出断面图省略剖面符号的画法

8. 网状结构的简化画法

机件上的滚花、沟槽等网状结构，应用粗实线完全或部分地表示出来，如图 6-54 所示。

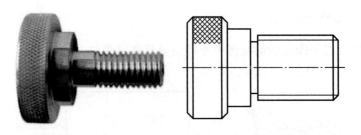

图 6-54 网纹结构的画法

9. 较长机件的断开画法

较长的机件（轴、杆、型材、连杆等）沿长度方向的形状一致或按一定规律变化时，可断开后缩短绘制并标出机件原来的实际长度。断裂边界可用波浪线、双折线或细双点画线绘制，如图 6-55 所示。

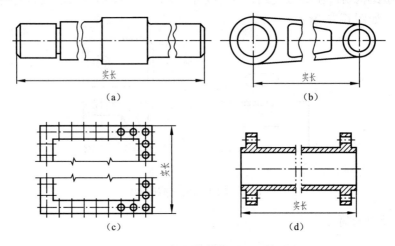

图 6-55 较长机件的断开画法

6.5　第三角画法简介

技术制图国家标准规定：技术制图应采用正投影法绘制，并优先采用第一角画法。必要时（如按合同规定等），允许使用第三角画法。世界上多数国家，如中国、俄罗斯、英国、德国等，都是采用第一角画法。但日本、美国及加拿大等国则采用第三角画法。为了便于工程技术人员阅读国外图样，本节对第三角画法作一些简单介绍，以供参考。

6.5.1　第三角画法的概念

我们已经知道三个互相垂直相交的投影面把空间分成八个部分，每个部分对应一个分角。第一分角位于 H 面之上、V 面之前、W 面之左，第三分角位于 H 面之下、V 面之后、W 面之左，如图 6-56 所示。

采用第三角画法时，将物体置于第三分角内，即使投影面处于观察者与物体之间进行投射，然后按规定将各投影面展开到同一平面上。图 6-57 所示为第三角投影法的六个基本投影面构成的正六面体，将物体置于其中并向六个基本投影面进行正投射，即得到第三角画法的六个基本视图。

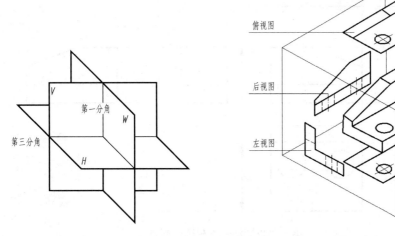

图 6-56　第三分角　　　　　　　图 6-57　第三角投影法的六个基本视图

6.5.2　视图的配置

第三角画法的投影面展开时，规定正投影面不动，水平投影面向上翻转至与正投影面重合，侧投影面向右翻转至与正投影面重合，其他投影面最终也都展开到与正投影面位于同一平面的位置。第三角画法六个基本投影面的展开方式如图 6-58 所示。在同一张图纸内，当六个基本视图按如图 6-59 所示的形式配置时，一律不标注视图名称。

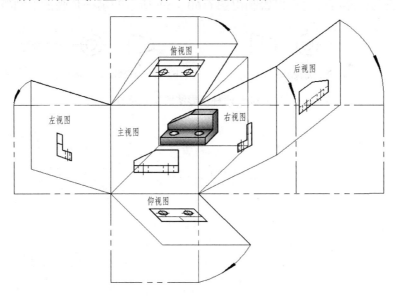

图 6-58　第三角投影法基本视图的展开

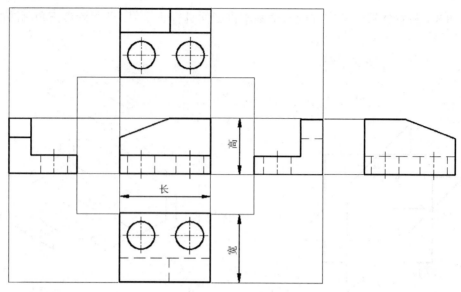

图 6-59　第三角投影法基本视图的配置

　　第三角投影法六个基本视图之间仍然符合"长对正、高平齐、宽相等"的投影规律，它和第一角投影法的本质区别是观察者、投影面、机件三者之间的相对位置不同和视图的配置不同。第一角投影法中机件位于观察者和投影面之间，按观察者—机件—投影面的位置关系进行投射，第三角投影法则是投影面位于观察者和机件之间，按观察者—投影面—机件的位置关系进行投射。为了便于区分这两种投影法绘制的视图，国家标准规定在采用第三角画法时，必须在图纸标题栏中画出第三角画法的识别符号，如图 6-60（a）所示。采用第一角画法时，一般不需要画出识别符号，必要时也可以绘制出图 6-60（b）所示的第一角画法识别符号。

（a）第三角投影法的识别符号　　（b）第一角投影法的识别符号

图 6-60　两种投影法的识别符号

第7章

零 件 图

教学要求

通过本章学习，了解零件图的概念、作用和内容，掌握零件上的常见工艺结构的表达方法，掌握零件图的视图选择和尺寸标注方法；掌握表面粗糙度、公差与配合、形状和位置公差的标注方法；掌握看零件图的方法；掌握利用 Pro/E 对零件三维建模的方法，掌握由零件三维模型生成二维工程图的方法。

7.1 零件图的作用和内容

7.1.1 零件图的作用

零件图是表达单个零件的详细结构、尺寸大小和技术要求的图样。它是加工、检验和生产机器的主要依据，是设计和生产过程中的主要技术资料。从零件的毛坯选择、加工工艺路线的制订、毛坯图的绘制、工夹量具的设计到加工检验等，均以零件图为依据。

7.1.2 零件图的内容

从图 7-1 所示的泵轴零件图可以看出，零件图一般应包括以下四方面内容：

（1）一组图形。用一组图形（包括各种表达方法）正确、完整、清晰地表达出零件的结构形状。

（2）完整的尺寸。正确、齐全、清晰、合理地标出零件各部分的大小及其相对位置尺寸，即提供制造和检验零件所需的全部尺寸。

（3）技术要求。将制造零件应达到的质量要求（如表面粗糙度、尺寸公差、形位公差、材料、热处理及其他特殊要求等），用一些规定的代（符）号、数字、字母或文字，准确、简明地表示出来。不便用代（符）号标在图中的技术要求，可用文字注写在标题栏的上方或左方。

（4）标题栏。标题栏在图样的右下角，应按标准格式画出，用以填写零件的名称、材料、图样的编号、比例及设计、审核、批准人员的签名、日期等。

机械制图

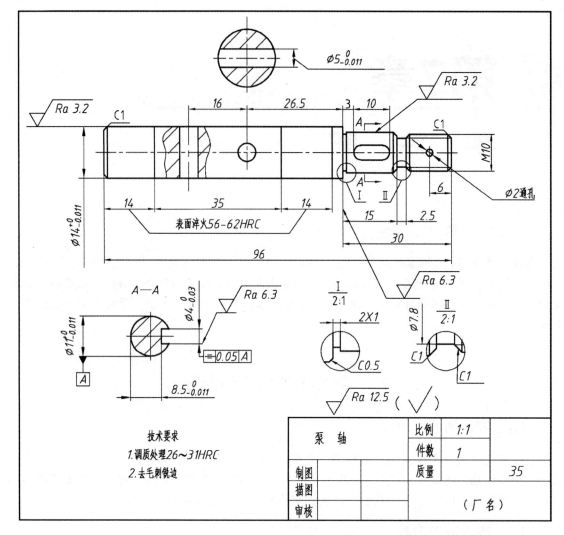

图 7-1 泵轴零件图

7.2 零件上的常见工艺结构

零件的结构形状应满足设计要求和工艺要求。零件的结构设计既要考虑工业美学、造型学，更要考虑工艺可行性，否则将使制造工艺复杂化，甚至无法制造或造成废品。了解零件上的常见工艺结构是学习零件图的基础。

7.2.1 铸造工艺结构

1. 铸造圆角

为便于铸件造型，避免从砂型中起模时砂型转角处落砂及浇注时将转角处冲毁，防止铸件转角处产生裂纹、组织疏松和缩孔等缺陷，铸件上相邻表面的相交处应做成圆角，如图 7-2 所示。

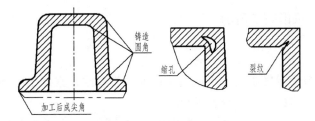

图 7-2 铸造圆角

铸造圆角半径一般取壁厚的 0.2～0.4 倍，可从有关标准中查出。同一铸件的圆角半径大小应尽量相同或接近。

2. 起模斜度

铸造时，为了便于将木模从砂型中取出，在铸件的内外壁上沿起模方向常设计出一定的斜度，称为起模斜度（或叫起模斜度、铸造斜度），如图 7-3 所示。

起模斜度（如起模斜度不大于 3°时），图中可不画出，但应在技术要求中加以注明。当需要表示时，如在一个视图中起模斜度已表示清楚，则其他视图只按其小端画出。

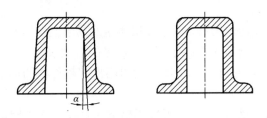

图 7-3 铸件起模斜度

3. 铸件壁厚

为保证铸件的铸造质量，防止因壁厚不均而造成冷却结晶速度不同，在肥厚处产生组织疏松以致缩孔，薄厚相间处产生裂纹等，应使铸件壁厚均匀或逐渐变化，避免突然改变壁厚和局部肥大现象，必要时，可在两壁相交处设置过渡斜度，如图 7-4 所示。

(a) 壁厚均匀　　(b) 厚薄逐渐过渡　　(c) 厚薄不均匀

图 7-4 铸件壁厚的要求示意

7.2.2 机械加工工艺结构

1. 倒角

为了去掉切削零件时产生的毛刺、锐边，使操作安全，保护装配、便于装配，常在轴或孔的端部等处加工倒角，如图 7-5 所示。

2. 圆角

为避免在零件的台肩等转折处由于应力集中而产生裂纹，常加工出圆角，如图 7-6 所示。圆角半径 r 数值可根据轴径或孔径查表确定。

上述倒角、圆角，如图中不画也不在图中标注尺寸时，可在技术要求中注明，如"未注倒角 $C2$"、"锐边倒钝"、"全部倒角 $C3$"、"未注圆角 $R2$"等。

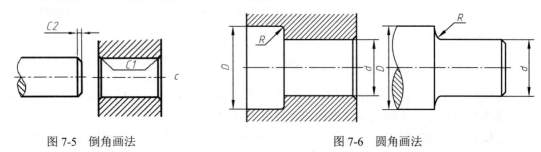

图 7-5　倒角画法　　　　　　　　图 7-6　圆角画法

3. 退刀槽和越程槽

为了在切削零件时容易退出刀具，保证加工质量及易于装配时与相关零件靠紧，常在零件加工表面的台肩外预先加工出退刀槽或越程槽。常见的有螺纹退刀槽、插齿空刀槽、砂轮越程槽、刨削越程槽等，如图 7-7 所示。图中所示的退刀槽和越程槽的形状和尺寸是标准的，可查阅有关标准。

一般的退刀槽（或越程槽），其尺寸可按"槽宽×直径"或"槽宽×槽深"的方式标注。

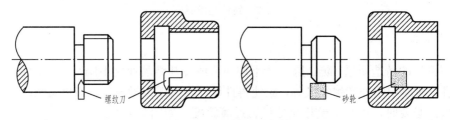

图 7-7　退刀槽和越程槽

4. 钻孔处结构

零件上钻孔处的合理结构如图 7-8 所示。用钻头钻孔时，被加工零件的结构设计应考虑到加工方便，以保证孔的位置准确和避免钻头折断；同时还要保证钻削工具有最方便的工作条件。为此，钻头的轴线应尽量垂直于被钻孔的端面，如果钻孔处表面是斜面或曲面，应预先设置与钻孔方向垂直的平面凸台或凹坑，并且设置的位置应避免钻头因单边受力而产生偏斜或折断。

5. 凸台或凹坑

为了保证装配时零件间接触良好，减少零件上的机械加工面积，降低加工费用，设计铸件结构时常设置凸台或凹坑（或凹槽、凹腔），以便达到上述目的，如图 7-9 所示。凹槽或是凹腔不需加工，只加工其相邻的表面。内凸台加工不方便，应尽量设计成外凸台（或凹坑）。对属于不连续的同一表面的凸台应同时加工，其尺寸只注一次。

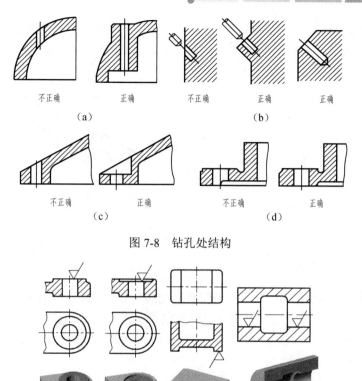

图 7-8　钻孔处结构

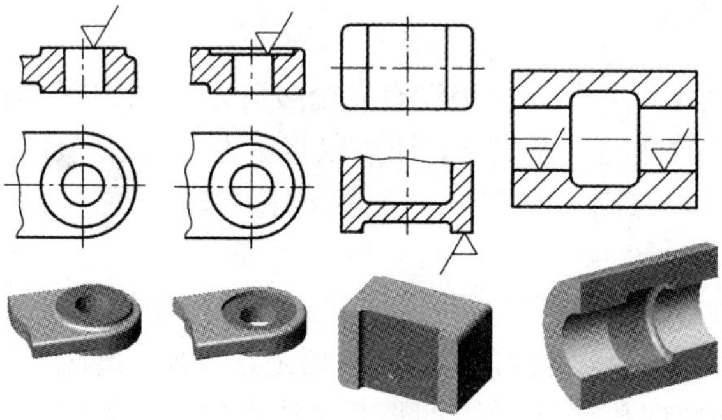

图 7-9　凸台和凹坑

零件在与螺栓头部或与螺母、垫圈接触的表面，常设置凸台或加工出沉孔（鱼眼坑），以减少加工面并保证两零件接触良好。

7.3　零件图的视图选择

零件图的视图选择，是在考虑便于作图和看图的前提下，确定一组视图将零件的结构形状正确、完整、清晰地表达出来。

7.3.1　主视图的选择

一般情况下，主视图是表达零件结构形状的一组图形中最主要的视图，而且画图和看图也通常先从主视图开始。主视图的选择是否合理，直接影响到其他视图的选择、配置和看图、画图是否方便，甚至也影响到图幅能否合理利用。因此，应首先选好主视图。

1. 投射方向的选择

GB/T17451—1998 中指出，表示零件信息量最多的那个视图应作为主视图，通常是零件的工作位置或加工位置或安装位置。

这就是说，主视图的投射方向应满足这一总原则，即应以反映零件的信息量最大、能较明显时反映出零件的主要形状特征和各部分之间相对位置的那个投射方向作为主视图的投射方向。

如图7-10所示的轴,把按 A 投射方向与按 B 投射方向所得到的视图相比较,可知 A 投射方向反映的信息量为大,形状特征明显。因此,应以 A 投射方向作为主视图的投射方向。

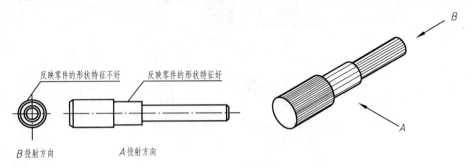

图7-10　考虑零件投射方向选择主视图

2. 零件安放方位的选择

主视图的投射方向确定后,其方位仍没有完全被确定,例如图7-10所示的轴,固然 A 投射方向特征明显,但在不改变这一原则下,还可以将零件斜放、竖放或调头,故需进一步确定零件安放方位。一般有两种原则,即"加工位置原则"和"工作位置(安装位置)原则"。

1)加工位置原则

是指零件在机床上加工时的装夹位置。零件安放位置与零件主要加工工序中的加工位置相一致,便于看图、加工和检测尺寸。因此,对于主要是在车床、磨床上完成机械加工的轴套类、轮盘类等零件,一般要按加工位置安放,即将其轴线水放置。如图7-11(b)所示的轴的主视图,其安放方位是符合图7-11(a)所示的其在车床上的加工位置的。

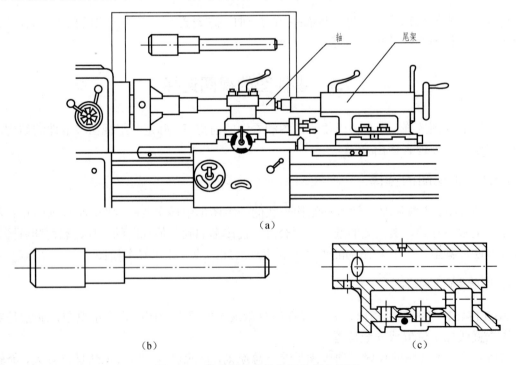

图7-11　考虑零件安放位置选择主视图

2）工作（安装）位置原则

是指零件安装在机器或部件中的安装位置或工作时的位置。这样安放，便于想象零件在部件中的位置和作用。对于叉架类、箱体类零件，因为常需经过多种工序加工，且各工序的加工位置往往多变，又难以分清主次，故一般零件安放位置要与零件的安装位置或工作位置相一致，以有利于把零件图和装配图对照起来看图。如图7-11（c）所示的尾架体的主视图是符合它在车床上的安装（工作）位置的。

应当指出，主视图上述两方面的选择原则，对有些零件来说是可以同时满足的；但对于某些零件来说难以同时满足。因此，选择主视图时应首先选好其投射方向，再考虑零件的类型并兼顾其他视图的匹配、图幅的利用等具体因素来决定其安放位置。

7.3.2 其他视图的选择

主视图确定后，应根据零件结构形状的复杂程度，全面考虑选择所需的其他视图，以弥补主视图表达中的不足。GB/T17451—1998中指出，当需要其他视图（包括剖视图出和断面图）时，应按以下原则选取：

（1）在明确表示零件的前提下，使视图（包括剖视图和断面图）的数量为最少。
（2）尽量避免使用虚线表达零件的轮廓及棱线。
（3）避免不必要的细节重复。

视图数量要恰当，所选各视图都应有明确的表达侧重和目的。除零件的主体形状与局部形状外，外部形状与内部形状应相对集中与适当分散表达。零件的主体形状应采用基本视图表达，即优先选用基本视图；局部形状如不便在基本视图上兼顾表达时，可另选用其他视图（如向视图、局部视图、断面图等）表达。一个较好的表达方案往往需要在完整、清晰的前提下，使视图数量为最少。

尽量不用或少用虚线。零件不可见的内部轮廓和外部被遮挡（在投射方向上）的轮廓，在视图中用虚线表示，为不用或少用虚线就必须恰当选用局部视图、向视图、剖视图或断面图；但适当少量虚线的使用，又可以减少视图数量，两者之间的矛盾应在对具体零件表达的分析中权衡、解决。

避免细节重复。零件在同一投射方向中的内外结构形状，一般可在同一视图（剖视图）上兼顾表达，当不便在同一视图（剖视图）上表达（如内外结构形状投影发生层次重叠）时，也可另用视图表达。

7.3.3 零件图视图选择的步骤

零件图视图选择的一般步骤如下。
（1）分析零件的结构形状。
（2）选择主视图。
（3）选择其他视图，初定表达方案。
（4）分析、调整，形成最后表达方案。

如图 7-12 所示的泵体表达方案，共用两个基本视图（主视图、左视图）和两个其他视图（向视图 "B"、局部视图 "C"）。其中，主视图采用了三处局部剖视，左视图采用了复合剖切方法画成的剖视图 $A—A$，B 向视图为仰视投射方向的向视图，C 向视图为后视方向的局部视图。此方案视图数量较少，避免了虚线，没出现表达形状的重复，故为该泵体表达较好的方案。

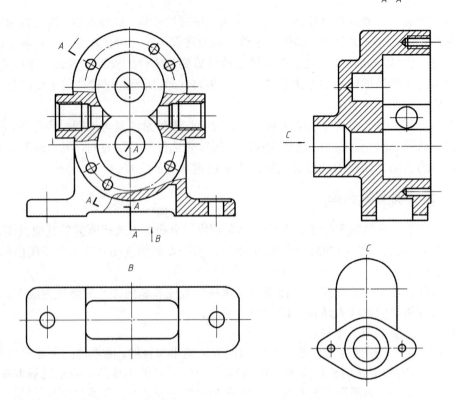

图 7-12 泵体表达方案

7.3.4 四类典型零件的视图选择

零件的种类很多，结构形状也千差万别。根据零件的结构形状特点，通常将一般零件分为轴套类、盘盖类、叉架类和箱体类四类典型零件。

1. 轴套类零件

1）用途

轴套类零件包括各种用途的轴和套。轴主要用来支承传动零件（如带轮、齿轮等）和传递动力。套一般是装在轴上或机体孔中，用于定位、支承、导向或保护传动零件。轴的零件图如图 7-1 所示。

2）结构特点

轴套类零件结构形状通常比较简单，一般由大小不同的同轴回转体（如圆柱、圆锥）组成，具有轴向尺寸大于径向尺寸的特点。轴有直轴和曲轴，光轴和阶梯轴，实心轴和空心轴之分。阶梯轴上直径不等所形成的台阶常称为轴肩，可供安装在轴上的零件轴向定位用。轴类零件上常有倒角、倒圆、退刀槽、砂轮越程槽、键槽、花键、螺纹、销孔、中心孔等结构。这些结构都是由设计要求和加工工艺要求所决定的，多数已标准化。

3）视图选择

（1）主视图。轴套类零件主要在车床、磨床上加工，故常将其轴线水平安放。这样既符合投射方向的"大信息量(或特征性)原则",也基本符合其工作位置(或安装位置)原则。通常,将轴的大头朝左,以符合零件最终的加工位置;平键键槽和孔朝前,半圆键键槽朝上,以利于形状特征的表达。

形状简单且较长的轴可采用断开画法;实心轴上个别部分的内部结构形状,可用局部剖视兼顾表达;空心套可用剖视图(全剖、半剖或局部剖)表达;轴端中心孔不作剖视,用规定标准代号表示即可。

(2)其他视图。轴套类零件的主要结构形状是同轴回转体,其主视图尺寸标注中的直径符号"ϕ"已经表示清楚其形体特征,故一般不必再画其他基本视图(结构复杂的轴例外)。

基本视图尚未表达清楚的局部结构形状(如键槽、退刀槽、孔等),可另用断面图、局部视图或局部放大图等补充表达。这样,既清晰又便于标注尺寸。

2. 盘盖类零件

1)用途

盘盖类零件包括各种用途的轮、端盖和法兰盘等,其毛坯多为铸件或锻件。轮一般用键和销与轴连接,用以传递扭矩;端盖可起定位和密封等作用。

2)结构特点

轮类零件常见有手轮、带轮、链轮、齿轮、蜗轮、飞轮等,盖类零件有圆、方等各种形状的法兰盘、端盖等。盘盖类主体部分多系回转体,一般径向尺寸大于轴向尺寸。其上常有均布的孔、肋、槽和子耳板、齿等结构,端盖上常有密封槽。轮一般由轮毂、轮辐和轮缘三部分组成,较小的轮也可制成实体(辐板)式。法兰盘的零件图如图7-13所示。

3)视图选择

(1)主视图。盘盖类零件的主要回转面和端面都在车床上加工,故其主视图的选择与轴套类零件相同,即也按加工位置将其轴线水平安放。对有些不以车削加工为主的某些盘盖类零件,也可按工作位置安放,其主视投射方向的形状特征性原则应首先满足。

通常选投影非圆的视图作主视图。其主要视图通常侧重反映内部形状,故多用各种剖视。

(2)其他视图。盘盖类零件一般需两个基本视图。当基本视图图形对称时,可只画一半或略大于一半;有时也可用局部视图表达。

基本视图未能表达的其他结构形状,可用断面图或局部视图表达。如有较小结构,可用局部放大图表达。

3. 叉架类零件

1)用途

叉架类零件包括各处用途的叉杆和支架零件。叉杆零件多为运动件,通常起传动、连接、调节或制动作用。支架零件通常起支承、连接等作用。其毛坯多为铸件或锻件。

2)结构特点

叉架类零件形状不规则,且一般外形比较复杂。叉杆零件常有弯曲或倾斜结构,其上常有肋板、轴孔、耳板、底板等结构,局部结构常有油槽、油孔、螺孔、沉孔等。托架零件图如图7-14所示。

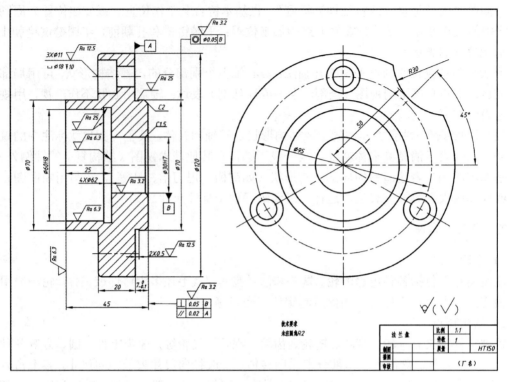

图 7-13 轮盘类零件

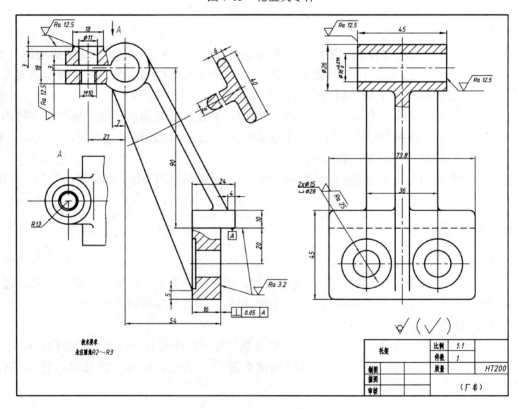

图 7-14 叉架类零件

3）视图选择

（1）主视图。一般叉架类零件加工部位较少，且加工时各工序的加工位置不同，较难区别主次工序，故常在符合主视投射方向的特征原则的前提下，按工作（安装）位置安放。

主视图常采用剖视图（形状不规则时用局部剖视为多）来表达主体外形和局部内形。表面过渡线较多，应仔细分析，正确表示。

（2）其他视图。叉架类零件结构形状（尤为外形）较复杂，通常需要两个或两个以上的基本视图，并多用局部剖视兼顾内外形状来表达。

叉杆零件的倾斜结构常用向视图、旋转视图、局部视图、斜剖视图、断面图等表达。此类零件应适当分散地表达其结构形状。

4. 箱体类零件

1）用途

箱体类零件一般是机器的主体，起承托、容纳、定位、密封和保护等作用。

2）结构特点

箱体类零件的结构形状复杂，尤其是内腔。此类零件多有带安装孔的底板，上面常有凹坑或凸台结构。支承孔处常设有加厚凸台或加强肋。箱体零件图如图 7-15 所示。

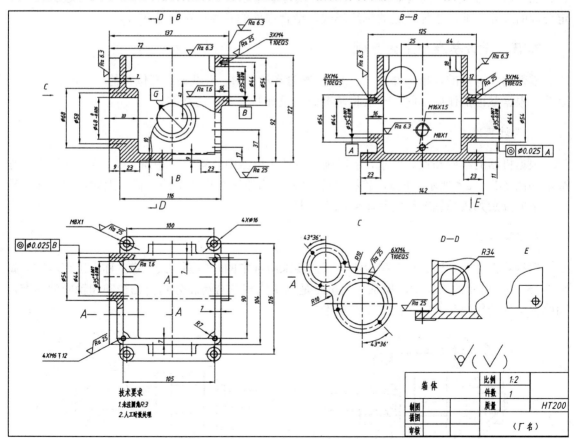

图 7-15　箱体类零件的视图选择举例

3）视图选择

（1）主视图。箱体类零件加工部位多，加工工序也较多（如车、刨、铣、钻、镗、磨等），各工序加工位置不同，较难区分主次工序，因此这类零件在其投射方向符合形状特征性原则的前提下，都按工作位置安放。

主视图常采用各种剖视图表达主要结构。

（2）其他视图。箱体类零件内外结构形状都很复杂，常需多个基本视图，并以适当的剖视来表达主体内部的结构。

基本视图尚未表达清楚的局部结构可用局部视图、断面图等表达。对加工表面的截交线、相贯线和非加工表面的过渡线应认真分析。

7.4 零件图的尺寸标注

零件图中的尺寸是零件图的主要内容之一，是零件加工制造的主要依据。零件图的尺寸标注必须满足正确、齐全、清晰、合理的要求。

所谓尺寸标注合理，是指所注的尺寸既要满足设计要求，又要满足加工、测量和检验等制造工艺要求。为了能做到尺寸标注合理，必须对零件进行结构分析、形体分析和工艺分析，确定合理的尺寸基准，选择合适的标注形式，结合零件的具体情况标注尺寸。

7.4.1 设计基准与工艺基础

零件的尺寸基准是指零件加工、装夹、测量和检验时，用以确定其位置的一些面、线或点。因此，根据基准的作用不同，一般将基准分为设计基准和工艺基准。

1. 设计基准

根据机器的结构和设计要求，用以确定零件在机器中位置的一些面、线、点，称为设计基准。如图 7-16（a）所示，依据轴线及右轴肩确定齿轮轴在机器中的位置，因此该轴线和右轴肩端平面分别为齿轮轴的径向和轴向的设计基准。

2. 工艺基准

根据零件加工制造、测量和检测等工艺要求所选定的一些面、线、点，称为工艺基准。如图 7-16（b）所示的齿轮轴，加工、测量时是以轴线和左右端面分别作为径向和轴向的基准，因此该零件的轴线和左右端面为工艺基准。

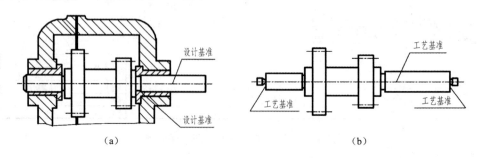

图 7-16 设计基准与工艺基准

3. 基准的选择

任何一个零件都有长、宽、高三个方向（或轴向、径向两方向）的尺寸，每个方向至少要有一个基准。同一方向上有多个基准时，其中必定有一个基准是主要的，称为主要基准，其余的基准则为辅助基准。主要基准与辅助基准之间应有尺寸联系。

从设计基准出发标注尺寸，能反映设计要求，保证零件在机器中的工作性能。从工艺基准出发标注尺寸，能把尺寸标注与零件加工制造联系起来，保证工艺要求，方便加工和测量。因此，标注尺寸时应尽可能将设计基准与工艺基准统一。

7.4.2 尺寸标注的注意事项

1. 按设计要求标注尺寸

1）功能尺寸应从设计基准出发直接标注

零件的功能尺寸（重要尺寸），是指影响产品性能、工作精度、装配精度及互换性的尺寸，如图 7-17 中的尺寸 H 和 A。

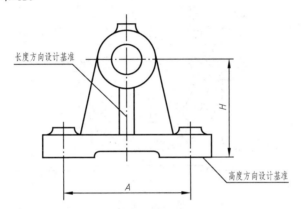

图 7-17　从设计基准出发标注功能尺寸

2）不能注成封闭的尺寸链

封闭的尺寸链是指尺寸首尾相接，形成一个封闭的链状尺寸组。尺寸链中任一环的尺寸误差，都等于其他各环的尺寸误差之和。因此，如注成封闭的尺寸链，想要同时满足各组成环的尺寸精度是不可能的。因此，标注尺寸时应在尺寸链中选一个不重要的环不注尺寸，该环称为开口环，如图 7-18 所示。开口环的尺寸误差等于其他各环尺寸误差之和，因为它不重要，在加工中最后形成，所有误差都积累到这个开口环上（加工时不测量），该环尺寸精度对零件设计要求没有影响，从而保证了其他各组成环的尺寸精度。出于某种需要有时也可注出开口环尺寸，但必须加括号，称为参考尺寸，加工时不作测量和检验，如图 7-19 中的尺寸 (N)。

3）联系尺寸应注出，相关尺寸应一致

为保证设计要求，零件同一方向上主要基准与辅助基准之间、确定位置的定位尺寸之间，都必须直接注出尺寸（联系尺寸），将其联系起来。如图 7-20 中确定螺孔、销孔位置的定位尺寸 $R27$，确定齿轮位置的中心距 $35±0.02$。

对部件中有配合、连接、传动等关系（如轴和轴孔、键和键槽、销和销孔、内螺纹和外螺纹、两零件的结合面等）的相关零件，在标注它们的零件图尺寸时，应尽可能做到尺寸基准、尺寸标注形式及其内容等协调一致，以利于装配、满足设计要求。

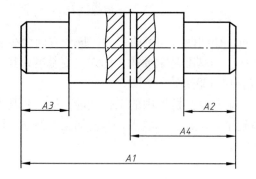

图 7-18 开口环

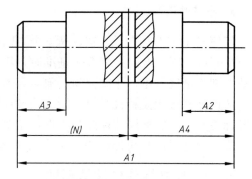

图 7-19 参考尺寸

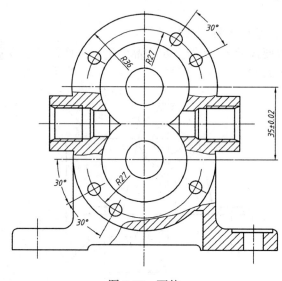

图 7-20 泵体

2. 按工艺要求标注尺寸

1) 按加工顺序标注尺寸

按加工顺序标注尺寸符合加工过程，方便加工和测量，从而易于保证工艺要求。图 7-21 中的齿轮轴，尺寸 28 和 14 是长度的功能尺寸，应直接注出，其余都按加工顺序标注。如为了备料，注出了轴的总长 134；为了加工左端 $\phi16$ 的轴颈，注出了尺寸 15；调头加工，保证功能尺寸 28，加工 $\phi40$。

2) 不同工种加工的尺寸应尽量分开标注

图 7-21 中的齿轮轴的键槽是在铣床上加工的，标注键槽尺寸应与其他的车削加工尺寸分开，有利看图。图中将键槽长度尺寸及其定位尺寸注在主视图的上方，车削加工的各段长度尺寸注在主视图的下方，键槽的宽度和深度集中标注在断面图上。这样配置尺寸，清晰易找，加工时看图方便。

3) 标注尺寸应尽量方便测量

如图 7-22（a）所示的一些图例是由设计基准注出的中心至某面的尺寸，但不易测量；

图7-22（b）所示的注法则便于测量。在满足设计要求前提下，所注尺寸应尽量做到使用普通量具测量，以减少专用量具的设计和制造。

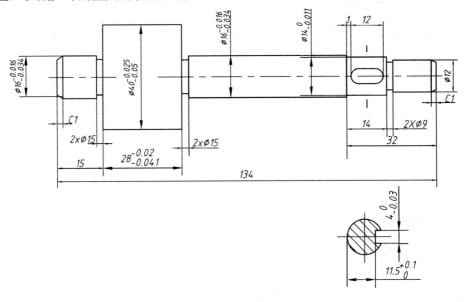

图 7-21　齿轮轴的尺寸标注

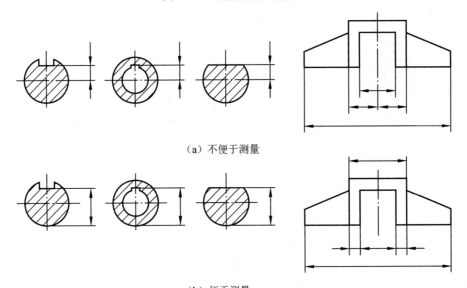

（a）不便于测量

（b）便于测量

图 7-22　尺寸标注要便于测量

4）标注尺寸应考虑加工方法和特点

如图 7-23（a）所示轴承盖的半圆柱孔，是与轴承座的半圆柱孔一起加工出来的，以保证装配后的同轴度。因此应标注直径不标注半径，以方便加工和测量。又如图 7-23（b）所示轴上的键槽，是用盘铣刀加工出来的，除应注出键槽的有关尺寸之外，由刀具保证的尺寸即铣刀直径 ϕ_1 也应注出，以便选用刀具。

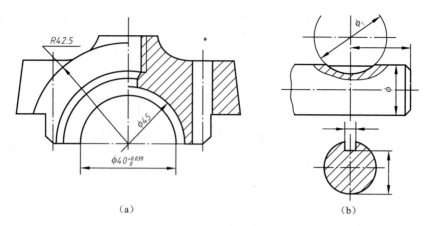

(a)　　　　　　　　　　　　　(b)

图 7-23　考虑加工工艺特点注尺寸

3. 零件上常见结构及尺寸标注

如图 7-24 所示的是阶梯孔和不通孔（盲孔）的加工方法、画法和尺寸注法。由于通常是用钻头加工，而钻头的端部是一个接近 120°的锥角，所以当钻阶梯孔或不通孔时，在孔的阶台处或孔的末端应画成 120°的锥台或锥坑。

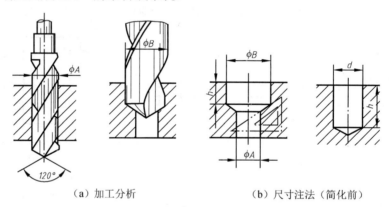

（a）加工分析　　　　　　　（b）尺寸注法（简化前）

图 7-24　阶梯孔和不通孔

常见结构的尺寸注法如表 7-1 所示。

表 7-1　常见结构的尺寸注法

结构类型	标注方法	说　　明
倒角		一般 45°倒角按"C 倒角宽度"标出，特殊情况下，30°或 60°倒角应分别标注宽度和角度
退刀槽		一般按"槽宽×槽深"或"槽宽×直径"标注

续表

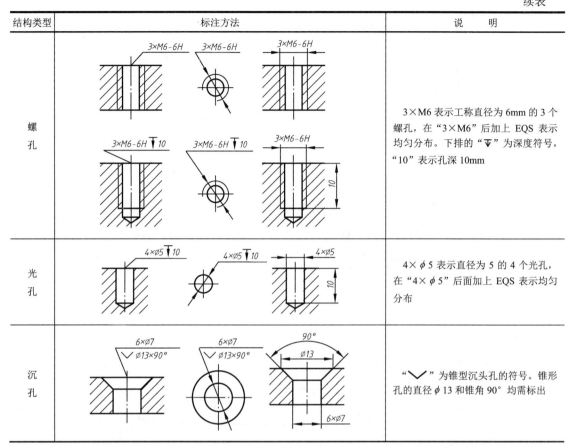

7.4.3 零件图尺寸标注的步骤

1. 齿轮轴的尺寸标注

如图 7-25 所示，其尺寸标步骤如下：

（1）分析零件。按照题给的几个相关图，分析该齿轮轴的结构形状和作用，弄清它与其他零件之间的联系及其加工方法。

（2）选择基准。如图 7-25（a）所示，A 处为设计基准，B 处为工艺基准。

（3）标注径向尺寸。如图 7-25（b）所示，标注各段轴颈的直径及键槽的截面尺寸。

（4）标注长度方向的尺寸。如图 7-25（c）所示，标注长度方向的尺寸。

2. 泵体的尺寸标注

如图 7-26 所示，其尺寸标注步骤如下：

（1）分析零件。泵体是容纳传动零件（主、从动齿轮轴等）的箱体零件，泵体在主动齿轮轴的伸出端有填料盒，用压盖紧；另一端有泵盖等零件。泵体结构由内部空腔（啮合腔）、进出油口、支承及填料盒、底板等组成。

（2）选择基准。长度方向的主要基准是泵体对称平面（基本对称），辅助基准是进、出油口处凸台端面；宽度方向的主要基准是泵体的前端面（与泵盖的结合面），辅助基准是后部填料盒端面；高度方向的主要基准是泵体底平面，辅基准是啮合腔两轴孔的轴线。

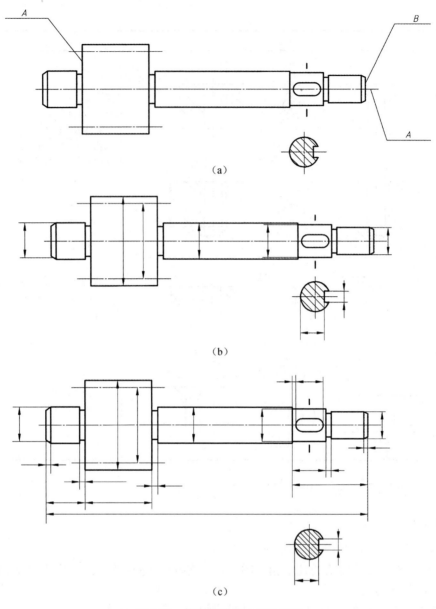

图 7-25　齿轮轴的尺寸标注步骤

（3）标注功能尺寸。泵体的功能尺寸即图 7-26 中已注出尺寸数值的尺寸，应从设计基准（主要基准）出发直接注出。

（4）标注其余（非功能）尺寸。按工艺要求标注其余尺寸（图 7-26 中未注出尺寸数值的尺寸）。其中非加工尺寸按形体分析法标注。注意同一方向的主要基准与辅助基准之间的联系尺寸应直接注出。

（5）检查调整。检查调整，补遗删多，完成尺寸标注。

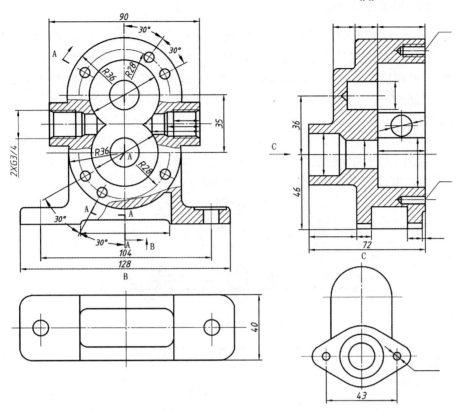

图 7-26　泵体的尺寸标注

7.5　表面粗糙度

零件图除了图形、尺寸之外，还必须有制造零件应达到的一些质量要求，一般称为技术要求。技术要求的内容通常有表面粗糙度、尺寸公差、形状和位置公差、材料及其热处理、表面处理等。下面先介绍表面粗糙度。

7.5.1　表面粗糙度的概念

无论采用哪种加工方法所获得的零件表面，都不是绝对平整和光滑的，放在显微镜（或放大镜）下观察，都可以看到微观的峰谷不平痕迹，如图 7-27 所示。零件表面上这种微观不平滑情况，一般是受刀具与零件间的运动、摩擦、机床的振动及零件的塑性变形等各种因素的影响而形成的。零件表面上所具有的这种较小间距和峰谷所组成的微观几何形状特征，称为表面粗糙度。

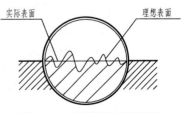

图 7-27　表面粗糙度的概念

7.5.2 表面粗糙度的选用

CB/T 3505—2009《产品几何技术规范（GPS）表面结构轮廓法术语定义及表面结构参数》中规定了评定表面结构质量的三个主要轮廓参数组：R 轮廓参数（粗糙度参数）、W 轮廓参数（波纹度参数）、P 轮廓参数（原始轮廓参数）。其中，表面粗糙度参数中轮廓算术平均偏差 Ra 和轮廓最大高度 Rz 是评定零件表面结构质量的主要参数。以下介绍的表面结构参数主要是指表面粗糙度参数。

如图 7-28 所示，轮廓算术平均偏差 Ra 是指在取样长度内，沿测量方向的轮廓线上的点与基准线之间距离绝对值的算术平均数。生产中 Ra 最常用，Ra 值越小，表面质量越高，零件表面越光滑；反之，零件表面质量越低，表面越粗糙。

$$Ra=\frac{|Z_1|+|Z_2|+|Z_3|+\cdots+|Z_n|}{n}$$

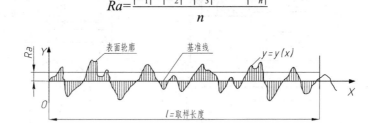

图 7-28　轮廓算术平均偏差 Ra

1. 表面结构参数的选用

表 7-2　不同 Ra 值的表面状况及采用的加工方法和应用情况

$Ra/\mu m$	表面状况	加工方法	应　　用
50	明显可见刀纹	粗车、粗铣、钻孔、粗刨等	不接触表面，如倒角、退刀槽表面等
25	可见刀纹		
12.5	微见刀纹		
6.3	可见加工痕迹	精车、精铣、粗磨、粗铰等	支架、箱体和盖等的非配合表面，一般螺栓支承面
3.2	微见加工痕迹		箱、盖、套筒要求紧贴的表面，键和键槽的表面等
1.6	不可见加工痕迹		要求有不精确定心及配合特性的表面，如支架孔、衬套、胶带轮工作面
0.8	可辨加工痕迹方向	精磨、精铰、精拉等	要求保证定心及配合特性的表面，如轴承配合表面、锥孔等
0.4	微辨加工痕迹方向		要求能长期保持规定的配合特性的公差等级为 7 级的孔和 6 级的轴
0.2	不可辨加工痕迹方向		主轴的定位锥孔，$d<20mm$ 淬火精确轴的配合表面
0.1~0.012	光泽面	研磨、抛光、超级加工等	精密量具的工作面等

表面结构参数数值的选择，要考虑零件的使用要求和产品的加工成本两个方面。在满足使用要求的前提下，尽量选用较大的表面结构参数数值。在表面结构的图形符号上，注有表面粗

糙度的参数和数值及有关规定,则成为表面粗糙度代号。表面粗糙度是衡量零件质量的标准之一,对零件的配合、耐磨程度、抗疲劳强度、抗腐蚀性等及外观都有影响。轮廓算术平均偏差 Ra 的数值系列、加工方法及应用如表 7-2 所示。

2. 表面结构的符号、代号和标注方法(GB/T131—2006)

1)表面结构符号画法

国家标准规定了表面结构符号的画法,如图 7-29 所示。同时也给出了表面结构图形符号和附加标注的尺寸,如表 7-3 所示。

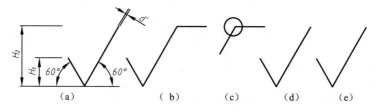

图 7-29 表面结构符号的画法

表 7-3 表面结构图形符号和附加标注的尺寸　　　　　　　　（单位:mm）

数字和字母高度 h	2.5	3.5	5	7	10	14	20
符号线宽 d'	0.25	0.35	0.5	0.7	1	1.4	2
字母线宽 d							
高度 H_1	3.5	5	7	10	14	20	28
高度 H_2（最小值）	8	11	15	21	30	42	60

2)表面结构的图形符号及其意义

表面结构的图形符号不同,其代表的意义不一样,表 7-4 列出了各种符号的意义。标注表面结构时,建议使用完整图形符号。

3)表面结构代号及意义

在表面结构完整图形符号的横线下注上表面粗糙度数值就成为表面结构代号。完整图形符号和数值不一样,其意义不尽相同,表 7-5 列出了各种代号的意义。

4)表面结构补充要求的注写位置

在完整符号中,对表面结构的单一要求和补充要求,应注写在如图 7-30 所示的指定位置。

在位置 a 注写表面结构的单一要求;

在位置 a 和 b 注写两个或多个表面结构要求;

在位置 c 注写加工方法;

在位置 d 注写表面纹理和方向;

在位置 e 注写加工余量（单位为 mm）。

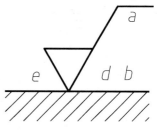

图 7-30 表面结构要求注写位置

表 7-4 表面结构的符号及意义

符号	意义
 ∨	基本图形符号,仅用于简化代号标注,没有补充说明时不能单独使用
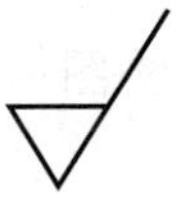 ∨ (加一短横)	基本图形符号上加一短横,表示用去除材料的方法获得,如通过机加工(车、铣、刨、磨等)获得的表面
 ∨ (加一圆圈)	基本图形符号上加一圆圈,表示用不去除材料的方法获得,如通过铸、锻、冲压等加工获得的表面
 ∨ (完整)	完整图形符号,允许任何加工工艺获得表面,文本中用 APA 表示
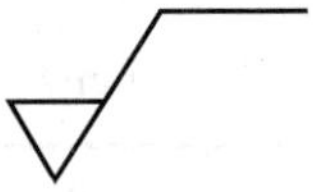 ∨ (完整加短横)	完整图形符号,用去除材料的方法获得表面,文本中用 MRR 表示
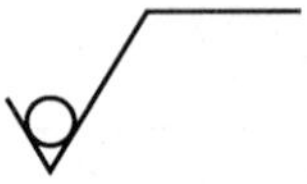 ∨ (完整加圆圈)	完整图形符号,用不去除材料的方法获得表面,文本中用 NMR 表示

表 7-5 表面结构代号及意义

代号	意义	代号	意义
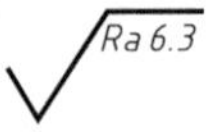 ∨ Ra 6.3	用任何方法获得的表面,Ra 的上限是 6.3μm	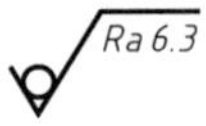 ∨ Ra 6.3 (圆圈)	用不去除材料的方法获得的表面,Ra 的上限是 6.3μm
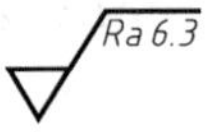 ∨ Ra 6.3 (短横)	用去除材料的方法获得的表面,Ra 的上限是 6.3μm	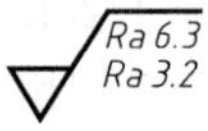 ∨ Ra 6.3 / Ra 3.2	用去除材料的方法获得的表面,Ra 的上限是 6.3μm,下限是 3.2μm

5)表面结构在图样上的标注方法

(1)表面结构要求对每一表面一般只注一次,并尽可能注在相应的尺寸及其公差的同一视图上。除非另有说明,所标注的表面结构要求是对完工零件表面的要求。

(2)表面结构要求的注写和读取方向与尺寸的注写和读取方向一致。表面结构符号应从材料外指向并接触表面,如图 7-31 所示。

(3)表面结构要求可注写在轮廓线或其延长线上,如图 7-32(a)所示。必要时,表面结构要求也可用带箭头或黑点的指引线引出标注,如图 7-32(b)所示。

(4)表面结构要求可标注在几何公差框格的上方,如图 7-33 所示。

(5)在不致引起误解时,表面结构要求可以标注在给定的尺寸线上,如图 7-34 所示。

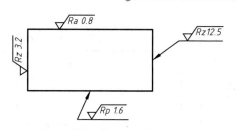

图 7-31　表面结构求的注写方向

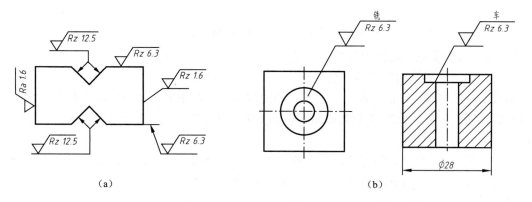

(a)　　　　　　　　　　　　(b)

图 7-32　表面结构要求注写在轮廓线或其延长线或指引线上

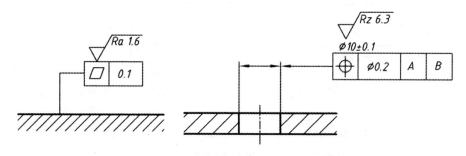

图 7-33　表面结构要求注写在几何公差框格的上方

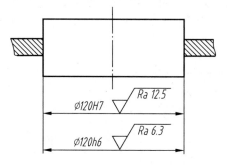

图 7-34　表面结构要求注写在尺寸线上

（6）圆柱和棱柱表面的表面结构要求只注写一次。如果每个棱柱表面有不同的表面要求，则应分别单独标注，如图 7-35 所示。

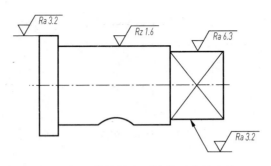

图 7-35 圆柱和棱柱的表面结构要求的注法

6）表面结构要求在图样中的简化注法

（1）有相同表面结构要求的简化注法。

如果工件的多数（包括全部）表面有相同的表面结构要求时，其表面结构要求可统一标注在图样的标题栏附近。此时（全部表面有相同要求的情况除外），表面结构要求的符号后面应有以下两项内容：

① 在圆括号内给出无任何其他标注的基本符号，如图 7-36（a）所示。

② 在圆括号内给出不同的表面结构要求，如图 7-36（b）所示。

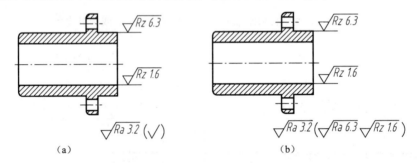

图 7-36 多数表面有相同的表面结构要求的简化注法

当多个表面有共同表面结构要求，而图纸空间有限时，可用带字母的完整符号的简化注法或只用表面结构符号的简化注法。如图 7-37（a）所示，是用带字母的完整符号，以等式的形式标注在图形或标题栏附近。如图 7-37（b）、（c）、（d）所示，是只用表面结构符号的简化注法。

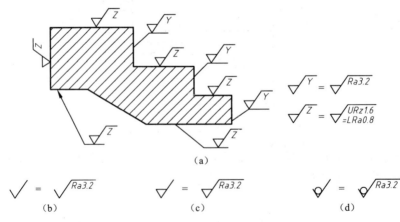

图 7-37 表面结构要求的简化注法

（2）封闭轮廓的各表面有相同的表面结构要求的注法。

当某个视图上构成封闭轮廓的各表面有相同的表面结构要求时，应在完整表面结构符号上加一圆圈，标注在图样中工件的封闭轮廓线上，图形中构成封闭轮廓的六个面不包括前、后面，如图 7-38 所示。

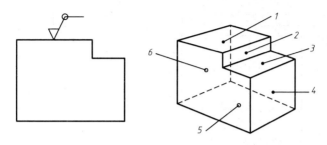

图 7-38　封闭轮廓的各表面有相同的表面结构要求的注法

（3）两种或多种工艺获得的同一表面的注法。

由几种不同的工艺方法获得的同一表面，当需要明确每种工艺方法的表面结构要求时，可按如图 7-39 所示的方法进行标注（图中 Fe 表示基体材料为钢，Ep 表示加工工艺为电镀）。图 7-39（a）所示为两种连续加工工序的表面结构标注，图 7-39（b）所示为三个连续加工工序的表面结构、尺寸和表面处理的标注。

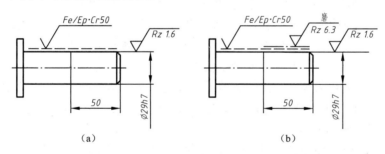

图 7-39　两种或多种工艺获得的同一表面的注法

7.6　公差与配合、形状和位置公差

7.6.1　公差与配合的概念

1. 零件的互换性

在成批生产进行机器装配时，要求一批相配合的零件只要按零件图的要求加工出来，不经任何选择或修配，任取一对装配起来，就能达到设计的工作性能要求，零件间的这种性质称为互换性。零件具有互换性，既可给机器装配、修理带来方便，又便于组织生产协作，进行高效率的专业化生产。

2. 公差的有关术语

零件在加工过程中，受机床精度、刀具磨损、测量误差等的影响，不可能把零件的尺寸加工得绝对准确。为了保证互换性，必须将零件尺寸的加工误差限制在一定范围内。下面以图 7-40 中的孔为例，说明公差的有关术语（轴，类同）。

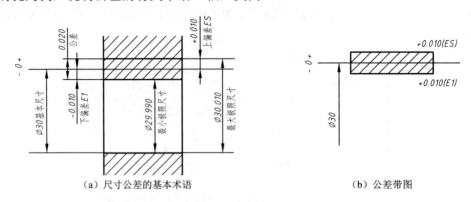

(a) 尺寸公差的基本术语　　　　　(b) 公差带图

图 7-40　尺寸公差的基本术语及公差带图

（1）基本尺寸。根据零件的强度和结构要求，设计时确定的尺寸。其数值应优先用标准直径或标准长度。

（2）实际尺寸。通过测量所得到的尺寸。

（3）极限尺寸。允许尺寸变动的两个界限值。它是以基本尺寸为基数来确定的，两个界限值中较大的一个称为最大极限尺寸，较小的一个称为最小极限尺寸。

（4）尺寸偏差（简称偏差）。某一尺寸减去其基本尺寸所得的代数差。上、下偏差的定义：

上偏差＝最大极限尺寸－基本尺寸

下偏差＝最小极限尺寸－基本尺寸

上、下偏差统称为极限偏差，上、下偏差可以是正值、负值或零。国家标准规定：孔的上偏差代号为 ES，孔的下偏差代号为 EI；轴的上偏差代号为 es，轴的下偏差代号为 ei。

（5）尺寸公差（简称公差）。允许尺寸的变动量。公差的定义：

公差＝最大极限尺寸－最小极限尺寸＝上偏差－下偏差

因为最大极限尺寸总是大于最小极限尺寸，即上偏差总是大于下偏差，所以尺寸公差一定为正值。

对于图 7-40（a）中的孔：

　　　　基本尺寸＝ϕ30

　　　　最大极限尺寸＝ϕ30.010

　　　　最小极限尺寸＝ϕ29.990

　　　　上偏差 ES＝30.010－30＝0.010

　　　　下偏差 EI＝29.990－30＝－0.010

　　　　公差＝30.010－29.990＝0.010－（－0.010）＝0.020

如果其实际尺寸在 ϕ30.010 与 ϕ29.990 之间，即为合格。

（6）公差带。如图 7-40（b）所示的公差带图，零线是在公差带图中用以确定偏差的一条基准线，即零偏差线。通常零线表示基本尺寸，在零线左端标上"0"、"＋"、"－"号，零线上方偏差为正，零线下方偏差为负。公差带是由代表上、下偏差的两条直线所限定的一个区域，公差带的区域高度和位置是构成公差带的两个要素。为了简便地说明上述术语及其相互关系，在实用中一般以公差带图表示。公差带图是以放大图形式画出的方框,并注出零线,方框高度表示公差值大小,方框的长度可根据需要任意确定。

(7)标准公差与标准公差等级。标准公差是由国家标准所列的,用以确定公差带大小的公差,即用来确定尺寸的精确程度。国家标准将标准公差分为 20 级,其代号为 IT01、IT0、IT1、…、IT18。IT 表示标准公差,数字表示标准公差等级,IT01 级最高,以下等级依级降低,IT18 级最低。标准公差数值取决于基本尺寸的大小和标准公差等级,其数值见表 7-6。

表 7-6 基本尺寸小于 500mm 的标准公差等级

基本尺寸		公 差 等 级																	
		IT1	IT2	IT3	IT4	IT5	IT6	IT7	IT8	IT9	IT10	IT11	IT12	IT13	IT14	IT15	IT16	IT17	IT18
大于	至	μm											mm						
—	3	0.8	1.2	2	3	4	6	10	14	25	40	60	0.10	0.14	0.25	0.40	0.60	1.0	1.4
3	6	1	1.5	2.5	4	5	8	12	18	30	48	75	0.12	0.18	0.30	0.48	0.75	1.2	1.8
6	10	1	1.5	2.5	4	6	9	15	22	36	58	90	0.15	0.22	0.36	0.58	0.90	1.5	2.2
10	18	1.2	2	3	5	8	11	18	27	43	70	110	0.18	0.27	0.43	0.70	1.10	1.8	2.7
18	30	1.5	2.5	4	6	9	13	21	33	52	84	130	0.21	0.33	0.52	0.84	1.30	2.1	3.3
30	50	1.5	2.5	4	7	11	16	25	39	62	100	160	0.25	0.39	0.62	1.00	1.60	2.5	3.9
50	80	2	3	5	8	13	19	20	46	74	120	190	0.30	0.46	0.74	1.20	1.90	3.0	4.6
80	120	2.5	4	6	10	15	22	35	54	87	140	220	0.35	0.54	0.87	1.40	2.20	3.5	5.4
120	180	3.5	5	8	12	18	25	40	63	100	160	250	0.40	0.63	1.00	1.60	2.50	4.0	6.3
180	250	4.5	7	10	14	20	29	46	72	115	185	290	0.46	0.72	1.15	1.85	2.90	4.6	7.2
250	315	6	8	12	16	23	32	52	81	130	210	320	0.52	0.81	1.30	2.10	3.20	5.2	8.1
315	400	7	9	13	18	25	36	57	89	140	230	360	0.57	0.89	1.40	2.30	3.60	5.7	8.9
400	500	8	10	15	20	27	40	63	97	155	250	400	0.63	0.97	1.55	2.50	4.00	6.3	9.7
500	63.	9	11	16	22	30	44	70	110	175	280	440	0.70	1.10	1.75	2.80	4.40	7.0	11.0
630	800	10	13	18	25	35	50	80	125	200	320	500	0.80	1.25	2.00	3.20	5.00	8.0	12.8
800	1000	11	15	21	29	40	56	90	140	230	360	560	0.90	1.40	2.30	3.60	5.60	90	14.0

(8)基本偏差。用以确定公差带相对于零线位置的上偏差或下偏差,一般是指靠近零线的那个偏差。国家标准分别对孔和轴各规定了 28 个不同的基本偏差,如图 7-41 所示。当公差带位于零线上方时,其基本偏差为下偏差;当公差带位于零线下方时,其基本偏差为上偏差,如图 7-42 所示。

基本偏差代号用拉丁字母表示,大写字母表示孔的基本偏差代号,小写字母表示轴的基本偏差代号。由于基本偏差只确定公差带的位置,故图 7-41 中的公差带一端画成开口的。

孔的基本偏差从 A~H 为下偏差,J~ZC 为上偏差,JS 的上下偏差分别为 $+IT/2$ 和 $-IT/2$。轴的基本偏差从 a~h 为上偏差,j~zc 为下偏差,js 的上下偏差分别为 $+IT/2T$ 和 $-IT/2$。孔和轴的另一偏差可根据基本偏差和公差算出。

(9)公差带代号。孔和轴的公差带代号由基本偏差代号和标准公差等级组成,并且要用同一号字书写。

例如 $\phi 60H8$,$\phi 60$ 是基本尺寸,H 是基本偏差代号(大写表示孔),公差等级为 IT8。

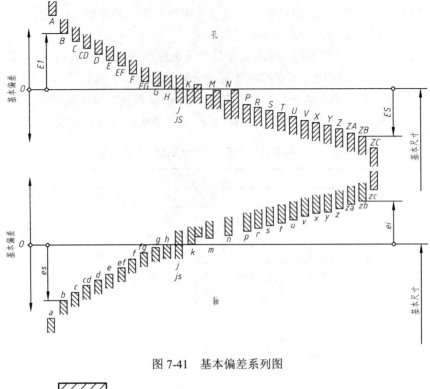

图 7-41 基本偏差系列图

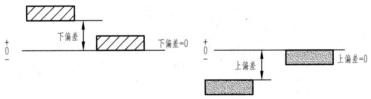

图 7-42 基本偏差

3. 配合的有关术语

在机器装配中，基本尺寸相同的、相互结合的孔和轴的公差带之间的关系，称为配合。由于孔和轴的实际尺寸不同，装配后可以产生"间隙"或"过盈"。在孔与轴的配合中，孔的尺寸减去轴的尺寸所得的代数差为正值时是间隙，为负值时是过盈。

1）配合种类

配合按其出现间隙或过盈的不同，分为三类：

（1）间隙配合。孔的公差带在轴的公差带之上，任取其中一对孔和轴相配合都成为具有间隙（包括最小间隙为零）的配合，如图 7-43（a）所示。

（2）过盈配合。孔的公差带在轴的公差带之下，任取其中一对孔和轴相配合都成为具有过盈（包括最小过盈为零）的配合，如图 7-43（b）所示。

（3）过渡配合。孔的公差带与轴的公差带相互交叠，任取其中一对孔和轴相配合时，可能是具有间隙，也可能具有过盈的配合，如图 7-43（c）所示。

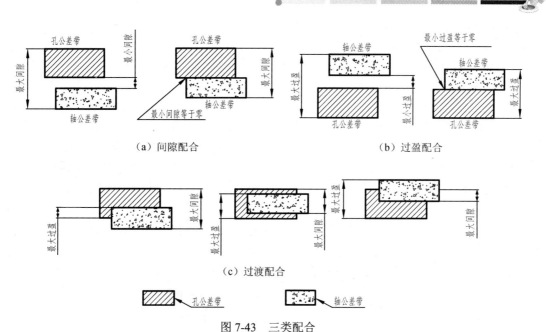

图 7-43 三类配合

2) 配合基准制

把基本尺寸相同点孔、轴组合起来,就可以组成各种不同的配合。国家标准规定了两种基准制:

(1) 基孔制。基本偏差为一定的孔的公差带与不同基本偏差的轴的公差带形成各种配合的一种制度,如图 7-44 (a) 所示。基孔制的孔称为基准孔,其基本偏差为 H,即下偏差 EI=0。

(2) 基轴制。基本偏差为一定的轴的公差带与不同基本偏差的孔的公差带形成各种配合的一种制度,如图 7-44 (b) 所示。基轴制的轴称为基准轴,其基本偏差为 h,即上偏差 es=0。

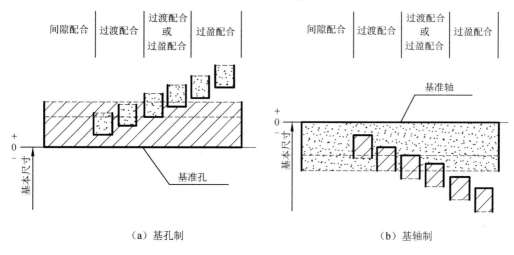

图 7-44 基孔制和基轴制

3) 配合代号

用孔、轴公差带代号的组合表示,写成分数形式。例如 $\phi 50 H8/f7$ 或 $\phi 50 \dfrac{H8}{f7}$,其中 $\phi 50$ 表示孔、轴基本尺寸,H8 表示孔的公差带代号,f7 表示轴的公差带代号,H8/f7 表示配合代号。

7.6.2 公差与配合的选用

公差配合的选用包括配合基准制、配合种类和标准公差等级三项内容。

1. 配合基准制选择

国家标准中规定优先选用基孔制。因为一般来说加工孔比加工轴难，采用基孔制可以限制和减少加工所需用的定值刀具、量具的规格数量，从而获得较好的经济效益。

基轴制通常仅用于因结构设计要求不适宜采用基孔制，或采用基轴制具有明显经济效果的场合。例如，同一轴与几个具有不同公差带的孔配合（如图 7-45 所示），或冷拉制成不再进行切削加工的轴在与孔配合。

在零件与标准件配合时，应根据标准件来确定配合的基准值。如滚动轴承的轴圈与轴的配合为基孔制，而座圈与机体孔的配合则有为基轴制。

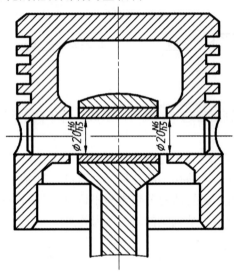

图 7-45 基轴制应用示例

2. 配合种类的选择

当零件之间具有相对转动或移动时，必须选择间隙配合；当零件之间无键、销等紧固件，只依靠结合面之间的过盈来实现传动时，必须选择过盈配合；当零件之间不要求有相对运动，同轴度要求较高，且不是依靠该配合传递动力时，通常选择过渡配合。

3. 标准公差等级的选择

在保证零件使用要求的条件下，应尽量选择比较低的标准公差等级，以减少零件的制造成本。由于加工、测量孔比较难，故当标准公差等级高于 IT8 时，在基本尺寸至 500mm 的配合中，应选择孔的标准公差等级比轴低一级（如孔为 8 级，轴为 7 级）。标准公差等级低时，轴、孔的配合可选相同的标准公差等级。

通常 IT01～IT4 用于块规和量规，IT5～IT12 用于配合尺寸，IT12～IT18 用于非配合尺寸。

4. 常用和优先配合

国家标准规定了常用和优先配合，见表 7-7 和表 7-8。

第 7 章 零 件 图

表 7-7 基本尺寸至 500mm 基孔制优先、常用配合

基准孔	轴																				
	a	b	c	d	e	f	g	h	js	k	m	n	p	r	s	t	u	v	x	y	z
	间 隙 配 合								过滤配合				过盈配合								
H6						H6/f5	H6/g5	H6/h5	H6/js5	H6/k5	H6/m5	H6/n5	H6/p5	H6/r5	H6/s5	H6/t5					
H7						H7/f6 ▶	H7/g6 ▶	H7/h6	H7/js6	H7/k6 ▶	H7/m6	H7/n6	H7/p6 ▶	H7/r6	H7/s6 ▶	H7/t6	H7/u6 ▶	H7/v6	H7/x6	H7/y6	H7/z6
H8				H8/e7	H8/f7 ▶	H8/g7	H8/h7 ▶	H8/js7	H8/k7	H8/m7	H8/n7	H8/p7	H8/r7	H8/s7	H8/t7	H8/u7					
			H8/d8	H8/e8	H8/f8		H8/h8														
H9			H9/c9	H9/d9 ▶	H9/e9	H9/f9	H9/h9 ▶														
H10			H10/c10	H10/d10			H10/h10														
H11	H11/a11	H11/b11	H11/c11 ▶	H11/d11			H11/h11 ▶														
H12		H12/b12					H12/h12														

1. 标注 ▶ 的配合为优先配合。
2. H6/n5，H7/p6 在基本尺寸小于或等于 3mm 和 H8/r7 在小于或等于 100mm 时为过渡配合。

表 7-8 基本尺寸至 500mm 基轴制优先、常用配合

基准轴	孔																				
	A	B	C	D	E	F	G	H	Js	K	M	N	P	R	S	T	U	V	X	Y	Z
	间 隙 配 合								过滤配合				过盈配合								
h5						F6/h5	G6/h5	H6/h5	Js6/h5	K6/h5	M6/h5	N6/h5	P6/h5	R6/h5	S6/h5	T6/h5					
h6						F7/h6	G7/h6	H7/h6 ▶	Js7/h6	K7/h6 ▶	M7/h6	N7/h6 ▶	P7/h6 ▶	R7/h6	S7/h6 ▶	T7/h6	U7/h6 ▶				
h7					E8/h7	F8/h7 ▶		H8/h7 ▶	Js8/h7	K8/h7	M8/h7	N8/h7									
h8				D8/h8	E8/h8	F8/h8		H8/h8													
h9				D9/h9 ▶	E9/h9	F9/h9		H9/h9 ▶													
h10				D10/h10				H10/h10													
h11	A11/h11	B11/h11	C11/h11 ▶	D11/h11				H11/h11 ▶													
h12		B12/h12						H12/h12													

1. 标注 ▶ 的配合为优先配合。

7.6.3 公差与配合的标注

1. 装配图中配合的注法

1）标注孔、轴的配合代号，如图 7-46（a）所示。这种注法应用最多。

2）零件与标准件或外购件配合时，装配图中可仅标注该零件的公差带代号。如图 7-46（b）中轴颈与滚动轴承轴圈的配合，只注出轴颈 ϕ30k6；机座孔与滚动轴承座圈的配合，只注出机座孔 ϕ62J7。

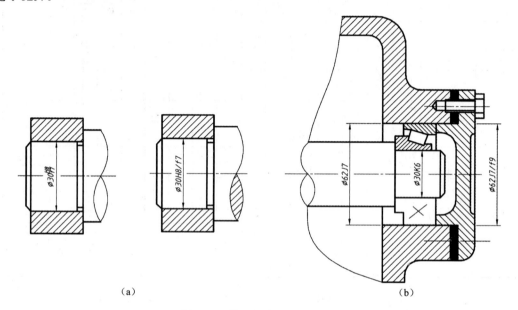

图 7-46 装配图中配合的注法

2. 零件图中尺寸公差的注法

在零件图中，尺寸公差可按图 7-47 所示的三种形式之一标注。

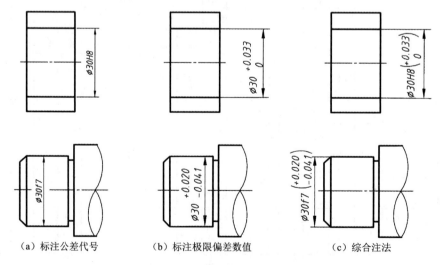

（a）标注公差代号　　（b）标注极限偏差数值　　（c）综合注法

图 7-47 零件图中尺寸公差的注法

评定零件质量的指标是多方面的，除前述的表面粗糙度和尺寸公差要求外，对精度要求较高的零件，还必须有形状和位置公差要求。

7.6.4 形状和位置公差的概念

加工后的零件不仅尺寸存在误差，而且几何形状和相对位置也存在误差。为了满足使用要求，零件结构的几何形状和相对位置则由形状公差和位置公差来保证。

1）形状误差和位置公差

形状误差是指单一实际要素的形状对其理想要素形状的变动量。单一实际要素的形状所允许的变动量称为形状公差。

2）位置误差和位置公差

位置误差是指关联实际要素的位置对其理想要素位置的变动量，理想位置由基准确定。关联实际要素的位置对其理想要素位置所允许的变动量称为位置公差。

形状和位置公差（简称为形位公差）的项目及符号，见表7-9。

表7-9 形状和位置公差的项目及符号

公差类型	几何特征	符号	有无基准要求	公差类型	几何特征	符号	有无基准要求
形状公差	直线度	⏤	无	方向公差	平行度	∥	有
	平面度	▱	无		垂直度	⊥	有
	圆度	○	无		倾斜度	∠	有
	圆柱度	⌭	无	位置公差	位置度	⊕	有或无
					同轴度	◎	有
					对称度	═	有
形状或位置公差	线轮廓度	⌒	有或无	跳动公差	圆跳动	↗	有
	面轮廓度	⌓	有或无		全跳动	⌰	有

3）形状和位置公差带

形状和位置公差带是由公差值确定的限制实际要素（形状或位置）变动的区域。

7.6.5 形状和位置公差的标注

国标规定，形位公差在图样中应采用代号标注。代号由公差项目符号、框格、指引线、公差数值和其他有关符号组成。

1. 形位公差框格及其内容

形位公差框格用细线绘制,可画两格或多格,要水平(或铅垂)放置,框格的高(宽)度是图样中尺寸数字高度的 2 倍,格长度根据需要而定。框格中的数字、字母和符号与图样中的数字同高,框格内由左至右(或由下至上)填写的内容为:第一格为形位公差项目符号,第二格为形位公差及其有关符号,以后各格为基准代号的字母及有关符号,如图 7-48 所示。

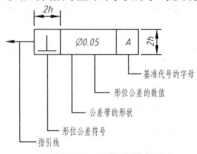

图 7-48　形位公差代号

2. 被测要素的注法

用带箭头的指引线将被测要素与公差框格的一端相连,指引线箭头应指向公差带的宽度方向或直径方向。指引线用细实线绘制,可以不转折或转折一次(通常为垂直转折)。

指引线箭头按下列方法与被测要素相连:当被测要素为线或表面时,指引线箭头应指在该要素的轮廓线或其引出线上,并应明显地与该要素的尺寸线错开,如图 7-49(a)、(b)所示。当被测要素为轴线、球心或中心平面时,指引线箭头应与该要素的尺寸对齐,如图 7-49(c)、(d)所示。

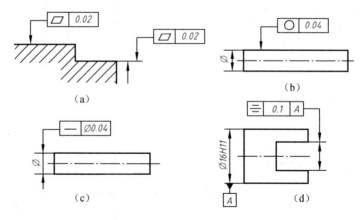

图 7-49　被测要素的标注方法

3. 基准要素的注法

与被测要素相关的基准用一个大写字母表示。字母标注在基准方格内,且字母水平书写,基准方格与一个涂黑的或空白的三角形相连,以表示基准,如图 7-50 所示。基准符号的注法如图 7-51 所示。

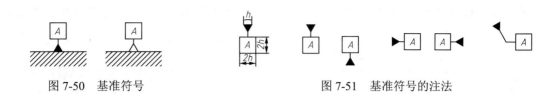

图 7-50　基准符号　　　　　　　图 7-51　基准符号的注法

4. 形位公差标注示例

形位公差标注的综合举例，如图 7-52 所示。

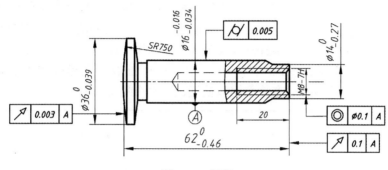

图 7-52　阀杆

图中各形位公差框格的含义分别是：

表示该阀杆杆身 $\phi 16$ 的圆柱度公差为 0.005mm；

表示 M8 螺孔的轴线对 $\phi 16$ 轴线的同轴度公差为 $\phi 0.1$mm（$\phi 0.1$ 中的"ϕ"表示公差带形状为圆柱）；

表示阀杆右端面对 $\phi 16$ 轴线的圆跳动公差为 0.1mm；

表示 SR750 的球面对于 $\phi 16$ 轴线的圆跳动公差为 0.003mm。

7.7　看 零 件 图

在设计、制造机器的实际工作中，看零件图是一项非常重要的工作。例如设计零件要研究分析零件的结构特点，参考同类型零件图，使所设计的零件结构更先进合理，要看零件图；对设计的零件图进行校对、审核，要看零件图；生产制造零件时，为制定适当的加工方法和检测手段，以确保零件加工质量，更要看零件图；进行技术改造，研究改进设计，也要看零件图。

看零件图的目的及要求如下。

（1）了解零件的名称、用途、材料等。

（2）了解零件各组成部分的结构、形状、特点、功用，以及它们之间的相对位置。

（3）了解零件的尺寸大小、制造方法和所提出的技术要求。

下面以看图 7-53 所示的蜗轮减速器箱体零件图为例，说明看零件图的方法步骤。

7.7.1　首先看标题栏，粗略了解零件

看标题栏，了解零件的名称、材料、数量、比例和生产厂家等，从而大体了解零件的功用。

对不熟悉的、比较复杂的零件图，通常还要参考有关的技术资料，如该零件所在部件的装配图、相关的其他零件图及技术说明书等，以便从中了解该零件在机器（部件）中的功用、结构特点、设计要求和工艺要求等，为看零件图创造条件。

该蜗轮箱体是蜗轮减速器的主体零件。经分析可知，它应起支承和包容蜗杆、蜗轮等传动零件的作用，其结构应满足这些要求。材料为灰口铸铁（HT200），说明毛坯的制造方法是铸造。从比例和图形大小，可估计出该零件的真实大小。

7.7.2 分析研究视图，明确表达目的

看视图，首先应找到主视图，再根据投影关系识别出其他视图的名称和投射方向，局部视图或斜视图的投射部位，剖视图或断面图的剖切位置等，从而弄清各视图的表达目的。

该箱体零件共采用了三个基本视图（主视图、俯视图"C—C"、左视图"D—D"）和四个其他视图（向视图"E"，局部视图"F"、"B"和"A"）。主视图选择符合"形状特征"和"工作位置"原则，视图数量和表达方法都比较恰当。具体分析如下：

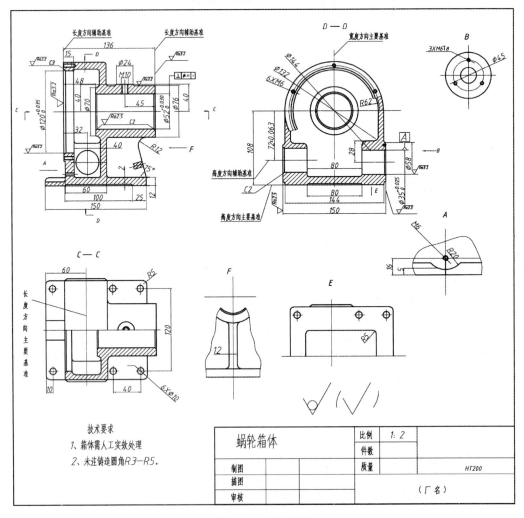

图 7-53 蜗轮箱体

1. 看基本视图

1）看主视图

联系俯、左视图，可知主视图是通过该零件的前后对称平面剖切所得到的全剖视图，因其前后对称故未加标注。主视图（全剖视图）反映了箱体空腔的层次，即蜗轮轴孔、啮合腔的贯通情况以及与蜗杆轴孔之间的相互关系，支撑肋板的形状等。

2）看俯视图

联系主、左视图，从主视图上找到 C—C 剖切位置，可知俯视图是通过蜗轮轴孔的轴线作水平剖切所得到的 C—C 半剖视图，由于上下不对称，故做了标注。俯视图的被剖部分进一步反映了蜗轮轴孔和啮合腔的内部结构情况，其未剖部分反映了箱体上部和底板上面的外部结构形状及其安装孔的分布情况。

3）看左视图

联系主、俯视图，从主视图上找到 D—D 剖切位置，可知左视图是通过蜗杆轴孔的轴线剖切所得到的 D—D 局部剖视图。它进一步反映了蜗杆轴孔的前后贯通情况以及啮合腔、蜗轮轴孔的相对位置关系（蜗轮轴孔与蜗杆轴孔的轴线垂直交叉）。

以上三个基本视图，以主视图为主，表达目的各有侧重，反映了箱体结构形状。

2. 看其他视图

1）看向视图"E"

此图以仰视投射方向，反映了底板的下部形状，因其图形对称，采用了简化画法，只画了一半图形。

2）看局部视图"F"

此图反映了箱体左端的支撑肋板。

3）看局部视图"B"

此图反映了蜗杆轴孔外端面凸缘的形状和其上的螺孔分布情况。

4）看局部视图"A"

此图反映了底板左边中部上表面的 R20 圆柱面凹槽形状及与 M6 螺孔的相对位置关系。

这四个不属于基本视图的其他视图，补充反映了基本视图表达的不足。

7.7.3 深入分析视图，想象结构形状

用形体分析法看图，可知此箱体大致可分为底板、支撑肋板、啮合腔壳体、蜗杆轴支承、蜗轮轴支承等五部分。每部分的结构形状、相对位置及其作用分析如下：

1）底板

底板是箱体的承托和安装部分。将主、俯、左视图这三个基本视图和向视图"E"联系起来看，可知底板的基本形状是长方体，其上钻有 6 个 $\phi 10$ 的光孔，供安装螺栓用。底板下表面中部为凹槽毛坯面，下部边缘为连续的同一加工面，是为减少加工面并保证与相邻件机架的良好接触。将主、俯视图与局部视图"A"联系起来看，可知在底板的左边中部上表面有一 R20 圆柱面凹槽，这是为安装放油塞而开设的。此结构既可使放油塞有一定的拆装空间，又可使结构紧凑。将主、俯、左视图与局部视图"F"联系起来看，可以弄清楚底板与啮合腔壳体、支撑肋板的相对位置情况。

2）支撑肋板

由主视图可看出支撑肋板所处的位置、形状和作用。在主视图所作的全剖视中，支撑肋板受纵向剖切，按规定没画剖面线；由于支撑肋板在平面图上被遮盖，其他视图也未反映，故主视图上又对支撑肋板做了重合断面，以反映其厚度。

3）啮合腔壳体

将主、俯、左视图联系起来看，可知啮合腔为上圆下方的空腔，空腔上部供容纳蜗轮用，空腔下部供容纳蜗杆用。啮合腔壳体左端面为两同心圆围成的平面，其上有6个M6螺孔供安装闷盖之用。

4）蜗杆轴支承

看左视图并联系主、俯视图，可知蜗杆支承为两个形状相同的内圆外方结构（外形四棱柱，内形圆柱孔），两轴孔同轴线且与蜗轮轴孔轴线垂直交叉。联系局部视图"B"，可知蜗杆轴支承的外端面为圆形凸台结构，前后两凸台形状相同，其上各有3个M6的螺孔，分别供安装透盖和闷盖之用。

5）蜗轮轴支承

看主视图联系俯、左视图与局部视图"F"，可知蜗轮轴支承为一圆筒结构，下部由支撑肋板支撑，左边与啮合腔壳体相连，上部凸台处有一个M10螺孔，供安装油杯之用。

通过上述分析，综合起来就可以完整地想象出该箱体零件的各部分结构形状及其相对位置。

7.7.4 分析所有尺寸，弄清尺寸要素

零件图上的尺寸是制造、检验零件重要依据。分析尺寸的主要目的如下。

（1）根据零件的结构特点、设计和制造工艺要求，找出尺寸基准，分清设计基准和工艺基准，明确尺寸种类和标注形式。

（2）分析影响到性能的功能尺寸标注是否合理，标准结构要素的尺寸标注是否符合要求，其余尺寸是否满足要求。

（3）校核尺寸标注是否齐全等。

先找出该箱体零件各方向的尺寸基准。经看图分析，可知所有尺寸的基准主要是围绕蜗杆蜗轮啮合两轴孔中心距，保证蜗杆蜗轮正常啮合传动和装配相关零件这一设计要求而确定的。长度方向的主要基准（设计基准）为啮合腔外壳左端面（加工面），辅助基准（或为工艺基准）为底板左端面等；长度方向的定位尺寸主要有：28、32、52、10、86、40、45等。宽度方向的主要基准为前后对称平面；宽度方向的定位尺寸主要有120、80等。高度方向的主要基准为底板的下底面（加工面），辅助基准有蜗轮轴孔的轴线等；高度方向的定位尺寸主要有：108、72±0.063、28、40、6等。此外，还有啮合腔壳体左端面螺孔的定位尺寸 $\phi32$，蜗杆两轴孔外端面凸台上螺孔的定位尺寸 $\phi132$，蜗杆两轴孔外端面下周台上螺孔的定位尺寸 $\phi45$ 等。

图中所注的功能尺寸有蜗轮轴孔轴线至底面的距离108、蜗轮轴孔轴线至蜗杆轴孔轴线距离 72±0.063、蜗轮轴孔 $\phi52$、啮合腔壳体左端孔 $\phi120$、蜗杆轴孔 $\phi35$ 等。

7.7.5 分析技术要求，综合看懂全图

零件图的技术要求是制造零件的质量指标。看图时应根据零件在机器中的作用，分析零件的技术要求是否能在低成本的前提下保证产品质量。主要分析零件的表面粗糙度、尺寸公差和形位公差要求。先弄清配合面或主要加工面的加工精度要求，了解其代号含义；再分析其余加工面和非加工面的相应要求，了解零件加工工艺特点和功能要求；然后了解零件的材料、热处理、表面处理或修饰、检验等其他技术要求，以便根据现有加工条件，确定合理的加工工艺方法，保证这些技术要求。

此箱体零件图注有公差要求的尺寸有 $\phi 120_{\ 0}^{+0.033}$、$\phi 52_{\ 0}^{+0.050}$、$\phi 35_{\ 0}^{+0.027}$、72 ± 0.063。有配合要求的加工面，其表面粗糙度参数 Ra 值较小，均为 $1.6\mu m$，其他加工面的 Ra 值都比较大，其余为非加工面。图中只有一处有形位公差要求，即以蜗轮轴孔 $\phi 52_{\ 0}^{+0.050}$ 轴线为基准，其蜗杆轴孔 $\phi 35_{\ 0}^{+0.027}$ 轴线的垂直度公差为 $0.01mm$。

通过上述看图步骤，对零件已有了较全面了解，但还应综合分析零件的结构图和工艺是否合理，表达方案是否恰当，以及检查有无看错或漏看等。

7.8 Pro/E 零件建模实例

本节以生成如图 7-54 所示轴承座的零件图为例，说明零件图的创建步骤。该实例三维建模部分比较简单，学习重点主要放在工程图的创建部分，通过该实例阐述零件图绘制的一般过程。

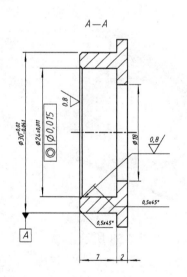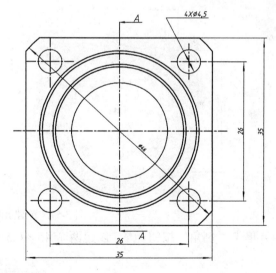

图 7-54 轴承座

（1）单击"旋转"按钮，创建一个旋转特征，如图 7-55 所示。

（2）单击"拉伸"按钮，选中"去除材料"按钮，选择实体的底面为草绘平面，创建一个拉伸切割特征，如图 7-56 所示。

（3）单击"拉伸"按钮，选中"去除材料"按钮，拉伸裁剪出 4 个孔，如图 7-57 所示。

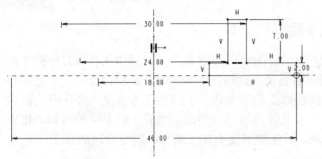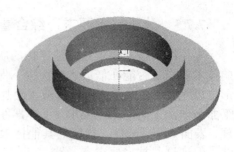

图 7-55 创建旋转特征

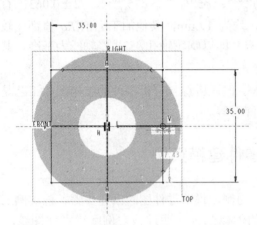

图 7-56 创建拉伸特征

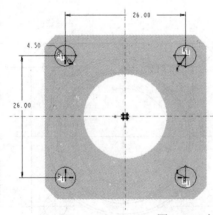

图 7-57 创建孔特征

（4）单击"倒角"按钮，创建两个 45×0.5 的倒角，如图 7-58 所示。

图 7-58 创建倒角特征

(5)选择菜单"文件"|"属性",在弹出的"模型属性"中选择材料"更改"选项,如图7-59 所示。在弹出的"材料"对话框中双击选择"steel.mtl"选项,如图7-60所示。

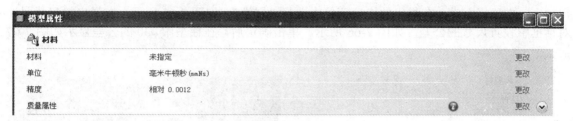

图 7-59　模型属性

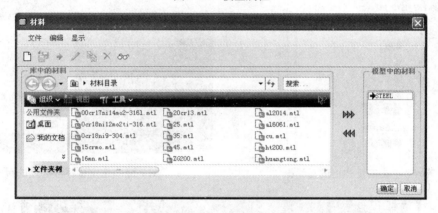

图 7-60　材料指定

(6)选择菜单"视图"|"显示设置"|"模型显示",在弹出的"菜单管理器"|"公差设置"对话框中选中"标准"|"ISO/DIN 标准",如图7-61 和图7-62 所示。

图 7-61　公差指定

(7)选择菜单"视图"|"显示设置"|"模型显示",在弹出的"模型显示"对话框中选中"尺寸公差选项"。如图7-63 所示。

图 7-62　公差设置

图 7-63　公差显示设置

(8)现以图中 $\phi 30$ 的孔为例,介绍一下具体的操作过程。首先在特征树中选择"旋转",单击鼠标右键,在弹出的快捷菜单中选择"编辑",如图 7-64 所示。选择需要修改公差的 $\phi 30$ 尺寸,单击鼠标右键,在弹出的快捷菜单中选择"属性",如图 7-65 所示。在弹出的尺寸属性对话框中设置尺寸的公差,如图 7-66 所示。单击确定后,在模型中 $\phi 30$ 的公差显示如图 7-67 所示。

图 7-64　单击右键弹出的对话框

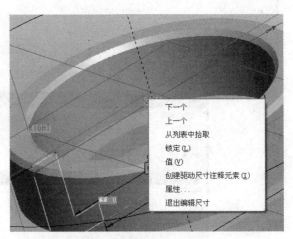

图 7-65　选定预标注公差的尺寸

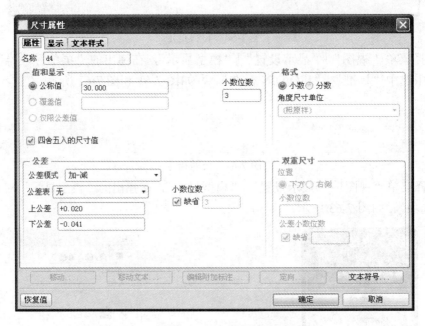

图 7-66　尺寸属性对话框

(9)选择菜单"插入"|"注释"|"几何公差",在弹出的"菜单管理器"对话框中选择"设置基准",选择模型中的中心轴,弹出"轴"对话框,单击"确定"按钮,如图 7-68 所示。

(10)选择菜单"插入"|"注释"|"几何公差",弹出"菜单管理器"对话框,如图 7-69 所示。在"菜单管理器"对话框中选择"指定公差",弹出如图 7-70 所示的"几何公差"对话框。本例指定 $\phi 24$ 与 $\phi 30$ 同轴度公差,如图 7-71 所示。

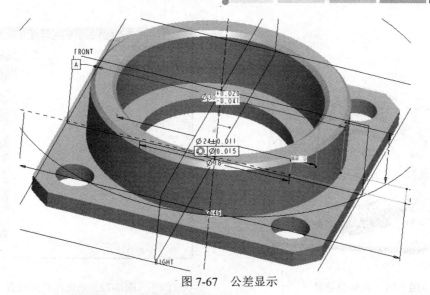

图 7-67 公差显示

图 7-68 基准设置　　　　　图 7-69 菜单管理器

图 7-70 几何公差设置

（11）选择菜单"插入"|"注释"|"表面粗糙度"，在弹出的"表面粗糙度"对话框中选择表面粗糙度符号样式，并在实体上添加表面粗糙度要求，如图 7-72 所示。

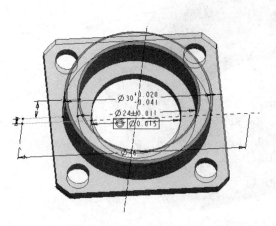

图 7-71 几何公差显示

图 7-72 表面粗糙度设置

（12）单击"新建"按钮，创建一个新的工程图文件。

（13）选择菜单"文件"|"公差标准"，在弹出的"菜单管理器"中选择"公差标准"，将公差标准设置为"ISO/DIN"标准。

（14）选择菜单"文件"|"绘图选项"，在打开的选项中加载 Pro/E 目录中 Text 文件下的 iso.dtl 文件。

（15）单击"创建一般视图"按钮，在绘图区域中的适当位置单击，创建一个视图，如图 7-73 所示。

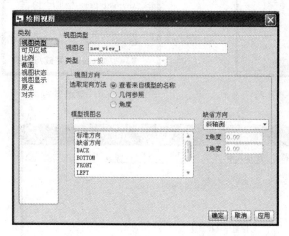
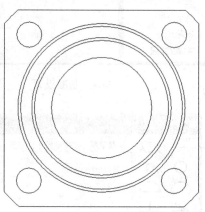

图 7-73 创建一般视图

（16）选择创建的视图，单击鼠标右键，在弹出的快捷菜单中选择"插入投影视图"，移动光标到适当位置然后单击，如图 7-74 所示。

（17）双击创建的第二个视图，在弹出的"绘图视图"对话框中选择"截面"，在剖面选项中选择"2D 剖面"，弹出菜单管理器，如图 7-75 所示。输入截面名称 A 后弹出 7-76 所示对话框，选择 RIGHT 平面。所创建的剖面图如图 7-77 所示。

第 7 章 零 件 图

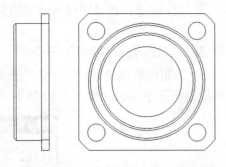

图 7-74 创建投影视图

图 7-75 创建 2D 剖面

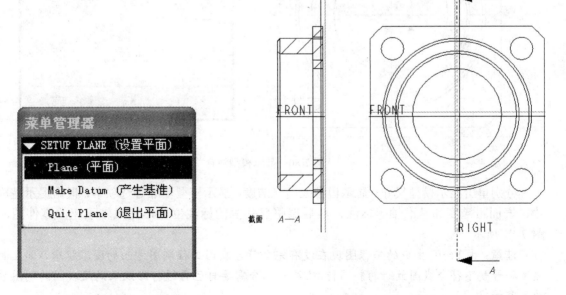

图 7-76 创建剖面对话框　　　　　　　图 7-77 创建剖视图

（18）单击"创建一般视图"按钮，在绘图区域的适当位置单击，创建轴测视图，如图7-78所示。

（19）单击"显示模型注释"按钮，弹出如图7-79所示的对话框。首先单击显示模型基准选项卡，然后在绘图区单击相应视图与该视图相关的基准会全部列出，如需要则可单击选中该基准，选中后该基准将会在图中显示，如图7-80所示。

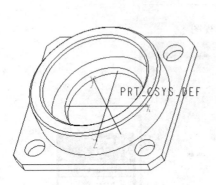

图 7-78 创建轴测突

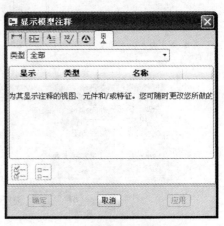

图 7-79 显示模型注释对话框

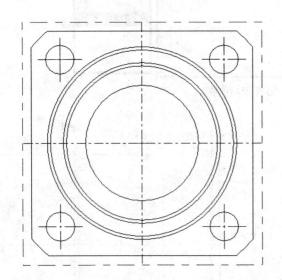

图 7-80 显示模型注释

分别单击显示模型尺寸、显示模型表面光洁度、显示模型基准等选项卡，根据提示完成尺寸、表面粗糙度和基准轴等标注，然后调整尺寸等的标注位置，完成轴承座的零件图，如图7-81所示。

注意：由Pro/E生成的工程图现在没有完全符合我国工程制图方面的国家标准，如表面粗糙度符号就不符合我国最新的制图标准，这一部分需要自己再进行修改来满足我国的制图方面的国家标准。

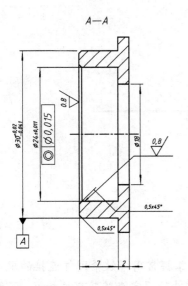
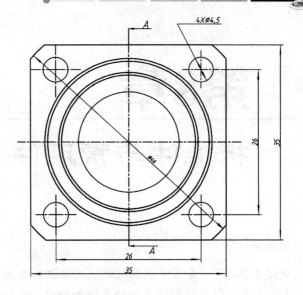
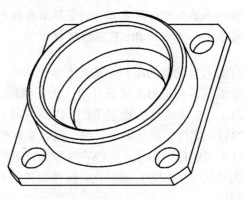

图 7-81 轴承图、零件图及轴测图

第8章

标准件与常用件

教学要求

通过本章学习，要求掌握螺纹的规定画法和标注方法，掌握常用螺纹紧固件连接的规定画法和标记，了解键连接和销连接的画法和标记，学会按标准件的规定查阅其有关标准，了解直齿圆柱齿轮的基本知识和规定画法，了解滚动轴承的规定画法和标注方法，了解弹簧的规定画法，了解标准件和常用件 Pro/E 三维建模方法。

由于机器本身功能的不同，其组成零件的形状、种类和数量等均不相同，但有一些零件被广泛、大量地在各种机器上频繁使用，比如螺栓、螺钉、螺母、垫圈、键、销、齿轮、轴承、弹簧等。为了适应专业化大批量生产，提高产品质量，降低生产成本，国家标准已对螺栓、双头螺柱、螺钉、螺母、滚动轴承、键、销等零件的结构、材料、尺寸、精度及画法等完全标准化了，并有相应的标准编号，这些零件称为标准件。对于齿轮、弹簧等常用零件，国家标准对其部分结构及尺寸参数进行标准化，这些零件称为常用件。在设计、绘图和制造时，必须遵守国家标准规定。

8.1 螺 纹 结 构

螺纹是零件上常用的一种结构，凭借其结构简单、连接可靠、装拆方便等优点，在机械中应用广泛。

8.1.1 螺纹的基本知识

1. 螺纹的形成和结构

螺纹是平面图形（三角形、矩形、锯齿形等）在圆柱或圆锥表面上，沿着螺旋线运动所形成的具有相同断面形状的连续凸起和沟槽。其中，在通过螺纹轴线的剖面上，螺纹的轮廓形状称为螺纹牙型，凸起的顶端称为螺纹的牙顶，沟槽的底部称为螺纹的牙底。螺纹是零件上一种常见的标准结构要素，加工在零件外表面上的螺纹称为外螺纹，加工在零件孔腔内表面的螺纹称为内螺纹，如图 8-1（a）、（b）所示。

螺纹的加工方法有很多种，在车床上车削内、外螺纹，将工件装卡在与车床主轴相连的卡盘上，使它随主轴作等速旋转，同时使车刀沿轴线方向作等速移动，则当刀尖切入工件达一定深度时，就在工件的内、外表面上车制出螺纹，如图 8-1（a）、（b）所示。加工直径比较小的外螺纹可以用板牙加工，直径比较小的内螺纹可以用丝锥加工，但丝锥攻内螺纹前需用钻头钻出光孔，板牙、丝锥如图 8-1（c）所示。

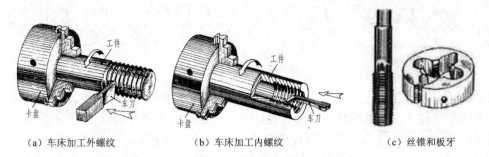

(a) 车床加工外螺纹　　(b) 车床加工内螺纹　　(c) 丝锥和板牙

图 8-1　螺纹加工方法

为了防止螺纹端部损坏和便于安装，通常在螺纹的起始处做出圆锥形的倒角或球面形的倒圆，如图 8-2 所示。

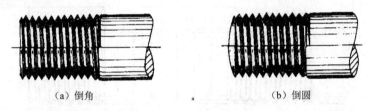

(a) 倒角　　(b) 倒圆

图 8-2　螺纹端部倒角和倒圆

车削螺纹，加工到螺纹末端时刀具要逐渐退出切削，由此会造成螺纹末尾部分的牙型不够完整，这一段不完整的牙型部分称为螺尾，如图 8-3 所示。在允许的情况下，为了避免产生螺尾，可以预先在螺纹末尾处加工出退刀槽，然后再车削螺纹，以保证螺纹完整。

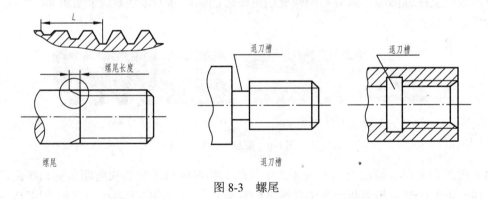

图 8-3　螺尾

2. 螺纹的要素

内、外螺纹一般要成对使用，成对使用的螺纹称为螺纹副。为保证内、外螺纹能够准确旋合，必须满足其五要素完全相同。其中，螺纹五要素包括牙型、直径、螺距、线数和旋向。

（1）螺纹的牙型　　在通过螺纹轴线的剖面上，螺纹的轮廓形状称为螺纹牙型。常见的牙型有三角形、梯形、锯齿形、矩形等，如图 8-4 所示。牙型不同，作用也不相同。起连接作用的螺纹称为连接螺纹，常用的有普通螺纹和管螺纹，牙型为三角形；起传动作用的螺纹称为传动螺纹，常用的有梯形螺纹和锯齿形螺纹。

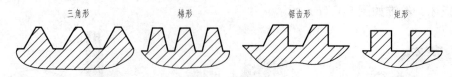

图 8-4　螺纹的牙型

（2）直径　螺纹直径分为大径、小径和中径，如图 8-5 所示。与外螺纹牙顶或内螺纹牙底相重合的假想圆柱或圆锥面的直径称为大径，内、外螺纹的大径分别以 D 和 d 表示。与外螺纹牙底或内螺纹牙顶相重合的假想圆柱或圆锥面的直径称为小径，内、外螺纹的小径分别以 D_1 和 d_1 表示。中径是一个假想圆柱或圆锥的直径，该圆柱或圆锥的母线（称为中径线）通过牙型上沟槽和凸起宽度相等的地方，内、外螺纹的中径分别以 D_2 和 d_2 表示。

公称直径是代表螺纹尺寸的直径，普通螺纹、梯形螺纹、锯齿形螺纹的公称直径都是大径。

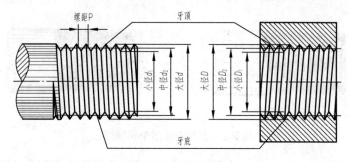

图 8-5　螺纹的直径

（3）螺纹的线数　螺纹有单线和多线之分。沿一条螺旋线所形成的螺纹称为单线螺纹；沿两条或两条以上在轴向等距离分布的螺旋线所形成的螺纹称为多线螺纹，如图 8-6 所示。螺纹的线数用 n 表示。

图 8-6　螺纹的线数

（4）螺距和导程　螺纹上相邻两牙在中径线上的对应点之间的轴向距离称为螺距，用 P 表示。同一条螺纹线上相邻两牙在中径线上的对应点之间的轴向距离称为导程，用 P_h 表示。螺距与导程的关系为螺距=导程/线数。因此，单线螺纹的螺距 $P=P_h$，多线螺纹的螺距 $P=P_h/n$，如图 8-7 所示。

（5）螺纹的旋向　螺纹有右旋和左旋之分，若顺着螺杆旋进方向观察，顺时针旋转时旋入的螺纹称为右旋螺纹，逆时针旋转时旋入的螺纹称为左旋螺纹，如图 8-8 所示。

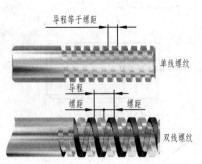

图 8-7 螺纹的线数、螺距和导程

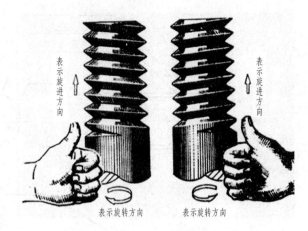

图 8-8 螺纹的旋向

在螺纹的五个要素中，螺纹牙型、大径和螺距是决定螺纹的基本要素，国家标准对其做了统一规定，这三个要素都符合国家标准的称为标准螺纹，比如普通螺纹、管螺纹、梯形螺纹、锯齿形螺纹等。牙型符合国标规定，大径和螺距不符合国标的螺纹，称为特殊螺纹。牙型不符合国标规定的螺纹，称为非标准螺纹，比如矩形螺纹。

8.1.2 螺纹的规定画法

绘制螺纹的真实投影是十分烦琐的事情，并且在实际生产中也没有必要这样做。为了简化作图，国家标准（GB／T 4459.1—1995）对螺纹的画法作了规定。

1. 外螺纹的画法

在平行于螺纹轴线的视图上，螺纹大径（牙顶）画粗实线，小径（牙底）画细实线，并画出螺杆的倒角或倒圆部分，小径近似的画成大径的 0.85 倍，螺纹终止线画粗实线，并画到大径处。螺纹收尾线通常不画出，如果要画出螺纹收尾，则画成斜线，其倾斜角度与轴线成 30°；在垂直于螺纹轴线的投影面的视图中，螺纹大径（牙顶圆）用粗实线表示，螺纹小径（牙底圆）的细实线，并只画约 3/4 圆表示，此时轴与孔上的倒角投影省略不画出，如图 8-9 所示，外螺纹分别在剖切和不进行剖切时的画法。

2. 内螺纹的画法

在平行于轴线的视图上，一般画成全剖视图，螺纹小径画粗实线，且不画入倒角区，大径画细实线，小径画成大径的 0.85 倍，剖面线画到粗实线处。绘制不通孔时，要分别画出螺纹终止线（粗实线）和钻孔深度线，一般不通的钻孔深度比螺纹长度要长约 $0.5D$，锥角 120°。在投影为圆的视图上，小径画粗实线，大径画细实线 3/4 圆，倒角圆省略不画，如图 8-10 所示。

钻头端部有一圆锥，锥顶角为 118°，钻孔时，不通孔（称为盲孔）底部造成一锥面，在画图时钻孔底部锥面的顶角要画出，可简化为 120°，一般不需要标注。

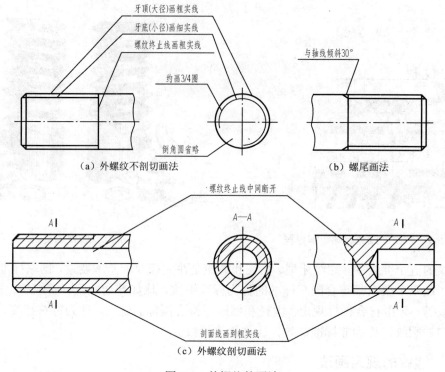

图 8-9 外螺纹的画法

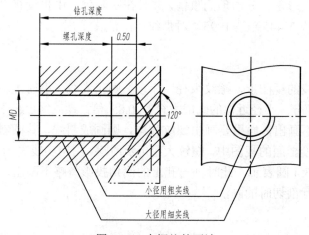

图 8-10 内螺纹的画法

3. 内外螺纹旋合的画法

当内外螺纹连接时通常用剖视表示，其画法规定：其连接旋合部分按外螺纹画，其余部分按各自画法表示。表示大、小径的粗、细实线应分别对齐，如图 8-11 所示。

4. 非标准螺纹的画法

画非标准螺纹时，应画出螺纹牙型，并标注出所需的尺寸及有关的要求，如图 8-12 所示。

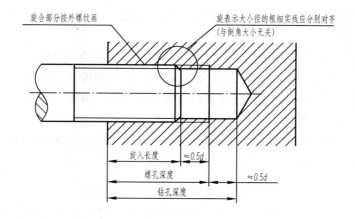

图 8-11 内外螺纹旋合画法

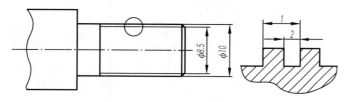

图 8-12 非标准螺纹的画法

5. 螺纹孔相贯的画法

螺纹孔相交时只画出钻孔的相交线，如图 8-13 所示。

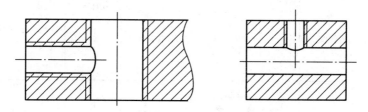

图 8-13 螺纹孔相交画法

6. 注意事项

（1）可见螺纹的牙顶用粗实线表示，可见螺纹的牙底用细实线表示（当外螺纹画出倒角或倒圆时，应将表示牙底的细实线画入圆角或倒圆部分）。在垂直于螺纹轴线的投影面的视图（投影为圆的视图）中，表示牙底的细实线圆只画约 3/4 圈（空出的约 1/4 圈的位置不作规定），此时，螺杆（外螺纹）或螺孔（内螺纹）上的倒角的投影不应画出。

（2）有效螺纹的终止界线（简称螺纹终止线）用粗实线表示。

（3）无论是外螺纹或内螺纹，在剖视或断面图中的剖面线都必须画到牙顶粗实线处。

（4）不可见螺纹的所有图线用虚线绘制。

8.1.3 螺纹的种类和标注方法

1. 螺纹的种类

螺纹按用途分为两类：连接螺纹和传动螺纹。常见的连接螺纹有三种：粗牙普通螺纹、细牙普通螺纹和管螺纹，用于各种紧固连接。常见的传动螺纹有两种：梯形螺纹和锯齿形螺纹，用于各种螺旋传动。

连接螺纹的共同特点是牙型均为三角形，其中普通螺纹的牙型角为 60°，管螺纹的牙型角为 55°。普通螺纹在相同的大径下，有几种不同规格的螺距，螺距最大的一种称粗牙普通螺纹，其余称为细牙普通螺纹。细牙普通螺纹多用于细小的精密零件或薄壁零件，管螺纹多用于水管、油管、煤气管等。

每种螺纹都有相应的特征代号（用字母表示），标准螺纹的各参数如大径、螺距等均已规定，设计选用时应查阅相应标准规定。表 8-1 介绍了常用标准螺纹牙型、特征代号及功用。

表 8-1 常用标准螺纹的种类和代号

	螺纹种类	牙型	特征代号	功用
连接螺纹	普通螺纹	普通螺纹（粗牙）		M	用于一般零件的连接，是最常用的连接螺纹
		普通螺纹（细牙）		M	细牙螺纹的螺距较粗牙为小，切深较浅，用于细小的精密零件或薄壁零件上
	管螺纹	55°非密封管螺纹		G	用于非螺纹密封的低压管路的连接
		55°密封的管螺纹		R Rc Rp	用于螺纹密封的中高压管路的连接
传动螺纹	梯形螺纹			Tr	双向传递动力，各种机床上的丝杠多采用这种螺纹
	锯齿形螺纹			B	只能传递单向动力，例如螺旋压力机的传动丝杠就采用这种螺纹

2. 螺纹的标注

因为各种图形的画法相同，所以为了便于区分，还需要在图上进行标注。

1)螺纹的完整标注格式

| 特征代号 | 螺纹大径 | × | 导程 | (螺距P) | 旋向 | —螺纹公差带代号—旋合长度代号 |

(1)特征代号。如表8-1所列,如普通螺纹的特征代号为"M"。

(2)公称直径。除管螺纹公称直径为管子内径(单位英寸)之外,其余螺纹公称直径均为大径。

(3)导程(P螺距)。单线螺纹只标导程即可(螺距等于导程),多线螺纹导程、螺距均需标出。粗牙普通螺纹螺距已完全标准化,查表即可,省略标注。

(4)旋向。当旋向为右旋时,不标注;当左旋时要标注"LH"两个大写字母。

(5)公差带代号。由表示公差等级的数字和表示基本偏差的字母(外螺纹用小写字母,内螺纹用大写字母)组成,如5g、6g、6H等。内、外螺纹的公差等级和基本偏差都已有规定。螺纹公差带代号标注时,按顺序标注中径公差带代号及顶径公差带代号,当两公差带代号完全相同时,可只标一项。

(6)旋合长度代号。螺纹旋合长度指两个相互配合的螺纹,沿螺纹轴线方向相互旋合部分的长度(螺纹端倒角不包含在内)。普通螺纹旋合长度分为短(S)、中等(N)、长(L)三组;梯形螺纹分N、L两组。其中旋合长度为N时,省略不标。

2)标准螺纹标注示例

表8-2 标准螺纹的标注

螺纹种类	图例	标注的内容和方式	说明
粗牙普通螺纹	M10-5g6g-S / M10LH-7H-L	M10—5g6g—S(短旋合长度、顶径公差带、中径公差带、螺纹大径) / M10LH—7H—L(长旋合长度、顶径和中径公差带(相同)、左旋)	(1)不标注螺距; (2)右旋螺纹省略标注,左旋螺纹必须标注旋向; (3)旋合长度为中等长度时不标注
细牙普通螺纹	M10×1-6g	M10×1—6g(螺距)	(1)须标注螺距; (2)其他要求同上
非螺纹密封的管螺纹	G1A G1	G1 A(公差等级、尺寸代号)	(1)管螺纹的尺寸代号不是螺纹大径,作图时应根据此查出螺纹大径; (2)只能以旁注的方式引出标注; (3)右旋省略不注
用于密封的圆柱管螺纹	Rp1 Rp1	Rp1(尺寸代号)	

续表

螺纹种类	图例	标注的内容和方式	说　　明
用于密封的圆锥管螺纹	R1/2　Rc1/2	外螺纹 R 1/2 内螺纹 Rc 1/2	
单线梯形螺纹	Tr36×6-8e	Tr36×6-8e 公差带符号 螺距 螺纹大径	(1) 须标注螺距； (2) 多线螺纹还要标注导程； (3) 右旋省略不注，左旋标注 LH； (4) 中等旋合长度 N 不注
多线梯形螺纹	Tr36×12(P6)LH-8e-L	Tr36×12(P6)LH-8e-L 左旋 螺距 导程	

3) 特殊螺纹及非标准螺纹

(1) 对于牙型符合国家标准、直径或螺距不符合标准的特殊螺纹，应在牙型符号前加注"特"字，并标出大径和螺距，如图 8-14 所示。

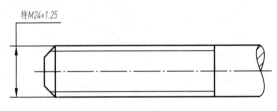

图 8-14　特殊螺纹标注

(2) 绘制非标准牙型的螺纹时，应画出螺纹的牙型，并注出所需要的尺寸及有关要求，如图 8-15 所示。

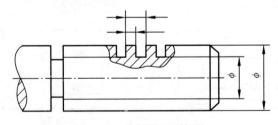

图 8-15　非标准牙型螺纹

4) 螺纹副的标注方法

内、外螺纹旋合一起形成的连接称为螺纹副，其标注方法与螺纹标注方法基本相同。但对于不同类型的螺纹副又稍有区别。

(1) 公称直径为大径的螺纹，螺纹副的标记与螺纹本身标记的唯一区别是，需将内、外螺纹的公差带代号全部标出，并使用斜线"/"隔开，前面为内螺纹公差带代号，后面为外螺纹公差带代号。

（2）非螺纹密封管螺纹，由于内螺纹不标注公差等级代号，因此螺纹副的标记就写成外螺纹的标记，例如 G1/2A。

（3）用螺纹密封的管螺纹副，由于内、外螺纹的标记只是螺纹特征代号不同，标记中需将内、外螺纹特征代号都写上，内螺纹在前，外螺纹在后，中间用斜线"/"隔开，例如 R_p/R_1 3/4。

（4）国家标准规定，在装配图上应注出螺纹副的标记。

对于标准螺纹，其标记应直接标注在大径的尺寸线或其引出线上；对于管螺纹，其标记应通过引出线由配合部分的大径处引出标注，如图 8-16 所示

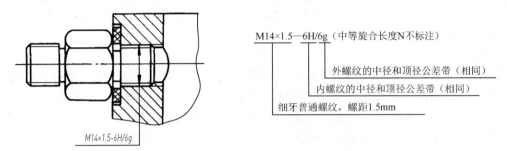

图 8-16 螺纹副的标注及说明

8.2 螺纹紧固件连接

8.2.1 常用螺纹紧固件的种类与用途

螺纹紧固件指的是通过螺纹旋合起到紧固、连接作用的零件。常用螺纹紧固件有螺栓、螺钉、双头螺柱、螺母和垫圈等，它们均为标准件，如图 8-17 所示，在机械设计过程中，不必单独画出紧固件的零件图，只需在装配图中按规定画出他们之间的连接，并根据国家标准标注出即可。

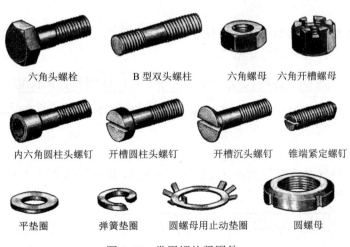

图 8-17 常用螺纹紧固件

1）螺栓

螺栓由螺栓头和螺栓杆两部分组成，头部形状以六角形应用最多，常用等级为 A 级和 B 级，同时又有全螺纹和部分螺纹以及粗细杆之分。螺栓需与螺母配合，用于紧固连接两个带有通孔的零件，这种连接形式称螺栓连接。如把螺母从螺栓上旋下，又可以使这两个零件分开，故螺栓连接是属于可拆卸连接。

2）双头螺柱

双头螺柱两头加工有螺纹，一端旋入被连接件的预制螺纹孔中，称为旋入端；另一端与螺母旋合，紧固另一个被连接件，称为紧固端。在结构上分为 A 级和 B 级两种。A 级的要在规格尺寸前标注"A"字样，B 级的可省略不标。主要用于被连接零件之一厚度较大、要求结构紧凑，或因拆卸频繁，不宜采用螺栓连接的场合。

3）螺钉

螺钉也是由头部和螺杆两部分构成的一类紧固件，按用途可以分为连接螺钉和紧定螺钉。前者用于连接，根据头部形状不同分为开槽圆柱头螺钉、开槽沉头螺钉、开槽盘头螺钉等。后者主要用于防止两相配的零件之间发生相对运动，有开槽平端、开槽锥端、内六角平端紧定螺钉等。螺钉连接多用于受力不大的零件之间的连接。连接的两个件，一个加工有通孔，一个一般为不通的螺纹孔。

4）螺母

螺母带有内螺纹孔，形状一般为扁六角柱形，也有呈扁方柱形或扁圆柱形，配合螺栓、螺柱或连接螺钉，用于紧固连接两个零件，使之成为一件整体。

5）垫圈

垫圈形状呈扁圆环形的一类紧固件。置于螺栓、螺钉或螺母的支撑面与连接零件表面之间，起着增大被连接零件接触表面面积，降低单位面积压力和保护被连接零件表面不被损坏的作用；另一类弹性垫圈，还能起着阻止螺母回松的作用。

8.2.2 螺纹紧固件的标记

1）螺栓

决定螺栓的规格尺寸为螺纹公称直径 d 及螺栓长度 L，选定一种螺栓后，其他各部分尺寸可根据有关标准查得。螺栓的标记形式：

| 名称 | 标准代号 | 特征代号 | 公称直径 | × | 公称长度 |

例如：螺栓 GB/T5782—2000 M24×70，是指公称直径 $d=24$，公称长度 $L=70$（不包括头部）的螺栓。

2）双头螺柱

双头螺柱的规格尺寸为螺柱直径 d 及紧固端长度 L，其他各部分尺寸可根据有关标准查得。双头螺柱的标记形式：

| 名称 | 标准代号 | 特征代号 | 公称直径 | × | 公称长度 |

例如：螺柱 GB/T898—1988 M24×50，是指公称直径 $d=24$，公称长度 $L=50$（不包括旋入端）的双头螺柱。

3）螺钉

螺钉规格尺寸为螺钉直径 d 及长度 L，可根据需要从标准中选用。螺钉的标记形式：

| 名称 | 标准代号 | 特征代号 | 公称直径×公称长度 |

例如：螺钉 GB/T65－2000 M10×40，是指公称直径 $d=10$，公称长度 $L=40$（不包括头部）的螺钉。

4）螺母

螺母的规格尺寸为螺纹公称直径 D，选定一种螺母后，其各部分尺寸可根据有关标准查得。螺母的标记形式：

| 名称 | 标准代号 | 特征代号 | 公称直径 |

例如：螺母 GB/T6170－2000 M24，指螺纹规格 $D=M24$ 的螺母。

5）垫圈

选择垫圈的规格尺寸为螺栓直径 d，垫圈选定后，其各部分尺寸可根据有关标准查得。平垫圈的标记形式：

| 名称 | 标准代号 | 规格尺寸－性能等级 |

弹簧垫圈的标记形式：

| 名称 | 标准代号 | 规格尺寸 |

例如：垫圈 GB/T97.1－1985 16－140HV，指规格尺寸 $d=16$，性能等级为 140HV 的平垫圈。
垫圈 GB/T93－1987 20，指规格尺寸为 $d=20$ 的弹簧垫圈。
常用螺纹紧固件的标记见表 8-3。

表 8-3 常用螺纹紧固件的标记

名　　称	图　　例	规定标记
六角头螺栓——A 级和 B 级		螺栓 GB/T 5782－2000 d×L
双头螺柱		螺柱 GB/T 897－1988 d×L
开槽沉头螺栓		螺钉 GB/T 68－2000 d×L

续表

名　称	图　例	规定标记
开槽锥端锁定螺钉		螺钉 GB/T 75—1985 d×L
I 型六角螺母——A 级和 B 级		螺母 GB/T 6170—2000 D
I 型六角开槽螺母——A 级和 B 级		螺母 GB/T 6178—2000 D
平垫圈——A 级		垫圈 GB/T 97.1—2002 d
标准型弹簧垫圈		垫圈 GB/T 93—1987 d

8.2.3　螺纹紧固件的画法

绘制螺纹紧固件，一般有两种画法：

（1）根据已知螺纹连接件的规格尺寸，从相应的标准中查出各部分的具体尺寸。

如绘制螺栓 GB/T 5780 M20×80 的图形，从表 8-4 六角头螺栓标准中查得各部分尺寸（mm）如下：

螺栓直径 d=20　　螺栓头厚 k=12.5　　螺纹长度 b=40　　公称长度 l=80

六角头对边距 s=30　　六角头对边距 e=32.95

根据以上尺寸即可绘制螺栓零件图。

表 8-4　六角头螺栓　　　　　　　　　　　　　　（单位：mm）

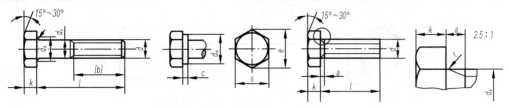

六角头螺栓 C 级（摘自 GB/T 5780—2000）　　　六角头螺栓全螺纹 C 级（摘自 GB/T 5781—2000）

标记示例：
螺纹规格 d=M12，公称长度 l=80mm，C 级的六角头螺栓
螺栓 GB/T 5780　M12×80

螺纹规格 d		M5	M6	M8	M10	M12	(M14)	M16	(M18)	M20	(M22)	M24	(M27)
b 参考	l≤125	16	18	22	26	30	34	38	42	40	50	54	60
	125<l≤200	—	—	28	32	36	40	44	48	52	56	60	66
	l>200	—	—	—	—	—	53	57	61	65	69	73	79
c	max	0.5			0.6				0.8				
d_a	max	6	7.2	10.2	12.2	14.7	16.7	18.7	21.2	24.4	26.4	28.4	32.4
d_s	max	5.48	6.48	8.58	10.58	12.7	14.7	16.7	187	20.8	22.84	24.84	27.84
d_w	min	6.74	8.74	11.47	14.47	16.47	19.95	22	24.85	27.7	31.35	33.25	38
a	max	3.2	4	5	6	7	6	8	7.5	10	7.5	12	9
e	min	8.63	10.89	14.2	17.59	19.85	22.78	26.17	29.56	32.95	37.20	39.55	45.2
k	公称	3.5	4	5.3	6.4	7.5	8.8	10	11.5	12.5	14	15	17
r	min	0.2	0.25	0.4	0.4	0.6	0.6	0.6	0.6	0.8	1	0.8	1
s	max	8	10	13	16	18	21	24	27	30	34	36	41
l 范围	GB/T 5780—2000	25～50	30～60	35～80	40～100	45～120	60～140	55～160	80～180	65～200	90～220	80～240	100～260
	GB/T 5781—2000	10～50	12～60	16～80	20～100	25～120	30～140	35～160	35～160	40～200	15～220	50～240	55～280

（2）在实际画图中常常根据螺纹公称直径 d、D 按比例关系计算出各部分的尺寸，近似画出螺纹连接件，绘制的尺寸数值可用近似计算方法求得。用比例关系计算各部分尺寸绘制紧固件及其连接件时，作图比较方便，但如需标注尺寸，还需从相应的标准中查得，并按规定标注。下两节将详细介绍常用紧固件比例画法和常用紧固件连接的比例画法。

8.2.4　螺纹紧固件的比例画法

螺纹紧固件各部分尺寸可以从相应国家标准中查出，但在绘图时为了简便和提高效率，大多不必查表绘图而是采用比例画法。所谓比例画法就是当螺纹大径选定后，除了螺栓等紧固件的有效长度要根据被连接零件实际情况确定外，紧固件的其他各部分尺寸都要与紧固件的螺纹大径 d（或 D）成一定比例的数值来作图的方法。

下面分别介绍螺栓、双头螺柱、螺钉、六角螺母和垫圈的比例画法。

1. 螺栓

决定螺栓的规格尺寸为螺纹公称直径 d 及螺栓长度 L。

六角头螺栓各部分尺寸与螺纹大径 d 的比例关系如图 8-18 所示，螺栓头部除厚度为 $0.7d$ 外，其余尺寸的比例关系和画法与六角螺母相同。

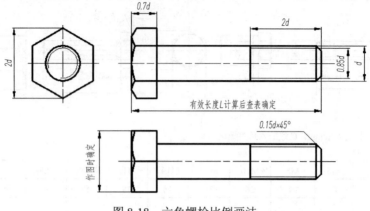

图 8-18　六角螺栓比例画法

2. 双头螺柱

双头螺柱的外形可按图 8-19 的简化画法绘制，其各部分尺寸与大径 d 的比例关系如图中所示。

图 8-19　双头螺柱比例画法

3. 螺钉

螺钉的外形可按图 8-20 的简化画法绘制，其各部分尺寸与大径 d 的比例关系如图中所示。

4. 六角螺母

六角螺母各部分尺寸及其表面上用几段圆弧表示的交线，都以螺纹大径 d 的比例关系画出，如图 8-21 所示。

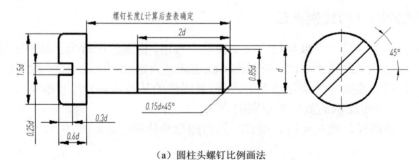

（a）圆柱头螺钉比例画法

图 8-20　螺钉的简化画法

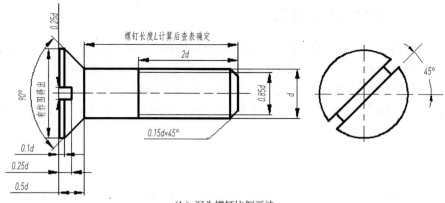

（b）沉头螺钉比例画法

图 8-20　螺钉的简化画法（续）

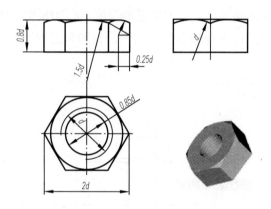

图 8-21　六角螺母比例画法

5. 垫圈

垫圈分为平垫圈和弹簧垫圈，决定垫圈规格的尺寸为与之相配合的螺栓直径 d。垫圈各部分尺寸及与它相配合的螺纹紧固件的大径 d 的比例关系如图 8-22 所示。弹簧垫圈装置在螺母下面用来防止螺母松动，注意旋向。

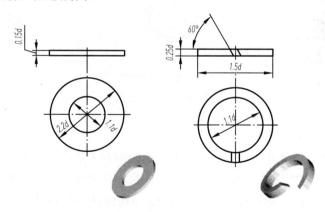

图 8-22　垫圈比例画法

8.2.5 螺纹紧固件连接的画法

根据两被连接件的结构和工艺要求，螺纹紧固件连接的基本形式有三种，即螺栓连接、双头螺柱连接和螺钉连接。在画螺纹紧固件连接装配图时首先作如下规定：

当剖切平面通过螺杆的轴线时，螺栓、螺柱、螺钉及螺母、垫圈等均按未剖切绘制。

在剖视图上，相接触的两个零件的剖面线的方向或间隔应不同，同一零件在各视图上的剖面线的方向和间隔必须一致。

1. 螺栓连接

螺栓用来连接两个不太厚并能钻成通孔的零件。螺栓连接的特点：用螺栓穿过两个零件的光孔，加上垫圈，用螺母紧固。其中垫圈用来增大支撑面面积和防止损伤被连接的表面。螺栓公称长度 L 可按下式估算：

$$l = \delta_1 + \delta_2 + m + h + a$$

式中，δ_1 和 δ_2 为两被连接件的厚度，m 为螺母的厚度，h 为垫圈的厚度，a 为螺栓伸出螺母外的长度，$a \approx 0.3d$，然后查国标选取相近的标准值，如图 8-23 所示。螺栓连接比例画法和简化画法如图 8-24 所示。

注意：螺栓的螺纹终止线应高于结合面，而低于上端面。

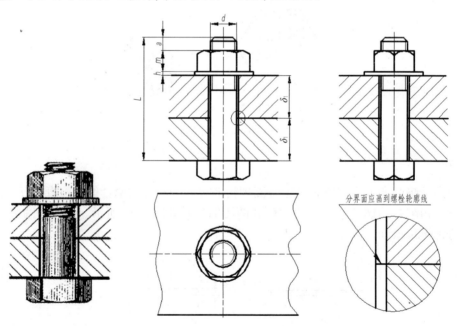

图 8-23 螺栓连接画法

2. 双头螺柱连接

当两个被连接件的零件其中一个较厚，因结构的限制不适宜用螺栓连接时，常采用双头螺柱连接。双头螺柱连接的特点是一端全部旋入被连接零件的螺孔中，另外一端通过被连接件的光孔，用螺母、垫圈紧固。螺柱旋入端的长度 b_m 与连接件的材料有关，当连接件的材料为钢或青铜等硬材料时，选用 $b_m = d$ 的螺柱；当为铸铁时选用 $b_m = 1.25d$ 的螺柱；为铝时选用 $b_m = 2d$

的螺柱。螺柱公称长度 L 可按下式估算：

$$L = \delta + m + h + a$$

式中，δ 为被连接件的厚度，m 为螺母的厚度，h 为垫圈的厚度，a 为螺栓伸出螺母外的长度，$a \approx 0.3d$，然后查国标选取相近的标准值，如图 8-25 所示。螺柱连接比例画法和简化画法如图 8-26 所示。

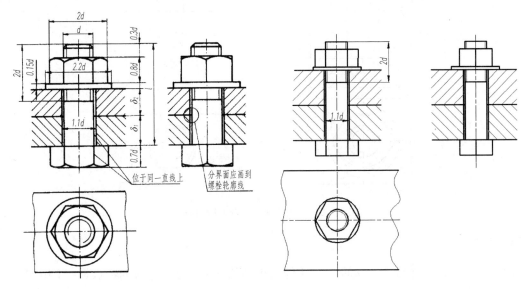

图 8-24　螺栓连接比例画法和简化画法

注意：画图时旋入端的螺纹终止线与被连接零件上的螺孔的端面平齐，表示旋入端已足够的拧紧。

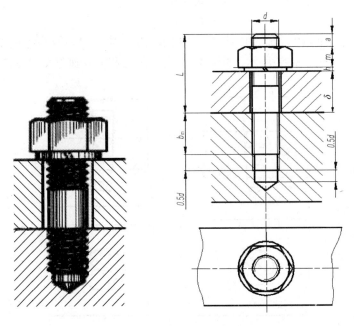

图 8-25　双头螺柱连接

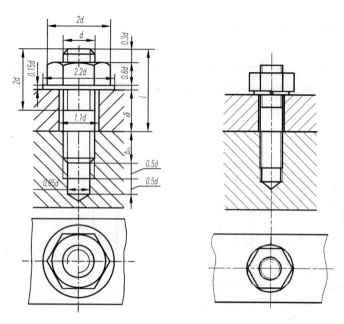

图 8-26 双头螺柱连接比例画法和简化画法

3. 螺钉连接

螺钉连接一般用于受力不大而又不需经常拆装的地方。螺钉连接的特点是：不用螺母，仅靠螺钉与一个零件上的螺孔连接。圆柱头螺钉是以钉头的底平面作为画螺钉的定位面，而沉头螺钉则是以锥面作为画螺钉的定位面。为了使螺钉头能压紧被连接零件，螺纹终止线应高于螺孔顶面。在垂直于螺钉轴线的投影面上，起子槽通常画成倾斜 45° 的粗实线，当槽宽小于 2mm 时，可涂黑表示。螺钉公称长度 L 可按下式估算：

$$L = \delta + b_m$$

式中，δ 为被连接件的厚度，b_m 为螺钉旋入端的长度，其选取与双头螺柱相同，然后查国标选取相近的标准值，如图 8-27 所示。螺钉连接比例画法和简化画法如图 8-28 所示。

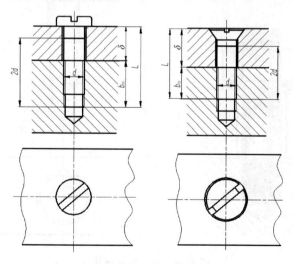

图 8-27 螺钉连接

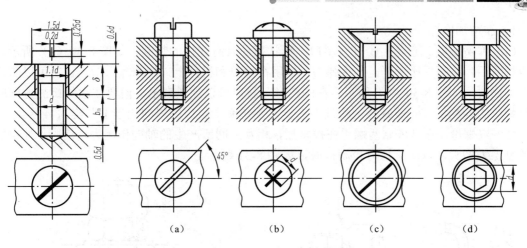

图 8-28 螺钉连接比例画法和简化画法

与螺栓、双头螺柱和螺钉不同,紧定螺钉不是利用旋紧螺纹产生轴向压力压紧机件起固定作用。紧定螺钉用于防止两相配零件中发生相对运动,紧定螺钉的端部形状有柱端、锥端和平端三种。如图 8-29 所示,柱端紧定螺钉利用其端部小圆柱插入机件小孔或环槽中起定位、固定作用,阻止机件移动。

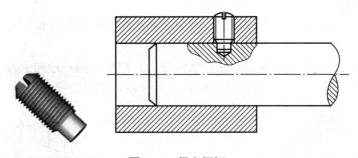

图 8-29 紧定螺钉

4. 螺纹紧固件连接画法的一般规定

(1) 两零件表面接触时,画一条粗实线,不接触时画两条粗实线,间隙过小时应夸大画出;

(2) 当剖切平面通过螺杆的轴线时,螺柱、螺栓、螺钉、螺母及垫圈等均按不剖切绘制,螺纹连接件的工艺结构如倒角、退刀槽等均可省略不画;

(3) 在剖视图中,相邻两零件可用剖面线的方向或间距来区分。

5. 防松装置及其画法

在变载荷或连续冲击和振动载荷下,螺纹连接常会自动松脱,这样很容易引起机器或部件不能正常使用,甚至发生严重事故。因此在使用螺纹紧固件进行连接时,有时还需要有防松装置。

防松装置大致可以分为两类,一类是靠增加摩擦力,另一类是靠机械固定。

1）靠增加摩擦力

（1）弹簧垫圈。它是一个开有斜口、形状扭曲具有弹性的垫圈，如图 8-30（a）所示。当螺母拧紧后，垫圈受压变平，产生弹力，作用在螺母和机件上，使摩擦力增大，就可以防止螺母自动松脱，如图 8-30（b）所示。在画图时，斜口可以涂黑表示，但要注意斜口的方向应与螺栓螺纹旋向相反（一般螺栓上螺纹为右旋，则垫圈上斜口的斜向相当于左旋）。

（2）双螺母。它是依靠两螺母在拧紧后，相互之间所产生的轴向作用力，使内、外螺纹之间的摩擦力增大，以防止螺母自动松脱，如图 8-31 所示。

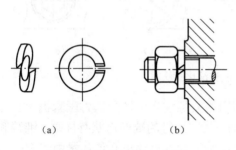

（a）　　　　　　　　（b）

图 8-30　弹簧垫圈防松结构

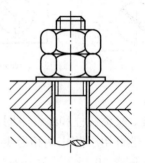

图 8-31　双螺母防松结构

2）靠机械固定

（1）开口销。如图 8-32 所示，用开口销直接将六角开槽螺母与螺杆穿插在一起，以防止松脱。

（2）止动垫片。如图 8-33 所示，在拧紧螺母后，把垫片的一边向上敲弯与螺母紧贴；而另一边向下敲弯与机件贴紧。这样，螺母就被垫片卡住，不能松脱。

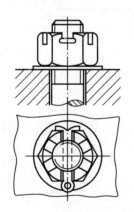

图 8-32　开口销防松结构

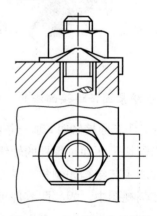

图 8-33　止动垫片防松结构

（3）止动垫圈。如图 8-34 所示，这种垫圈为圆螺母专用，用来固定轴端零件，如图 8-35 所示，为了防止螺母松脱。在轴端开出一个方槽，把止动垫圈套在轴上，使垫圈内圆上突起的小片卡在轴槽中；然后拧紧螺母，并把垫圈外圆上的某小片弯入圆螺母外面的方槽中。这样，圆螺母就不能自动松脱。

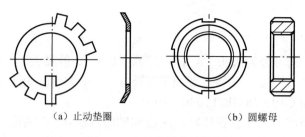

(a) 止动垫圈　　　　　(b) 圆螺母

图 8-34　止动垫圈和圆螺母

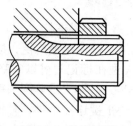

图 8-35　装配情形

8.3　键、销连接

机器都是由各种零件装配而成的，零件与零件之间存在着各种不同形式的连接。

8.3.1　键连接

键通常用来连接轴与轴上零件（如齿轮、带轮等），使它们与轴一起转动。键连接具有结构简单、装卸方便、工作可靠及标准化等特点，故在机械中应用极为广泛。

1. 键的种类和标记

常用的键有普通平键、半圆键和钩头楔键三种。普通平键以键的两个侧面为工作面，起传递转矩的作用。半圆键也用键的两个侧面传递转矩，其优点是键及轴上键槽的加工、装配方便，缺点是轴上的键槽较深。钩头楔键的顶面为一个 1∶100 的斜面，用于静连接，利用键的顶面和底面使轴上零件固定，不能沿轴向移动。钩头楔键的两侧为较松的间隙配合。它们的形式、尺寸和规定标记如表 8-5 所示。

表 8-5　常用键（普通平键、半圆键、钩头楔键）的图例和标记

名称（标准编号）	图　例	规定标记与示例
普通平键 （GB/T 1096—2003）		A 型圆头普通平键，键宽 $b=10$mm，高 $h=8$mm，长 $L=36$mm。标记示例： 　　键 10×36 GB/T 1093—2003
半圆键 （GB/T 1099.1—2003）		半圆键，键宽 $b=6$mm，高 $h=10$mm，$d=25$mm。标记示例： 　　键 $6\times10\times25$ GB/T 1099.1—2003
钩头楔键 （GB/T 1565—2003）		钩头楔键，键宽 $b=8$mm，长 $L=40$mm。标记示例： 　　键 8×40 GB/T 1565—2003

2. 键连接

1) 普通平键连接

普通平键应用最广泛，按轴上键槽结构可分为圆头（A型）、平头（B型）、单圆头（C型）三种。A型在标记时可以省略型号字母"A"，如表8-5所示普通平键连接举例：键10×36 GB/T 1096—2003，如果是单圆头键则标注：键C10×36 GB/T1096—2003。

普通平键连接由键、轴槽和轮毂槽组成。画平键连接时，应已知轴的直径d、键的形式、键的长度L，然后根据轴的直径d的大小，查阅标准选取键和键槽的断面尺寸。普通平键和键槽的断面尺寸及公差（GB/T 1095—2003）如表8-6所示。

表8-6 平键及键槽各部尺寸（摘自GB/T 1095—2003）常用键的图例和标记 （单位：mm）

轴	键	键槽										
		宽度b					深度				半径r	
公称直径d	公称尺寸$b×h$	公称尺寸	极限偏差				轴t		毂t_1			
			较松键联结		一般键联结		较紧键联结	公称尺寸	极限偏差	公称尺寸	极限偏差	最小	最大
			轴H9	毂D10	轴N9	毂Js9	轴和毂P9						
自6～8	2×2	2	+0.025 0	+0.060 +0.020	-0.004 -0.029	±0.0125	-0.006 -0.031	1.2	+0.1 0	1	+0.1 0	0.08	0.16
>8～10	3×3	3						1.8		1.4			
>10～12	4×4	4	+0.030 0	+0.078 +0.030	0 -0.030	±0.015	-0.012 -0.042	2.5		1.8		0.16	0.25
>12～17	5×5	5						3.0		2.3			
>17～22	6×6	6						3.5		2.8			
>22～30	8×7	8	+0.036 0	+0.098 +0.040	0 -0.036	±0.018	-0.015 -0.051	4.0		3.3			
>30～38	10×8	10						5.0		3.3			
>38～44	12×8	12	+0.043 0	+0.120 +0.050	0 -0.043	±0.0215	-0.018 -0.061	5.0	+0.2 0	3.3	+0.2 0	0.25	0.40
>44～50	14×9	14						5.5		3.8			
>50～58	16×10	16						6.0		4.3			
>58～65	18×11	18						7.0		4.4			
>65～75	20×12	20	+0.052 0	+0.149 +0.065	0 -0.052	±0.026	-0.022 -0.074	7.5		4.9		0.40	0.60
>75～85	22×14	22						9.0		5.4			
>85～95	25×14	25						9.0		5.4			
>95～110	28×16	28						10.0		6.4			

普通平键轴槽及轮毂槽结构尺寸画法，如图8-36所示，普通平键连接的画法，如图8-37所示。

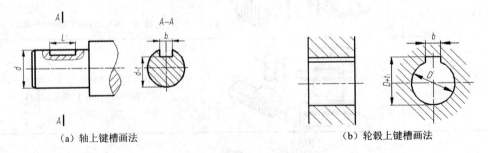

（a）轴上键槽画法　　　　　　　　　（b）轮毂上键槽画法

图8-36 轴槽及轮毂槽结构尺寸画法

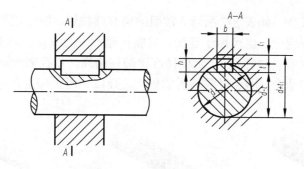

图 8-37 平键连接的画法

注意：普通平键的两侧面是工作表面，键的两侧面与轴、孔的键槽侧面无间隙，应画一条线；键的顶面和轮毂槽的底面之间有间隙，应画两条线；当剖切平面通过轴线及键的对称面时，轴上键槽采用局部剖视，而键按不剖画出；当剖切平面垂直于轴线时，键和轴都应画剖面线。

2) 半圆键连接

半圆键常用在载荷不大的传动轴上，半圆键的连接情况及画法与普通平键相似，如图 8-38 所示。具体尺寸参阅半圆键及键槽的断面尺寸及公差（GB/T1098—2003）。

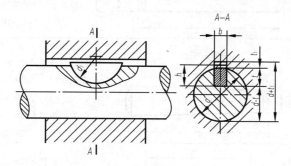

图 8-38 半圆键连接画法

3) 钩头楔键连接

钩头楔键常用于静连接，其连接画法如图 8-39 所示。钩头楔键的顶面有 1∶100 的斜度，装配后其顶面与底面为接触面，画成一条线，侧面应留有一定间隙，画两条线。具体尺寸参阅楔键和键槽的断面尺寸及公差（GB/T1565—2003）。

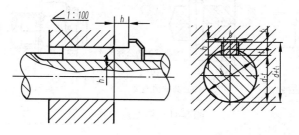

图 8-39 楔形键连接画法

8.3.2 销连接

销在机械设备中，通常用于零件间的定位、连接和锁紧。销是标准件，其规格、尺寸及标记可以从有关标准中查到,如表 8-7 所示。常用的销有圆柱销、圆锥销和开口销等,如图 8-40 所示。圆柱销主要用于定位,也可用于连接,只能传递不大的载荷。圆锥销分为 A、B 两种形式,有 1:50 的锥度(有自锁作用),定位精度比圆柱稍高,销孔需铰制,主要用于定位,也可用于固定零件,传递动力,用于经常装拆的轴上。开口销用于锁定其他紧固件,常与六角槽形螺母配合使用。

圆柱销　　　　　　　圆锥销　　　　　　　开口销

图 8-40 销的种类

表 8-7 常用销的标准号、形式、标记

名称及标准编号	图 例	规定标记示例
圆柱销 GB/T 119.1—2000		公称直径 $d=10$,公称长度为 $l=40$mm,材料为钢,不经淬火,不经表面热处理的圆柱销,其标记为 销 GB/T 119.1 10×40
圆锥销 GB/T 117—2000		公称直径 $d=10$,公称长度 $l=40$mm、材料为 35 钢、热处理硬度 28~38HRC、表面氧化处理、A 型圆锥销,其标记为 销 GB/T 117 10×40 当销为 B 型时,其标记为 销 GB/T 117 B10×40
开口销 GB/T 91—2000		公称直径 $d=8$mm、公称长度 $l=60$mm、材料为 Q235、不经表面处理的开口销,其标记为 销 GB/T 91 8×60

销连接的画法如图 8-41 所示,当剖切平面通过销的轴线时,销按不剖绘制。

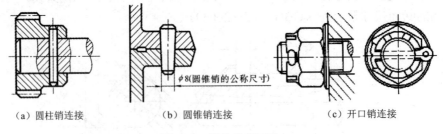

(a)圆柱销连接　　　　　(b)圆锥销连接　　　　　(c)开口销连接

图 8-41 销连接的画法

8.4 滚动轴承

轴承有滑动轴承和滚动轴承两种,它们的作用是支持旋转轴及承受轴上的载荷。由于滚动轴承具有结构紧凑、摩擦阻力小等优点,所以应用广泛。滚动轴承是标准组件,由专门的工厂生产，需用时可根据要求确定其型号，选购即可。在机械设计过程中，无需单独画出滚动轴承的零件图，只需在装配图中按国标规定画出即可。

8.4.1 滚动轴承的结构与分类

滚动轴承的种类很多，但其结构大致相同，通常由外圈、内圈、滚动体（安装在内、外圈的滚道中如滚珠、滚锥等）和隔离圈（又称为保持架）等零件组成，一般情况下，外圈装在机器的孔内，固定不动；内圈套在轴上，随轴转动，具体结构如图 8-42 所示。

滚动轴承按其承受载荷的方向不同，可分为三类：

（1）向心轴承：主要用以承受径向载荷，如深沟球轴承，如图 8-42（a）所示。

（2）推力轴承：用以承受轴向载荷，如推力球轴承，如图 8-42（b）所示。

（3）向心推力轴承：可同时承受径向和轴向的联合载荷，如圆锥滚子轴承，如图 8-42（c）所示。

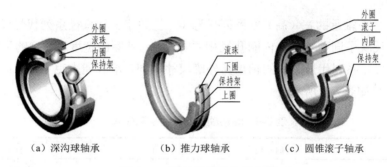

图 8-42　滚动轴承结构和分类

8.4.2 滚动轴承的代号和标记

滚动轴承的种类很多，在各个类型中又可以加工成不同尺寸、结构、精度等级，以便适应不同的使用要求。为统一、方便、规范管理，国家标准规定用代号来表示滚动轴承。代号能表示出滚动轴承的结构、尺寸、公差等级和技术性能等特性。滚动轴承代号用字母加数字组成。完整的代号包括前置代号、基本代号和后置代号三部分，其顺序如下：

$$\boxed{\text{前置代号}}\quad\boxed{\text{基本代号}}\quad\boxed{\text{后置代号}}$$

前置代号用字母表示，后置代号用字母（或加数字）表示。前置、后置代号是轴承在结构形式、尺寸、公差、技术要求等有变动时，在其基本代号左右添加的代号，其代号含义可查阅有关标准。

1. 基本代号的组成

基本代号表示轴承的基本类型、结构和尺寸，是轴承代号的基础。滚动轴承（滚针轴承除外）基本代号由轴承类型代号、尺寸系列代号和内径代号组成，其顺序如下：

$$\boxed{\text{轴承类型代号}}\quad\boxed{\text{尺寸系列代号}}\quad\boxed{\text{内径代号}}$$

1）轴承类型代号

轴承类型代号用数字或字母表示，具体含义见表 8-8。

表 8-8 滚动轴承的类型代号

代 号	轴承类型	代 号	轴承类型
0	双列角接触球轴承	N	圆柱滚子轴承
1	调心球轴承		双列或多列用字母 NN 表示
2	调心滚子轴承和推力调心滚子轴承	U	外球面球轴承
3	圆锥滚子轴承	QJ	四点接触球轴承
4	双列深沟球轴承		
5	推力球轴承		
6	深沟球轴承		
7	角接触球轴承		
8	推力圆柱滚子轴承		

2）尺寸系列代号

尺寸系列代号由轴承的宽（高）度系列代号（一位数字）和直径系列代号（一位数字）左右排列组成。它反映了同种轴承在内圈孔径相同时，内、外圈的宽度、厚度的不同及滚动体大小不同。显然，尺寸系列代号不同的轴承其外廓尺寸不同，承载能力也不同。向心轴承、推力轴承尺寸系列代号如表 8-9 所示。

表 8-9 滚动轴承的尺寸系列代号

直径系列代号	向心轴承								推力轴承			
	宽度系列代号								高度系列代号			
	8	0	1	2	3	4	5	6	7	9	1	2
	尺寸系列代号											
7	—	—	17	—	37	—	—	—	—	—	—	—
8	—	08	18	28	38	48	58	68	—	—	—	—
9	—	09	19	29	39	49	59	69	—	—	—	—
0	—	00	10	20	30	40	50	60	70	90	10	—
1	—	01	11	21	31	41	51	61	71	91	11	—
2	82	02	12	22	32	42	52	62	72	92	12	22
3	83	03	13	23	33	—	—	—	73	93	13	23
4	—	04	—	24	—	—	—	—	74	94	14	24
5	—	—	—	—	—	—	—	—	—	95	—	—

尺寸系列代号有时可以省略：除圆锥滚子轴承外，其余各类轴承宽度系列代号"0"均省略；深沟球轴承和角接触球轴承的 10 尺寸系列代号中的"1"可以省略；双列深沟球轴承的宽度系列代号"2"可以省略。

3）内径代号

内径代号表示滚动轴承内圈孔径。内圈孔径称为"轴承公称内径"，因其与轴产生配合，是一个重要参数，内径代号如表 8-10 所示。

第8章 标准件与常用件

表 8-10 滚动轴承的内径代号

轴承公称内径/mm		内径代号	示　例
0.6～10（非整数）		用公称内径毫米数直接表示，在其与尺寸系列代号之间用"/"分开	深沟球轴承 618/2.5 $d=2.5$mm
1～9（整数）		用公称内径毫米数直接表示，对深沟及角接触球轴承 7、8、9 直径系列，内径与尺寸系列代号之间用"/"分开	深沟球轴承 62/5 618/5 $d=5$mm
10～17	10	00	深沟球轴承 6200 $d=10$mm
	12	01	
	15	02	
	17	03	
20～480 （22、28、32 除外）		公称内径除以 5 的商数，商数为个位数，需在商数左边加"0"，如 08	调心滚子轴承 23208 $d=40$mm
≥500 及 22、28、32		用公称内径毫米数直接表示，但在与尺寸系列之间用"/"分开	调心滚子轴承 230/500 $d=500$mm 深沟球轴承 62/22 $d=22$mm

2. 滚动轴承基本代号示例

1）轴承 6208

    6 —类型代号，表示深沟球轴承；

    2 —尺寸系列代号，表示 02 系列（0 省略）；

    08 —内径代号，表示公称内径 40 mm。

2）轴承 320／32

    3 —类型代号，表示圆锥滚子轴承；

    20 —尺寸系列代号，表示 20 系列；

    32 —内径代号，表示公称内径 32 mm。

3）轴承 51203

    5 —类型代号，表示推力球轴承；

    12 —尺寸系列代号，表示 12 系列；

    03 —内径代号，表示公称内径 17 mm。

4）轴承 N1006

    N —类型代号，表示外圈无挡边的圆柱滚子轴承；

    10 —尺寸系列代号，表示 10 系列；

    06 —内径代号，表示公称内径 30 mm。

当只需表示类型时，常将右边的几位数字用 0 表示，如 6000 就表示深沟球轴承，30000 表示圆锥滚子轴承等。关于代号的其他内容可查阅有关手册。

8.4.3 滚动轴承的画法

如前所述，滚动轴承不必画零件图。在装配图中，滚动轴承可以用三种画法来绘制，这三种画法是通用画法、特征画法和规定画法。前两种属简化画法,在同一图样中一般只采用这两种简化画法中的一种。

1. 基本规定

(1)国标中规定的通用画法、特征画法及规定画法中的各种符号、矩形线框和轮廓线均用粗实线绘制。

(2)绘制滚动轴承时,其矩形线框或外形轮廓的大小应与滚动轴承的外形尺寸一致,并与所属图样采用同一比例。

(3)在剖视图中,用简化画法绘制滚动轴承时,一律不画剖面线。采用规定画法时,轴承的滚动体不画剖面线,其各套圈可画成方向和间隔相同的剖面线。在不致引起误会时,也允许省略不画。

2. 滚动轴承基本代号示例

通用画法、特征画法和规定画法,国家标准《机械制图滚动轴承表示法》(GB/T 4459.7—1998)作了规定,如表8-11所示。

表8-11 常用滚动轴承的形式和规定画法

轴承类型和代号	名称和标准号	通用画法	规定画法	特征画法
 60000 型	深沟球轴承 GB/T276—1994	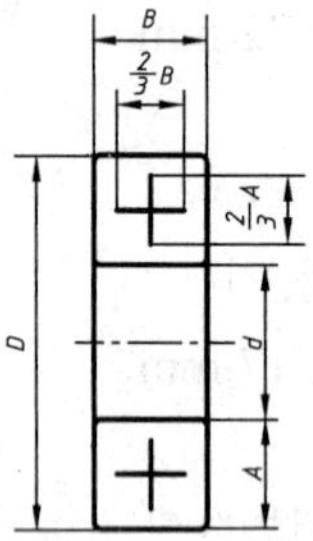	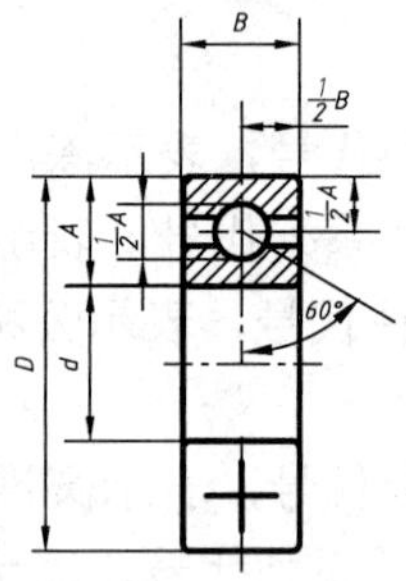	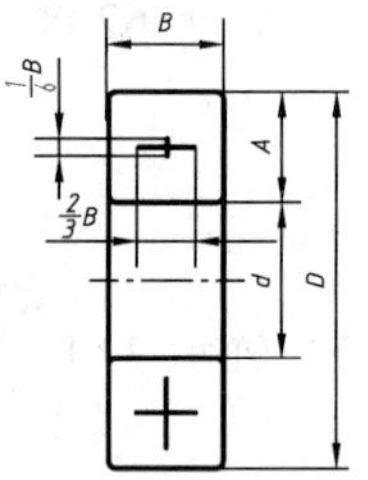
 30000 型	圆锥滚子轴承 GB/T 297—1994		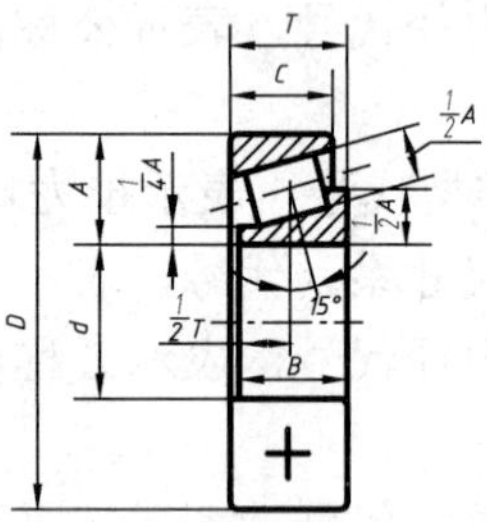	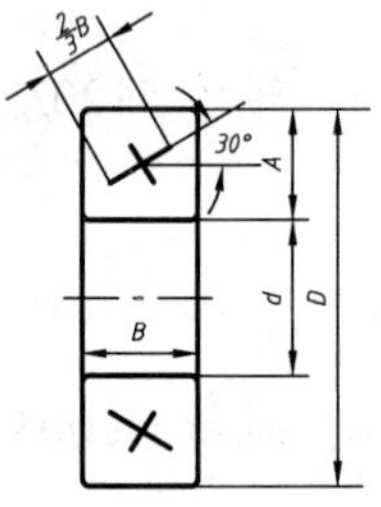
 51000 型	推力球轴承 GB/T 301—1995		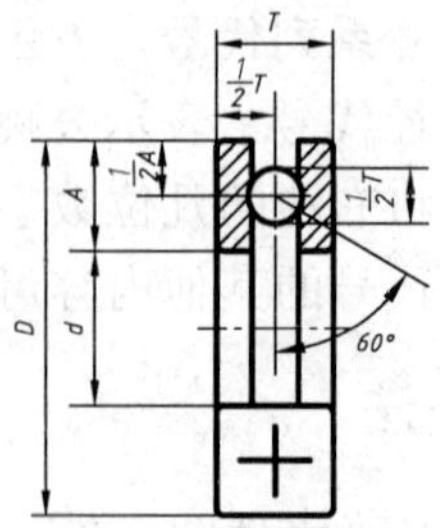	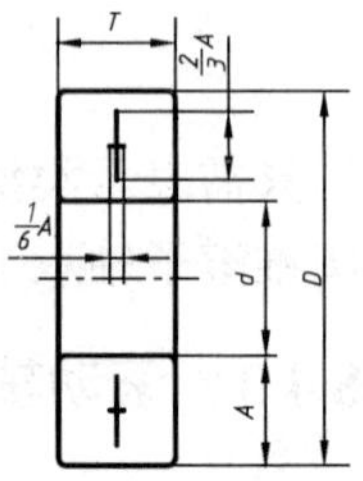

画滚动轴承时要注意以下几点：

（1）根据轴承代号在画图前查标准，确定外径 D、内径 d 和宽度 B。

（2）用简化画法绘制滚动轴承时，滚动轴承剖视图外轮廓按实际尺寸绘制，而轮廓内可用通用画法或特征画法绘制。在同一图样中一般只采用其中一种画法。

（3）在装配图中，只需简单表达滚动轴承的主要结构时，可采用特征画法画出；需详细表达滚动轴承的主要结构时，可采用规定画法。当滚动轴承一侧采用规定画法时，另一侧用通用画法画出即可。

（4）在装配图中，根据 GB/T 4459.7—1998 中的基本规定，表示滚动轴承的各种符号、矩形线框和轮廓线均为粗实线绘制，矩形线框或外形轮廓的大小应与它的外形尺寸一致。在剖视图中，采用特征画法时，一律不画剖面线；采用规定画法时，轴承的滚动体不画剖面线，其一侧外圈和内圈可画成方向和间隔一致的剖面线，在不致引起误解时，也可省略不画；滚动轴承的保持架及倒角可省略不画。

（5）滚动轴承端面图画法，如图 8-43 所示。

（6）滚动轴承装配图画法，如图 8-44 所示。

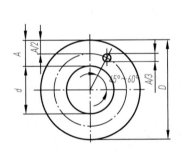

图 8-43　滚动轴承端面图画法

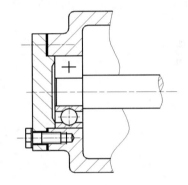

图 8-44　滚动轴承装配图

8.5　齿轮和弹簧

8.5.1　齿轮

齿轮是机器中重要的传动零件，它用来将主动轴的转动传递给从动轴，以完成动力传递、转速及转向的改变。齿轮传动应用极为广泛，具有传动平稳、可靠，效率高，寿命长，结构紧凑，传动速度和功率范围广的优点，但需要专门设备制造。常用的齿轮按照两轴的相互位置不同可以分为三类：

（1）圆柱齿轮传动。用于两平行轴之间的传动，如图 8-45（a）所示。

（2）圆锥齿轮传动。用于两相交轴之间的传动，如图 8-45（b）所示。

（3）蜗轮蜗杆传动。用于两垂直交叉轴之间的传动，如图 8-45（c）所示。

机械制图

（a）圆柱齿轮传动

（b）圆锥齿轮传动

（c）蜗轮蜗杆传动

图 8-45　齿轮传动

按齿轮轮齿方向的不同可分为直齿、斜齿、人字齿等。

按齿轮轮廓曲线的不同分为渐开线、摆线及圆弧等，通常采用渐开线轮廓。

1. 圆柱齿轮的基本参数

在齿轮的参数中，模数和压力角已经标准化，故将模数和压力角符合国家标准的齿轮称为标准齿轮。本小节主要介绍标准具有渐开线齿形的直齿圆柱标准齿轮的基本参数，如图 8-46 所示。

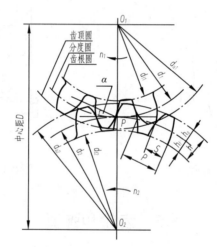

图 8-46　圆柱齿轮各部分名称

（1）齿顶圆（d_a）：通过轮齿顶部的圆。

（2）齿根圆（d_f）：通过轮齿根部的圆。

（3）齿数（z）：齿轮的轮齿个数。

（4）分度圆（d）：齿轮的齿槽宽 e（齿槽齿廓间的弧长）与齿厚 s（轮齿齿廓间的弧长）相等的圆称为分度圆。

（5）齿距（p）：分度圆上相邻两齿对应点的弧长。

（6）齿高（h）：齿顶圆与齿根圆之间的径向距离，$h = h_a + h_f$。

（7）齿顶高（h_a）：齿顶圆与分度圆之间的径向距离。

（8）齿根高（h_f）：齿根圆与分度圆之间的径向距离。

（9）齿宽（b）：齿轮轮齿的宽度（沿齿轮轴线方向度量）。

（10）模数（m）：模数是设计中的重要参数，国家标准规定了模数的系列值，一对相互啮合的齿轮模数必须相同。分度圆周长 $\pi \times d = p \times z$，可得 $d =(p/\pi)z$，令 $p/\pi = m$ 则 $d = mz$，m 即称为模数。模数增大，齿距 p 增大，齿厚 s 也随之增大，齿轮的承载能力增强。齿轮模数标准值，如表 8-12 所示：

表 8-12　圆柱齿轮的模数（GB/T 1357—2008）　　　　　　　　　　　　单位：mm

第一系列	0.1　0.12　0.15　0.2　0.25　0.3　0.4　0.5　0.6　0.8　1　1.25　1.5　2　2.5　3　4　5　6　8　10　12　16　20　25　32　40　50
第二系列	0.35　0.7　0.9　1.75　2.25　2.75　（3.25）　3.5　（3.75）　4.5　5.5　（6.5）7　9　（11）　14　18　22　28　36　45

注：（1）对斜齿轮是指法向模数。
　　（2）选用模数应优先选用第一系列，括号内的模数尽可能不用。

（11）压力角（α）：两齿轮传动时，相啮合的轮齿齿廓在接触点 p 处的受力方向与运动方向的夹角，我国标准齿轮分度圆上的压力角为 20°。

（12）中心距（a）：两啮合齿轮轴线之间的距离。

标准直齿圆柱齿轮各部分的尺寸都是由齿数和模数来确定的。具体计算公式如表 8-13 所示。

表 8-13　标准直齿圆柱齿轮基本结构参数及计算公式

名称	代号	计算公式	说　明
齿数	z	根据设计要求或测绘而定	
模数	m	根据强度设计或测绘而得	
分度圆直径	d	$d=mz$	
齿顶高	h_a	$h_a=m$	
齿根高	h_f	$h_f=1.25m$	z、m 是齿轮的基本参数，设计计算时，先确定 z、m，然后再计算其他各部分尺寸
齿顶圆直径	d_a	$d_a=m(z+2)$	
齿根圆直径	d_f	$d_f=m(z-2.5)$	
齿距	p	$p=\pi m$	
齿厚	s	$s=p/2=\pi m/2$	
中心距	a	$a=(d_1+d_2)/2=m(z_1+z_2)/2$	

2．直齿圆柱齿轮的规定画法

1）单个圆柱齿轮画法
单个圆柱齿轮画法如图 8-47 所示。
（1）在视图中，齿轮的轮齿部分按下列规定绘制，齿顶圆和齿顶线用粗实线表示，分度圆和分度线用细点画线表示，齿根圆和齿根线用细实线表示，也可省略不画。
（2）在剖视图中，当剖切平面通过齿轮的轴线时，轮齿一律按不剖处理。这时，齿根线用粗实线绘制。

(3) 对于斜齿轮，可在非圆的外形图上用三条与轮齿倾斜方向相同的平行的细实线表示轮齿的方向。

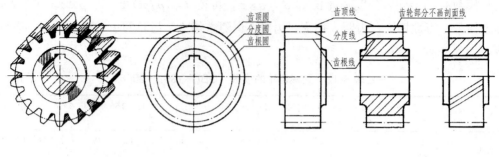

图 8-47 单个圆柱齿轮的画法

在齿轮零件图上不仅要表示出齿轮的形状、尺寸和技术要求，而且要列出制造齿轮所需要的参数和公差值，如图 8-48 圆柱齿轮零件图所示。

2）圆柱齿轮啮合的画法

两标准直齿圆柱齿轮相互啮合时，它们的分度圆处于相切位置。啮合部分的规定画法如下。

(1) 在垂直于圆柱齿轮轴线的投影面的视图上，两齿轮的分度圆应该相切，啮合区内的齿顶圆均用粗实线绘制，如图 8-49（a）所示；其省略画法如图 8-49（b）所示。

(2) 在平行于圆柱齿轮轴线的投影面的外形视图上，啮合区只用粗实线画出分度线，齿顶线和齿根线均不画。在两齿轮其他处的分度线仍用细点画线绘制，如图 8-49（c）所示。

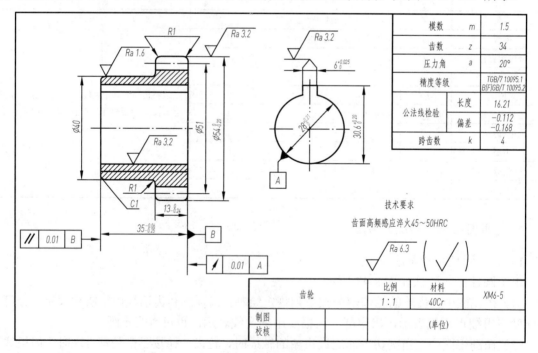

图 8-48 圆柱齿轮零件图

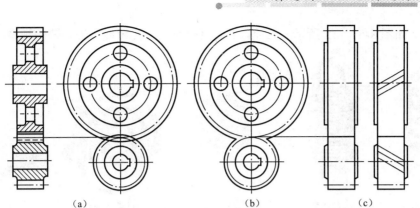

图 8-49　直齿圆柱齿轮啮合的画法

（3）在剖视图中，当剖切平面通过两啮合齿轮的轴线时，在啮合区内，将一个齿轮的轮齿用粗实线绘制；另一个齿轮的轮齿被遮挡的部分用虚线绘制如图 8-50 所示，也可以省略不画。

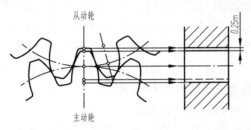

图 8-50　齿轮啮合投影的表示方法

（4）如需表示轮齿的方向时，用三条与轮齿方向一致的细实线表示，画法与单个齿轮相同，如图 8-51 所示。

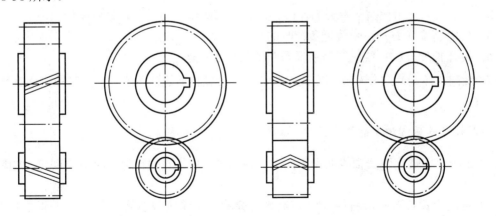

图 8-51　斜齿轮、人字齿轮啮合投影的表示方法

8.5.2　弹簧

弹簧是一种常用件，它的作用是减振、夹紧、储能、测力等。其特点是利用材料的弹性和结构特点，通过变形来储存能量工作，当外力去除后能立即恢复原状。

弹簧的种类很多，常见的有螺旋弹簧、涡卷弹簧和板弹簧等，如图 8-52 所示。根据受力情况不同，螺旋弹簧又分为压缩弹簧（如图 8-52（a）所示）、拉伸弹簧（如图 8-52（b）所示）

和扭转弹簧（如图 8-52（c）所示）三种。下面主要介绍圆柱螺旋压缩弹簧的规定画法和标记。

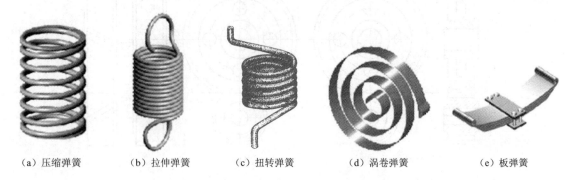

（a）压缩弹簧　　　（b）拉伸弹簧　　　（c）扭转弹簧　　　（d）涡卷弹簧　　　（e）板弹簧

图 8-52　常用的弹簧种类

1. 圆柱螺旋压缩弹簧的各部分名称和尺寸关系

为了使圆柱螺旋压缩弹簧的端面与轴线垂直，在工作时受力均匀，在制造时将两端几圈并紧、磨平。工作时，并紧和磨平部分基本上不产生弹力，仅起支承或固定作用，称为支承圈。两端支承圈总数常用 1.5 圈、2 圈和 2.5 圈三种形式。除支承圈外，中间那些保持相等节距，产生弹力的圈称为有效圈，有效圈数是计算弹簧刚度用到的圈数。有效圈数与支承圈数之和称为总圈数。弹簧参数已标准化，设计时选用即可。

（1）材料直径（d）：绕制弹簧的材料直径。

（2）弹簧内径（D_1）、外径（D_2）和中径（D）：弹簧的最小直径称为弹簧内径；弹簧的最大直径称为弹簧外径；弹簧的平均直径称为弹簧中径。$D_1 = D-d$；$D_2 = D+d$。

（3）有效圈数（n）、支承圈数（n_2）和总圈数（n_1）：$n_1 = n+n_2$，n_2 一般为 1.5、2、2.5。有效圈数按标准选取。

（4）节距（t）：相邻两个有效圈在中径上对应点的轴向距离，按标准选取。

（5）自由高度（H_0）：弹簧无负荷时的高度，$H_0 = nt + (n_2 - 0.5)d$。

（6）展开长度（L）：绕制弹簧所需材料的长度 $L \approx \pi D n_1$。

（7）旋向：弹簧旋向分左旋和右旋，顺时针方向旋转前进的为右旋，逆时针方向旋转前进的为左旋。

2. 圆柱螺旋压缩弹簧的规定画法

（1）在平行于螺旋弹簧轴线的投影面上的视图中，其各圈的轮廓线应画成直线，如图 8-53 所示。

（2）螺旋弹簧均可画成右旋，但对左旋螺旋弹簧，不论画成右旋或左旋，一律要注出旋向"左"字。

（3）螺旋弹簧有效圈数在四圈以上的，中间各圈可以省略不画，如图 8-53（b）所示。当中间各圈省略后，图形的长度可适当缩短，并将两端用细点画线连起来。

（4）弹簧画法实际上只起一个符号作用，因此不论支承圈的圈数多少和并紧情况如何，均可按图 8-53 的形式绘制（支撑圈为 2.5 圈），支承圈数在技术条件中另加说明。

（5）在装配图中，当弹簧中间各圈采用省略画法时，弹簧后面被挡住的结构一般不画，可见部分只画到弹簧钢丝的剖面轮廓或中心线处，如图 8-54（a）所示。

（6）在装配图中，螺旋弹簧被剖切时，簧丝直径小于 2 mm 的剖面可以用涂黑表示。当簧丝直径小于 1 mm 时，可采用示意画法，如图 8-54（b）所示。

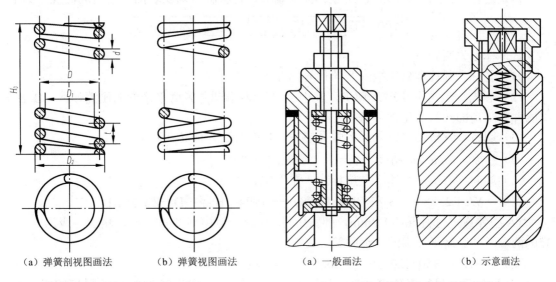

（a）弹簧剖视图画法　　（b）弹簧视图画法　　　　（a）一般画法　　　　　（b）示意画法

图 8-53　螺旋压缩弹簧的画法　　　　　　　　　图 8-54　装配图中的弹簧画法

3．圆柱螺旋压缩弹簧的画图步骤

已知圆柱螺旋压缩弹簧的簧丝直径 $d=6$，弹簧中径 $D=35$，节距 $t=11$，有效圈数 $n=6.5$，右旋，其作图步骤如图 8-55 所示。

（1）算出弹簧自由高度 H_0。用 D 及 H_0 画出长方形 □ABCD，如图 8-55（a）所示。

（2）画出支承圈部分直径与簧丝直径相等的圆和半圆，如图 8-55（b）所示。

（3）画出有效圈数部分直径与簧丝直径相等的圆，如图 8-55（c）所示。先在 CD 上根据节距 t 画出圆 2 和 3；然后从 1、2 和 3、4 的中点作水平线与 AB 相交，画出圆 5 和圆 6。

（4）按右旋方向作相应圆的公切线及剖面线，即完成作图，如图 8-55（d）所示。

在装配图中画处于被压缩状态的螺旋压缩弹簧时，更改为实际被压缩后高度，其余画法不变。

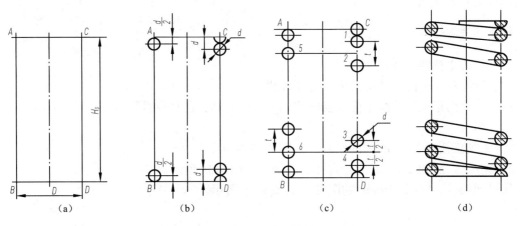

（a）　　　　　　　（b）　　　　　　　（c）　　　　　　　（d）

图 8-55　圆柱螺旋压缩弹簧的画图步骤

4. 圆柱螺旋压缩弹簧的标记

弹簧的标记由名称、形式、尺寸、标准编号、材料牌号以及表面处理组成，规定如下：

名称　形式　规格—精度　旋向　标准编号

具体标记说明如下：

（1）名称。圆柱螺旋压缩弹簧的代号为 Y。

（2）形式。形式代号分 A 或 B，其中 A 表示两端圈并紧磨平冷卷的压缩弹簧；B 表示两端圈并紧制扁的热卷的压缩弹簧。

（3）规格。规格为材料直径×弹簧中径×自有高度，即 $d \times D \times H_0$。

（4）精度。2 级制造精度不表示，3 级应注明"3"。

（5）旋向。右旋不标注，左旋标注"左"字。

例如，YA 1.2×8×40—3 左 GB／T 2089——1994　B 级—D—Zn 表示：

YA 型弹簧，材料直径 1.2mm，弹簧中径 8 mm，自由高度 40 mm，精度等级为 3 级，左旋的两端圈并紧磨平冷卷的压缩弹簧。

又如，YB 30×150×320 GB／T 2089—1994 表示：

YB 型弹簧，材料直径 30 mm，弹簧中径 150 mm，自由高度 320 mm，精度等级为 2 级，右旋的两端圈并紧制扁的热卷的压缩弹簧。

8.6　常用标准件和常用件的三维建模举例

本节主要以直齿圆柱齿轮、内六角螺栓和圆柱螺旋压缩弹簧为例，讲述常用标准件和常用件的三维建模方法。

8.6.1　直齿圆柱齿轮三维建模

本小节主要完成如图 8-56 所示直齿圆柱齿轮三维建模，该模型主要运用到拉伸和阵列命令。在建模前应分析将要建立的模型采用何种命令顺序比较有利于后续设计变更，还应考虑前后特征之间的关联关系或建模的方便性。本例模拟铸造毛坯去除材料法，即用插齿机逐个加工齿轮齿形的方法完成。

1. 完成毛坯

（1）单击"拉伸"按钮 。

（2）选择草绘平面，并切换为生成面体模式。

（3）切换为正视于草绘平面（当前需 top 平面正视于我们的屏幕）。

（4）草绘。

① 完成直径为 200mm 圆的绘制，如图 8-57 所示。

② 完成直径为 50mm 的齿轮内孔的绘制，如图 8-58 所示。

③ 拉伸圆为高度是 30mm 的圆柱，如图 8-59 所示。

第 8 章 标准件与常用件

图 8-56 直齿圆柱齿轮三维模型

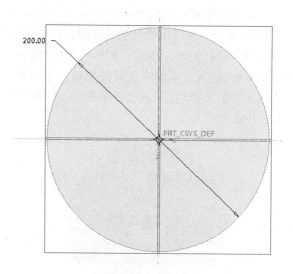

图 8-57 圆的绘制

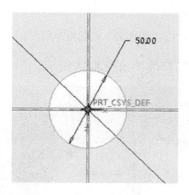

图 8-58 齿轮内孔的绘制

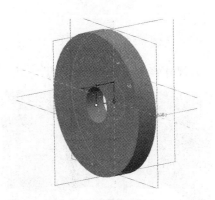

图 8-59 圆柱的绘制

2. 键槽的创建

（1）选中所创建圆柱的端面，单击拉伸命令，自动进入草绘界面，如图 8-60 所示。

（2）切换 top 视图，如图 8-61 所示。

图 8-60 选中工作表面

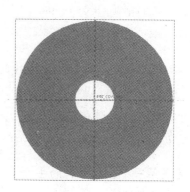

图 8-61 切换 top 视图

（3）绘制中心线。单击"中心线"按钮 ┆中心线▼，依次单击两点完成中心线的绘制，如图 8-62 所示。本例中绘制了通过圆心且竖直的中心线，中心线不参与建模，可作为标注的参考。

（4）绘制矩形。单击"矩形"按钮 □矩形▼，依次单击矩形两个对角点完成矩形的绘制，如图 8-63 所示。本例中需要键槽相对于竖直中心线对称，故需先绘制中心线后绘制矩形，当绘制矩形第二点时，图示出现上图中 2 个绿色相对的箭头时表明当前矩形的左右两条竖直边线关于中心线对称。

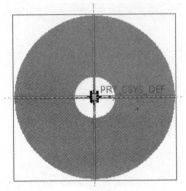

图 8-62　绘制中心线

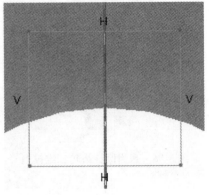

图 8-63　绘制矩形框

（5）尺寸修改。双击图示中的尺寸部分，完成尺寸的修改，如图 8-64 所示。

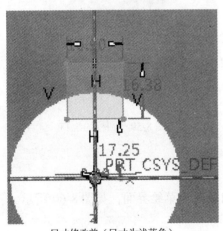

尺寸修改前（尺寸为浅蓝色）

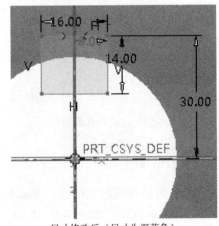

尺寸修改后（尺寸为深蓝色）

图 8-64　尺寸修改

（6）单击"确定"按钮，完成草图绘制。

（7）单击 □□⊥▼ 71.11 ▼ ╳ ╱ 中的 ╳ 按钮，切换拉伸方向。单击 ╱ 按钮，表示去除材料；单击最右侧按钮 ╳ ╱ □ ╳，切换切除位置，是草绘区域以内还是以外。

（8）单击 ▮▮◯⊘∞✓✗ 中的绿色"√"完成第二特征。

3. 完成第一个齿形材料的去除

同样运用拉伸命令去除材料，草绘如图 8-65 所示，齿根圆直径 160mm。

第 8 章 标准件与常用件

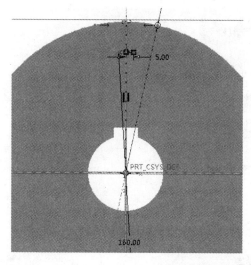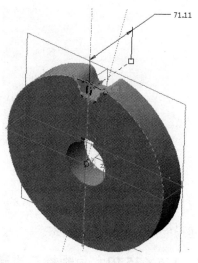

图 8-65　齿形材料去除

此时模型树种多了拉伸特征 3；如需修改特征名称可单击拉伸 3 的位置输入"第一个齿形"后在空白处单击鼠标左键结束重命名。修改完后的模型树如图 8-66 所示。

4. 完成其余全部齿形

采用阵列的命令，需先选中要阵列的特征，在此需先选中模型树中 ▶ 第一个齿形，此时 阵列 按钮由灰色变亮，单击阵列命令。单击 尺寸 的下拉三角可以确定阵列方式，其中线性阵列选方向，圆周阵列选轴，故本例需圆周阵列单击"轴"按钮 轴 。选择绘图区已绘制圆柱轴线，作为圆周阵列中心，如图 8-67 所示。

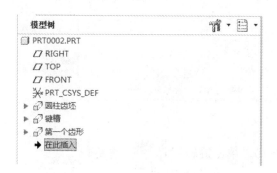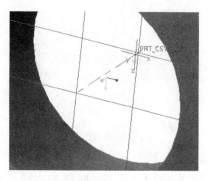

图 8-66　模型树　　　　　　　　　图 8-67　选择圆周阵列中心轴线

依次输入阵列参数如图 8-68 所示。

| 轴 | ▼ | 1 1个项 | ⁒ | 12 | 30.0 | ▼ | ⊿ | 360.0 | ▼ | 2 1 | 18.96 |

| 尺寸 | 表尺寸 | 参考 | 表 | 选项 | 属性 |

图 8-68　阵列参数

单击 ✓ 按钮完成阵列，如图 8-69 所示。

235

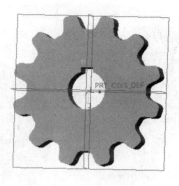

图 8-69　阵列后齿形图

齿轮建模完成，保存模型状态。

8.6.2　M6×35 内六角螺栓三维建模

（1）单击新建按钮。

（2）取消默认模版，输入名称为 luoshuan，单击确定按钮。

（3）选择 mmns_part_solid 模板，单击确定按钮，如图 8-70 所示。

图 8-70　选择模板

（4）选中模型树中 FRONT （任一基准面均可），单击旋转 旋转 命令。

（5）完成如下草图，包括中心线，和一个封闭轮廓，如图 8-71 所示。

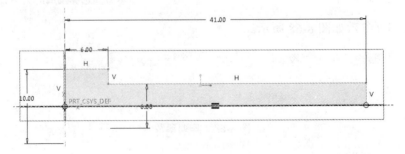

图 8-71　螺栓草图

（6）单击确定，得到回转体如图 8-72 所示。

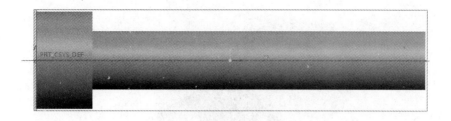

图 8-72　螺栓草图三维建模

（7）选择螺栓头部顶面，如图 8-73 所示，单击拉伸命令。

图 8-73　选择螺栓头部顶面

（8）选择 RIGHT 基准面为视图方向，如图 8-74 所示。
（9）完成螺栓头部六边形草图，如图 8-75 所示。

图 8-74　选择 RIGHT 基准面

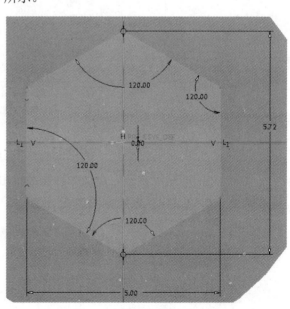

图 8-75　螺栓头部六边形草图

（10）单击"确定"按钮。
（11）单击按钮 切换为去除材料，单击 切换方向，输入切除深度 3.5，单击下图中 。

（12）完成内六角特征，如 8-76 所示。

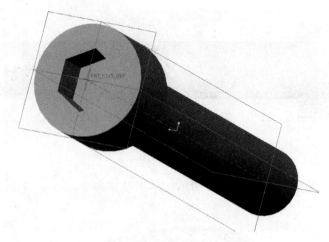

图 8-76　螺栓头部内六边特征

（13）运用修饰螺纹命令生成螺纹特征。

① 单击"工程"下拉三角，单击"修饰螺纹"命令，如图 8-77 所示。

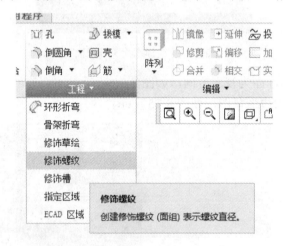

图 8-77　选择"修饰螺纹"选项

② 定义标准螺纹参数。定义非标螺纹单击 按钮，定义标准螺纹单击 按钮，本例为标准螺纹 M6×1，确认参数如图 8-78 所示。

图 8-78　定义标准螺纹参数

③ 单击上图，选择曲面 F5，如图 8-79 所示。

④ 单击"深度"选项，切换到深度参数界面，如图 8-80 所示。

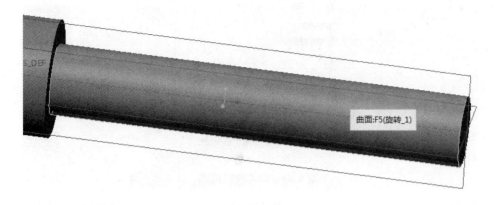

图 8-79　选择曲面 F5

图 8-80　深度参数界面

⑤ 单击图中绿色表面作为螺纹起始表面，将深度修改为 24（24 表示螺纹长度），如图 8-81 所示。

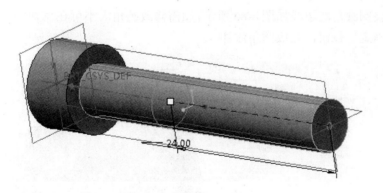

图 8-81　深度修改后模型

⑥ 单击 M1×25 右侧的下拉三角，选择 M6×1，参数设置如图 8-82 所示。单击"确定"按钮，完成装饰螺纹。

图 8-82　装饰螺纹参数设置

⑦ 按图 8-83 所示切换为线框模式。

图 8-83　切换线框模式

⑧ 切换为 Front 视角后效果如图 8-84 所示，紫色线条即为装饰螺纹效果，所生成的二维图符合国标要求；

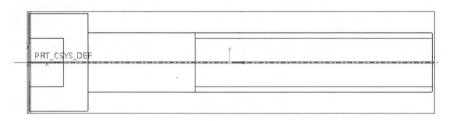

图 8-84　切换 Front 视角模式

（14）螺栓头部倒圆角。

① 单击"倒圆角"命令 倒圆角▼ ；
② 选择需要倒圆角的边线如图 8-85 所示，如需修改圆角大小可在 0.50 位置修改；
③ 单击"确定"按钮，完成圆角添加。

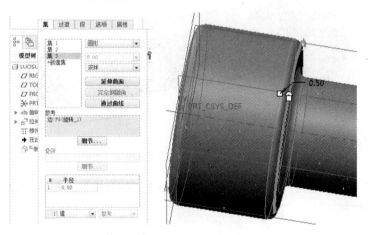

图 8-85　螺栓头部倒圆角

（15）螺栓杆端部倒角。

① 单击"倒角"命令 倒角▼ ；
② 选择需要倒角的边线，如图 8-86 所示，如需修改倒角大小可在 0.50 位置修改；

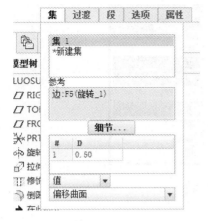
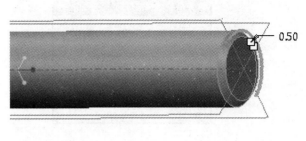

图 8-86 螺栓杆端部倒角

③ 单击"确定"按钮,完成圆角添加。M6×35,螺纹长度为 24 的内六角螺栓,如图 8-87 所示。

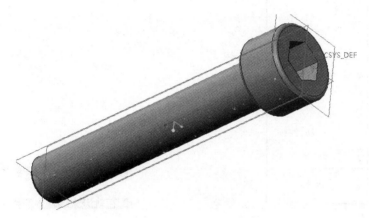

图 8-87 内六角螺栓模型

8.6.3 弹簧的三维建模

本小节主要完成自由高度 392.5mm,材料直径 45 mm,弹簧中径 190mm,节距 65mm,有效圈数 5,旋向为右旋的圆柱螺旋压缩弹簧三维建模。

(1)单击"新建"按钮,取消"默认"模板,命名为 tanhuang;
(2)选择 mmns 模板,单击"确定"按钮;
(3)进入零件建模界面;
(4)单击【插入】|【螺旋扫描】|【伸出项】,进入螺旋扫描命令,然后如图选项,选择"可变的"、"穿过轴"和"右手定则",单击"完成"按钮。
(5)设置好草绘平面之后,进入草绘平面画六个点的轨迹线。输入弹簧中径的一半即 95mm,另外因为弹簧自由高度为 392.5mm,所以总高度设为 400mm,这个数值决定最后两端磨平的端面,其他数字可取任意值。
(6)输入轨迹起始和末端节距值,由于弹簧两端最后是并紧,所以这两个值为弹簧丝直径值,如图 8-90 所示。

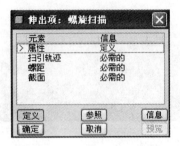

图 8-88　设置可变截面扫描属性

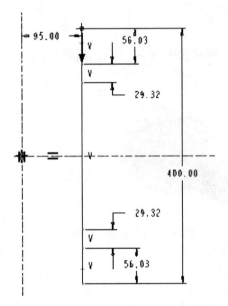

图 8-89　绘制轨迹线

⇨ 在轨迹起始输入节距值　45

⇨ 在轨迹末端输入节距值　45

图 8-90　输入轨迹起始和末端节距值

（7）添加点，选择草绘时的断点，并输入节距，如图 8-91 所示。

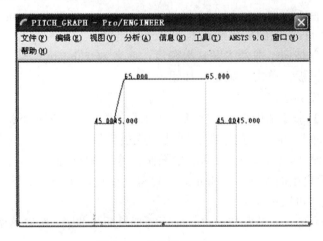

图 8-91　输入轨迹节距值

(8)进入截面草绘平面,以轨迹线的端点为圆心,画一个直径为 φ45mm 的圆后,螺旋扫描命令完成。

(9)用拉伸切削来创建磨平端,一边的高度为弹簧自由长度 392.5mm 的一半,即 196.25mm,如图 8-92 所示。

(10)圆柱压缩弹簧三维模型如图 8-93 所示。

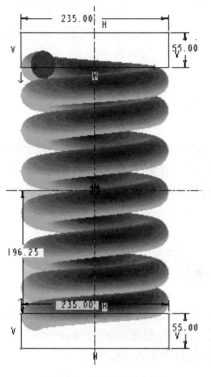

图 8-92 磨平端的创建

图 8-93 圆柱压缩弹簧模型

第9章

装 配 图

教学要求

通过本章学习，了解装配图的作用和内容，掌握装配图中表达方法的选择、尺寸标注和技术要求，以及装配图中零部件的序号及明细栏的注写等规定；了解装配体上的常见的工艺结构，掌握画装配图的方法与步骤，掌握由装配图拆画零件图；了解 Pro/E 环境下有关装配的基本命令和零件的装配方法和步骤。

9.1 装配图的基本知识

装配图是表达机器或部件的图样。一般把表达一台完整机器的装配图称为总装配图，表达机器中某一部件的装配图称为部件装配图。在机器设计过程中，装配图的绘制位于零件图之前，它也是生产中的一种重要的技术文件。图 9-1 是一球阀的轴测装配图。

9.1.1 装配图的作用

装配图主要是表达机器或部件的工作原理、装配关系、结构形状和技术要求，用以指导机器或部件的装配、调试、操作、维修等。因此，装配图是机械设计、制造、使用、维修以及进行技术交流的重要技术文件。

当机器比较复杂时，通常用总装配图表达机器的整体外形和各部件间的关系，然后用部件装配图来表达部件内部件或零件的详细结构、工作原理、装配关系等内容。当机器比较简单时，则不再划分部件装配图，直接用一张详细的总装配图表达全部内容。尽管总装配图和部件装配图在表达分工上有所不同，但总装配图和部件装配图的表达原则，以及有关的画法和标注等，并无本质的区别。

图 9-1 所示是一个球阀的轴测装配图，球阀是安装在管道中的部件，它由阀体、阀盖、球形阀芯、阀杆、扳手及密封圈等组成。其工作原理：转动扳手 13，带动阀杆 12 及阀芯 4 转动，可以起到使管道开通或关闭的开关作用。通过装配图可以了解球阀的工作原理、装配关系等。现以球阀为例说明装配图所包含的内容。

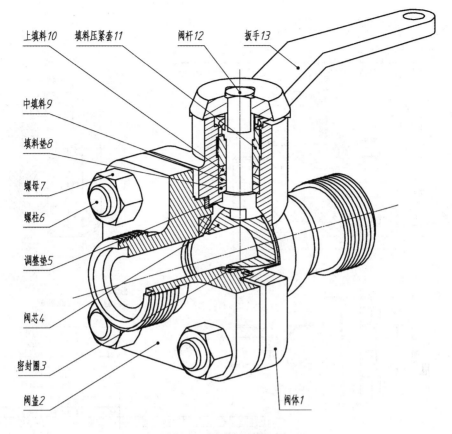

图 9-1 球阀轴测装配图

9.1.2 装配图的内容

1) 一组图形

一组图形正确、完整、清晰地表达产品或部件的工作原理、各组成零件间的相互位置和装配关系及主要零件的结构形状。图 9-2 所示球阀装配图中主视图采用了全剖视图,反映了球阀的工作原理和各主要零件间的装配关系;俯视图主要表达整个装配体的外形,同时采用了局部剖视表示了扳手与阀体的连接关系;左视图采用了半剖视图,表达了阀盖的外形以及主要零件的连接关系。

2) 必要的尺寸

包括机器或部件的规格(性能)尺寸、装配尺寸、安装尺寸、外形尺寸及其他重要尺寸。

3) 技术要求

在装配图中用文字或国家标准规定的符号注写出该装配体在装配、检验、安装、使用与维护等方面的技术要求。

4) 零、部件序号、标题栏和明细栏

按国家标准规定的格式绘制标题栏和明细栏,并按一定格式将零、部件进行编号,填写标题栏和明细栏。标题栏应包含机器或部件的名称、比例、图号、单位及有关责任人员的签名等。明细栏应包含零件的序号、名称、件数、材料等内容。

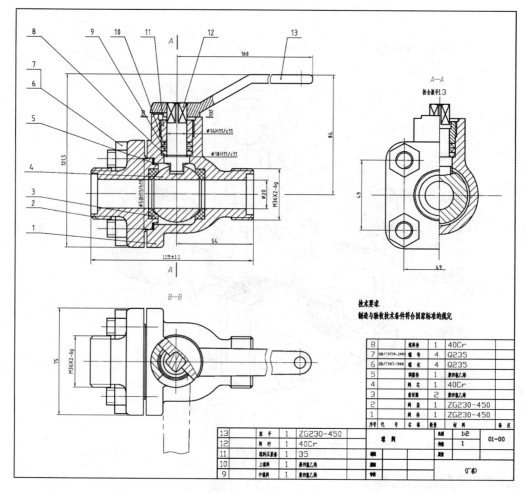

图 9-2 球阀装配图

9.1.3 装配图的规定画法

装配图所采用的一般表达方法与零件图基本相同，即通过各种视图、剖视图、断面图等表达方法来表达的。但是装配图所表达的重点是部件的功能、工作原理、零件间的装配和连接关系，以及主要零件的结构形状，因此装配图除一般的表达方法外，还有一些规定画法和特殊的表达方法。

（1）相邻零件的轮廓线画法。相邻两零件的接触面和配合表面只画一条粗实线，如图 9-3 中①所示，非接触表面画两条线，如图 9-3 中②所示。

（2）相邻零件的剖面线画法。为了区分不同零件，在装配图中，相邻两个（或两个以上）零件的剖面线倾斜方向相反，或方向一致但间隔不等，如图 9-3 中③所示轴承盖与箱体等的剖面线画法。

注意：同一零件在各个视图上的剖面线方向和间隔必须一致，如图 9-2 中主视图和左视图上阀体的剖面线。

当零件厚度小于 2mm 时，剖切时允许以涂黑代替剖面符号，如图 9-3 中④所示。

（3）在装配图中，对于标准件（如螺纹紧固件、键、销等）和实心零件（如轴、连杆、拉杆、手柄、球），若剖切平面通过其轴线或对称面纵向剖切这些零件时，则这些零件只画外形，按不剖绘制，如图 9-3 中⑤所示。当剖切平面垂直这些零件的轴线时，则应画出剖面线，如图 9-2 中俯视图中的阀杆 12。

（4）若需要特别标明轴等实心零件的结构，如键槽、销孔等，则可采用局部剖视图，如图 9-3 中⑥所示。

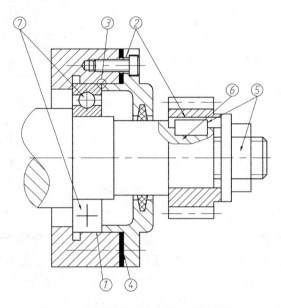

图 9-3　装配图的规定画法和简化画法

9.1.4　装配图的特殊表达方法

1）拆卸画法

当一个或几个零件在装配图中的某一视图中遮住了需要表达的装配关系或其他结构，而它（们）在其他视图中又已表达清楚时，可假想将其拆去，只画出所要表达部分的视图。需要说明时应在该视图的上方加注"拆去××"，如图 9-2 中的左视图，就是拆去扳手 13 画出的。

2）沿结合面剖切画法

为表达内部结构，可采用沿两零件间的结合面剖切的画法。如图 9-4 中的 C—C 剖视图是沿泵体与泵盖作的剖切。采用沿结合面剖切画法时，应注意零件的结合面上不画剖面线，但剖到横穿结合面的零件时，则应在其断面上绘制剖面线，如图 9-4 中 C—C 剖视图中的泵轴、螺栓、销等。

3）假想画法

为了表示运动零件的极限位置，部件和相邻零件或部件的相互关系，可以用细双点画线画出其轮廓，如图 9-2 中的俯视图用细双点画线画出了扳手的一个极限位置。又如图 9-4 转子油泵主视图中用双点画线画出了与转子油泵相连的机体轮廓。

4）夸大画法

在装配图中，对于薄片零件、细丝零件，微小间隙或较小的锥度、斜度等，当无法按实际尺寸画出，或者虽能如实画出，但不能明显的表达其结构时，均可采用夸大画法，即将该部分不按原图比例而适当夸大画出。如图 9-2 球阀装配图中的零件调整垫 5 的厚度就是夸大画出的。

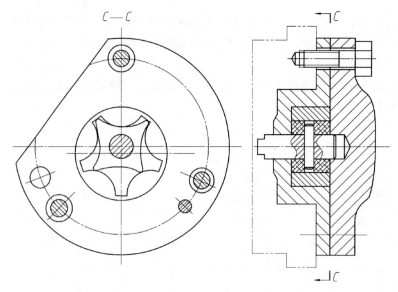

图 9-4 转子泵装配图

5）简化画法

（1）在装配图中，零件的工艺结构，如圆角、倒角、退刀槽等允许不画。

（2）在装配图中，螺母和螺栓头允许采用简化画法绘制，如图 9-2 和图 9-3 所示。在装配图中的若干相同的零件组（如相同的螺纹连接组件等），允许仅画出一处（或几处），其余各处则以细点画线表示其中心位置，如图 9-3 中的螺钉连接画法。

（3）装配图中的滚动轴承允许采用图 9-3 中⑦所示的简化画法。

9.1.5 装配图的尺寸标注

装配图和零件图在生产中的作用不同，因此标注尺寸的要求也不同。零件图是为了制造零件用的，所以在图上需要注出全部尺寸。而装配图是为了装配机器和部件用的，或者是在设计时拆画零件用的，所以在图上只需注出于机器或部件的性能、装配、安装、运输有关的尺寸。

1）性能尺寸（规格尺寸）

表示机器或部件性能的尺寸，在设计时就已经确定，也是设计、了解和选用该机器或部件的依据，如图 9-2 中球阀的管口直径 $\phi20$，该尺寸显然与球阀的最大流量有关。这一类性能尺寸，在装配图中要直接注出。

2）装配尺寸

为了保证机器的性能，在装配图上需要标出各零件间的配合尺寸和主要的相对位置尺寸，作为设计零件和装配零件的依据。当然这些尺寸也是拆画零件图时,确定零件尺寸偏差的依据，同时又是调整零件之间距离、间隙时所需要的尺寸，如图 9-2 中 $\phi50H11/h11$ 等。

3）安装尺寸

是将机器（部件）安装到其他零、部件或基座上所必需的尺寸，或者是机器（部件）的局部结构与其他零、部件相连接时所需要的尺寸，如图 9-2 球阀装配图中 M36×2，54，84 等都是安装尺寸。

4)外形尺寸

表示机器(部件)的总长、总宽、总高的尺寸。它反映了机器(部件)的大小,提供了其在包装、运输和安装过程中所占空间的尺寸,如图9-2中的115±1、75和121.5表示了球阀的总长、总宽和总高。

5)其他重要尺寸

指在设计中经过计算确定或选定的尺寸,但又不属于上述几类尺寸的一些重要尺寸。比如零件的一些主要的结构尺寸、轴向设计尺寸等,以限定零件的主要形状、大小和结构。这类尺寸注写的灵活性很大,完全看实际需要而定。

以上所列的各类尺寸,彼此并不是无关联的。实际上,有的尺寸往往同时具有几种不同的含意,如图9-2中的尺寸115±1,它既是外形尺寸,又与安装有关。因此,在装配图中实际标注尺寸时,需要认真细致的分析考虑。

9.1.6 装配图的零件序号及明细栏

在装配图中,为了便于看图,更是为了便于生产和管理,对所有零件、部件都应编写编号,并把相应信息填写在明细表中,同一装配图中的零件、部件只编写一个序号,同时在标题栏上方填写与图中序号一致的明细栏,用以说明每个零件、部件的名称、数量、材料、规格等。

1. 零、部件序号编写方法

(1)序号应注在图形轮廓的外部,并填写在指引线横线上或圆内,指引线、横线或圆均用细线画出,序号的字号应比尺寸数字大一号或两号,如图9-5(a)所示。指引线不能相交;当通过有剖面线的区域时,指引线不应与剖面线平行;必要时,指引线可画成折线,但只能曲折一次,如图9-5(b)所示。

(2)对很薄的零件或断面,可在指引线末端画箭头,并指向该部分的轮廓,如图9-5(c)所示。

(3)一组紧固件以及装配关清楚的零件组,可以采用公共指引线,如图9-5(d)所示。

(4)装配图中的标准化组件(如油杯、滚动轴承、电动机等)作为一个整体,只编写一个序号。

(5)装配图中的序号应沿水平或竖直方向按逆时针或顺时针顺次排列整齐,如图9-2所示。

(6)部件中的标准件与非标准件同样的编写序号,如图9-2所示;也可不编写序号,而将标准件的数量与规格直接用指引线表明在图中。

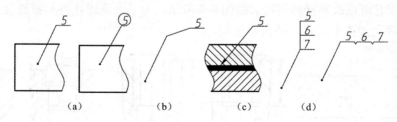

图9-5 装配图的序号

2. 明细栏

明细栏是机器部件中全部零、部件的详细目录，应画在标题栏上方，零、部件的序号应自下而上填写，若地方不够，可将明细栏分段，在标题栏的左方再画一栏。当明细栏不能配置在标题栏的上方时，明细栏也可以不画在装配图内，按 $A4$ 图幅作为装配图的续页单独绘出，填写顺序自上而下，并可连续加页。明细栏格式如图 9-6 所示。

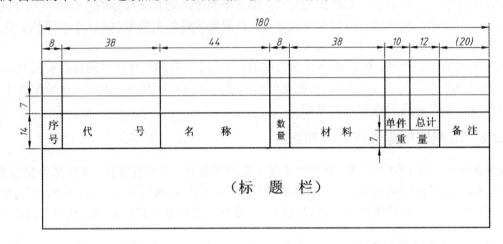

图 9-6　明细栏格式

9.1.7　常见装配工艺结构

在设计和绘制装配图的过程中，不仅要考虑使部件能达到功能要求，还应该考虑到装配结构的合理性，以保证机器或部件的性能。为使零件装配成机器（或部件）后能达到设计性能要求，并考虑到拆、装方便，必须使零件间的结构满足装配工艺的要求。本节就常见装配结构的合理性问题进行讨论，以供画装配图时学习参考。

（1）当两个零件接触时，在同一方向上的接触面只能有一组。如图 9-7 所示，若 $a1>a2$，$\phi A>\phi B$ 就可以避免在同一方向上同时有两组接触面。对于锥面配合，只要求锥面接触，而在锥体顶部和锥孔底部应留有调整空间，否则很难保证只有锥面接触。

（2）当轴和孔配合，且轴肩与孔的端面接触时，应将孔的接触面制成倒角或在轴肩根部切槽（退刀槽），以保证两零件良好接触，如图 9-8 所示。

（3）为了保证接触良好，接触面需经机械加工。因此，合理地减少加工面积，不但可以降低加工费用，而且可以改善接触情况。如图 9-9 所示，为了保证连接件与被连接件间的良好接触，在被连接件上加工出沉孔、凸台等结构。

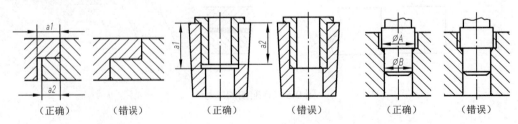

图 9-7　同一方向只能有一组接触面

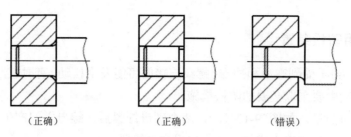

图 9-8　接触面转角处的结构及画法

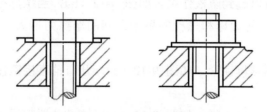

图 9-9　沉孔和凸台接触面

（4）为了便于装拆，应留出扳手的活动空间以及拆装螺栓的空间，如图 9-10 所示。

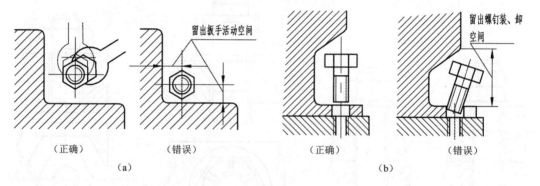

图 9-10　应留出紧固件的装、拆空间

（5）为了保证两零件在拆装前后不致于降低装配精度，通常用圆柱销或圆锥销将两零件定位，如图 9-11（a）所示。为了加工和装拆的方便，在可能时最好将销孔做成通孔，如图 9-11（b）所示。

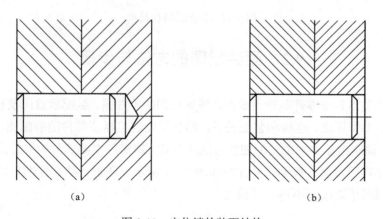

图 9-11　定位销的装配结构

9.1.8 常用防松装置

机器运转时,由于受到震动和冲击,螺纹连接间可能发生松动,有时甚至造成严重的事故。因此,在某些机构中要采取必要的防松措施。

(1)用双螺母防松。如图 9-12(a),两个螺母拧紧后,螺母之间产生轴向力,同样使螺母和螺栓的螺牙之间的摩擦力增加,防止螺母自动松脱。

(2)采用弹簧垫圈可以起到防松作用。如图 9-12(b),当螺母拧紧后,弹簧垫圈受压变平,产生轴向的变形力,使螺母和螺栓的螺牙之间的摩擦力增大,从而起到防止螺母松脱的作用。

(3)用开口销和开槽螺母锁紧。如图 9-12(c),开口销直接锁住了六角槽型螺母,使之不能松脱。

(4)用止动垫圈和圆螺母锁紧。如图 9-12(d),这种装置常用来固定安装在轴端部的零件。轴端开槽,止动垫圈和圆螺母联合使用,可直接锁住螺母。

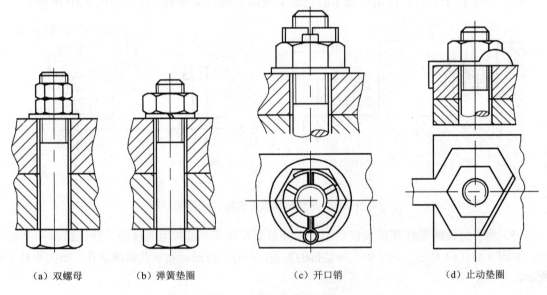

(a)双螺母　　　(b)弹簧垫圈　　　(c)开口销　　　(d)止动垫圈

图 9-12　常见的防松结构

9.2　画装配图的方法与步骤

机器或部件是由若干零件装配而成的,根据它们的零件图、装配示意图及相关资料,了解装配体的用途、工作原理、连接和装配关系,然后拼画成机器或部件的装配图。现以图 9-2 所示的球阀为例,说明由零件图画装配图的方法和步骤。球阀各主要部分的零件图:阀芯、阀杆、阀体、阀盖、填料压紧套、扳手的零件图如图 9-13 所示。还有一些非标准件的零件图如密封圈、调整垫,因限于篇幅,不再一一列出。

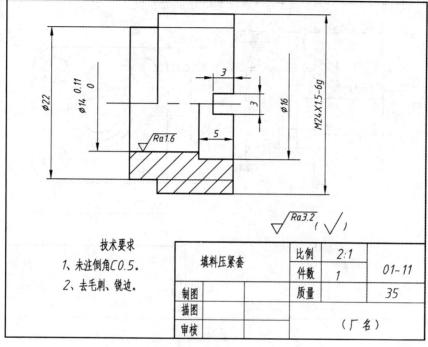

（a）填料压紧套

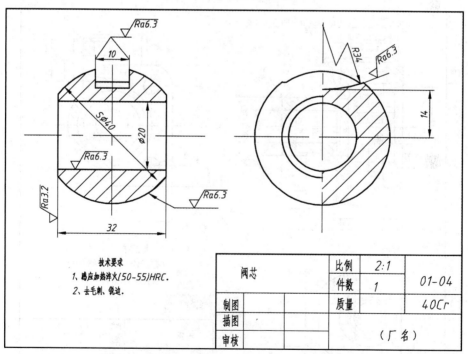

（b）阀芯

图 9-13　球阀各主要部分的零件图

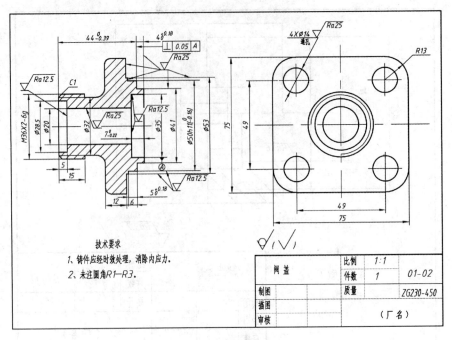

(c) 阀盖

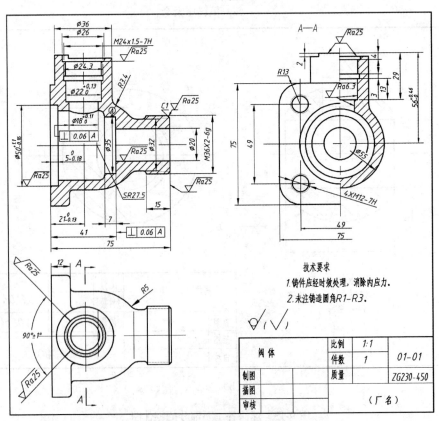

(d) 阀体

图 9-13 球阀各主要部分的零件图（续）

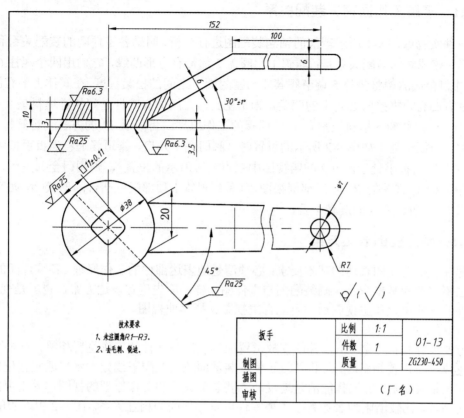

（e）扳手

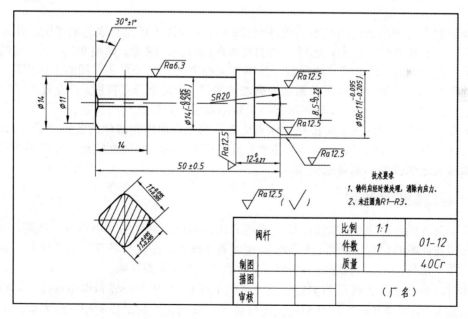

（f）阀杆

图9-13 球阀各主要部分的零件图（续）

9.2.1 了解工作原理、装配关系

对部件实物或图 9-1 所示球阀的轴测装配图进行分析，明确各零件间的装配关系和部件的工作原理。该球阀的装配关系是：球阀 1 和阀盖 2 都带有方形凸缘，它们用四个螺柱 6 和螺母 7 连接，并用合适的调整垫片 5 调节阀芯 4 与密封圈 3 之间的松紧程度。在阀体上部有阀杆 12，阀杆下部有凸台，榫接阀芯 4 上的凹槽。为了密封，在阀体与阀杆之间加进填料垫 8、中填料 9 和上填料 10，并旋入填料压紧套 11。球阀的工作原理：将扳手 13 的方孔套进阀杆 12 上部的四棱柱，当扳手处于如图 9-2 所示的位置时，阀门完全开启，管道畅通；当扳手按顺时针方向旋转 90°时（扳手处于图 9-2 的俯视图中双点画线所示的位置），则阀门全部关闭，管道断流。从装配图中俯视图的 B—B 局部剖视图，可看到阀体 1 顶部限位凸台的形状（为 90°扇形），该凸台用来限制扳手 13 的旋转位置。

9.2.2 确定视图表达方案

对部件装配图视图表达的基本要求：必须清楚地表达部件的工作原理、各零件间的装配关系以及主要零件的基本形状。画装配图与零件图一样，应先确定表达方案，也就是视图选择，选定部件的安放位置和主视图后，再配合主视图选择其他视图。

1) 选择主视图

为方便设计和指导装配，部件的安放位置应尽可能与部件的工作位置相符，当部件的工作位置多变或工作位置倾斜时，可将其放正使安装基面或主装配干线处于水平或竖直位置。当部件的工作位置确定后，应选择能清楚地反映主要装配关系和工作原理的视图作为主视图，并采取适当的剖视，比较清晰地表达各个主要零件以及零件间的相互关系。图 9-2 中球阀的主视图就体现了上述选择视图的原则。

2) 确定其他视图

根据装配图对视图表达的基本要求，针对部件在主视图上还没有表达清楚的工作原理或零件间装配关系和相互位置关系，选择合适的其他视图或剖视图等。如图 9-2 所示，球阀的主视图沿前后对称面剖开，基本清楚地反映了各零件间的主要装配关系和球阀的工作原理，但对于球阀的外形结构和其他一些装配关系还没有表达清楚。于是选择左视图，补充反映了它的外形结构；选择俯视图，并作 B—B 局部剖视，反映出扳手与定位凸台的关系。

装配图的视图选择，主要是围绕如何表达部件的工作原理和部件的各条装配线来进行的。而表达部件的各条装配线时，还要分清主次，首先把部件的主要装配线反映在基本视图上，然后考虑如何表达部件的局部装配关系。

9.2.3 画装配图的步骤

确定了部件的视图表达方案后，根据视图表达方案以及部件的大小与复杂程度，选取适当比例，安排各视图的位置，从而选定图幅，便可着手画图。在安排各视图的位置时，要注意留有供编写零、部件序号、明细栏，以及注写尺寸和技术要求的空间。

画图时，应先画出各视图的主要轴线（装配干线）、对称中心线和作图基线（某些零件的基面或端面）。由主视图开始，几个视图配合进行。画剖视图时，以装配干线为准，由内向外逐个画出各个零件，也可由外向内，视作图方便而定。图 9-14 表示了绘制球阀装配图底稿的画图步骤。底稿线完成后，经校核，再加深，画剖面线，注尺寸。最后，编写零、部件序号，填写明细栏，再经校核，签署姓名，完成后的球阀装配图，如图 9-2 所示。

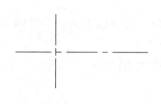
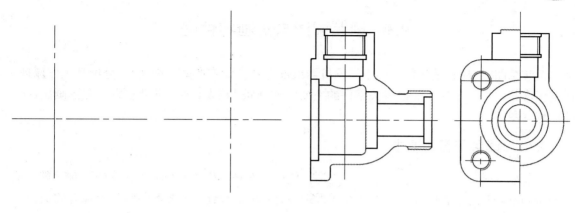

(a) 画出各视图的主要轴线、对称中心线及作图基线等　　　(b) 先画轴线上的主要零件的轮廓线

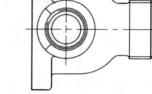

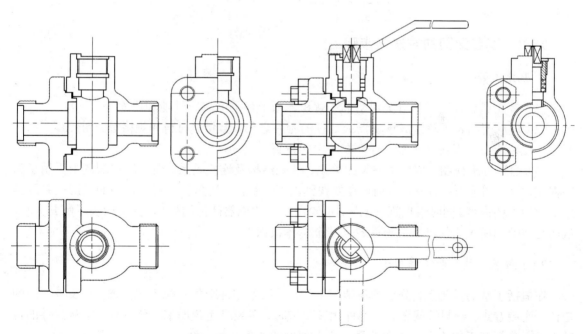

(c) 根据阀盖和阀体的相对位置，沿水平轴线画出阀盖的三视图　　(d) 沿水平轴线画出各个零件，再沿竖直轴线画出各个零件，然后画出其他零件，最后画出扳手的极限位置

图 9-14　球阀装配图的画图步骤

9.3　读装配图与拆画零件图

读装配图的目的,是从装配图中了解机器或部件中各个零件间装配关系,分析其工作原理,以及读懂其中主要零件及其他有关零件的主要结构形状。在设计时,还要根据装配图画出该部件的零件图。

9.3.1　读装配图的要求

读装配图是在机器或部件的设计、制造、使用、维修、和技术交流中必备的一项技能。机器安装和维修时,要根据装配图来装配和拆卸零件;机器设计时,要参照实际中现有的类似设备来设计和绘制零件图;技术交流时,需参阅装配图来了解零、部件的具体机构和机器的工作原理等,因此必须学会阅读装配图并掌握由装配图拆画零件图的方法和步骤。

阅读装配图的要求:

(1)明确部件的结构,即部件由哪些零件组成,各个零件的定位和安装固定方式,零件间的装配关系。

(2)明确部件的用途、性能、工作原理和组成该部件的各个零件的作用。

(3)明确部件的使用和调整方法。

(4)明确各个零件的结构、形状和各零件的装、拆顺序及方法。

当然,上述要求有时只靠阅读装配图很难达到,必要时还需要参考零件图和其他相关技术文件。

9.3.2　读装配图的方法与步骤

1. 概括了解

(1)首先通过标题栏和有关说明书了解机器或部件的名称、性能和用途等。

(2)再从明细表了解组成该机器或部件的零件名称、数量、材料和规格等。对照零、部件序号,在装配图中查找这些零、部件在图中的位置。

(3)通过分析视图,初步了解装配关系、装配结构及连接关系。要了解装配图中采用了哪些视图、剖视图等表达方法,对剖视图要找到剖切位置,弄清楚各个视图之间的投影关系及其所表达的主要内容。同时根据视图的大小、绘图比例和机器部件的外形尺寸,初步了解其大小,从而对装配图所表达的机器或部件建立一个总体认识。

2. 了解装配关系和工作原理

在概括了解的基础上,分析各条装配干线,弄清楚零件间相互配合的要求,以及零件间的定位、连接方式、密封等问题。当部件比较复杂时,需要参考说明书。分析时,常从部件的传动入手,分析其工作原理、传动关系,找出部件的各条装配干线。

3. 分析零件,读懂零件的结构形状

分析零件,就是弄清每个零件的主要结构形状和用途。一般采用形体分析法,从主要零件入手,然后是其他零件。

4. 归纳总结

在以上分析的基础上，还要对技术要求、全部尺寸进行分析，进一步了解机器或部件的设计意图和装配工艺性，并进行归纳总结，如结构有何特点、能否实现工作要求、装配和拆卸顺序如何、系统是如何密封和润滑等，这样对机器或部件就有一个全面的认识。

现以图 9-15 所示的齿轮油泵装配图为例说明装配图的读图方法与步骤。

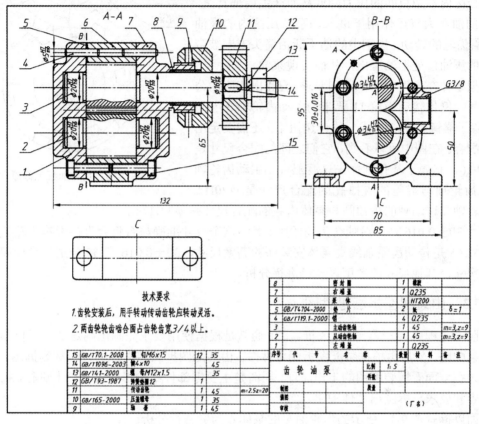

图 9-15 齿轮油泵装配图

齿轮油泵是机器中用来传送润滑油的一个部件。该齿轮泵是由泵体，左、右端盖，运动零件（传递齿轮、齿轮轴等），密封零件以及标准件等组成。对照零件序号及明细栏可以看出：齿轮油泵由 15 种零件装配而成，采用了沿左端盖 1 处的垫片 5 与泵体 6 的结合面剖切产生的半剖视图 B—B 的基础上，又在吸、压油口处画出了其中一处的局部剖视图，它清楚地反映了这个油泵的外形，齿轮的啮合情况以及吸、压油的工作原理；局部剖视反映吸、压油口的情况。齿轮油泵长、宽、高三个方向的外形尺寸分别是 132、85、95，由此可知道这个油泵的大致尺寸。

泵体 6 是齿轮油泵中的主要零件之一，它的内腔容纳一对吸油和压油的齿轮。将从动齿轮轴 2、主动齿轮轴 3 装入泵体后，两侧有左端盖 1、右端盖 7 支撑这一对齿轮轴的旋转运动。由销 4 将左、右端盖与泵体定位后，再用螺钉 15 将左、右端盖与泵体连接成整体。为了防止泵体与端盖接合面处以及主动齿轮轴 3 伸出端漏油，左端盖处用垫片密封，右端盖处用 5 密封圈 8、轴套 9 和压紧螺母 10 密封。

从动齿轮轴 2、主动齿轮轴 3、传动齿轮 11 等是油泵中的运动零件。当传动齿轮 11 按逆时针方向转动时，通过键 14 将扭矩传递给主动齿轮轴 3，经过齿轮啮合传动带动从动齿轮轴 2，从而使后者做顺时针方向转动。如图 9-16 所示，当一对齿轮在泵体内作啮合传动时，啮合区内右边空间的压力降低从而产生局部真空，油池内的油在大气压作用下进入油泵低压区内的吸油口，随着齿轮的转动，齿槽中的油不断沿箭头方向被带至左边的压油口处把油压出，从而实现泵油。

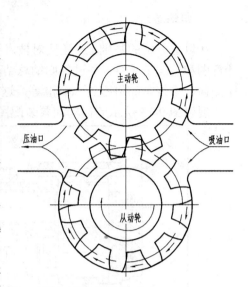

图 9-16　齿轮油泵工作原理

根据零件在部件中的作用和要求，应注出相应的公差带代号。例如传动齿轮 11 要带动主动齿轮轴 3 一起转动，除了靠键把两者连成一体传递扭矩，还需要定出相应的配合。在图中可以看到，它们之间的配合尺寸是 $\phi 16H7/k6$，它属于基孔制优先过渡配合。主动齿轮轴和从动齿轮轴与端盖的支撑孔的配合尺寸是 $\phi 20H7/h6$，齿轮轴和传动轴的齿顶圆与泵体内腔的配合尺寸是 $\phi 34H7/h7$。

尺寸 30±0.016 是一对啮合齿轮的中心距，这个尺寸准确与否将会直接影响齿轮的啮合传动。尺寸 65 是传动齿轮轴线离泵体安装面的高度尺寸，30±0.016 和 65 分别是设计和安装所要求的尺寸，其他尺寸读者可以自己进行分析。

9.3.3　由装配图拆画零件图

按照设计程序，在设计部件或机器时，通常是根据使用要求先画出确定部件或机器的主要结构的装配图，然后再根据装配图拆画零件图。由装配图拆画零件图的过程称为拆图。拆画零件图必须在全面看懂装配图的工作原理，弄清楚主要零部件结构形状的基础上进行，按照零件图的内容和要求，拆画出零件图。

下面以拆画图 9-15 所示的齿轮油泵的泵体 6 为例进行分析。

1. 分离零件，确定零件的结构形状

由装配图分离某零件时，首先要把该零件从装配图上分离出来，具体的步骤：

（1）从零件序号及明细栏了解零件的名称和作用，根据装配图的规定画法，找出这个零件在主视图上的投影范围。

（2）根据投影原理，找出这个零件在其他视图上的投影范围。

（3）根据分离出来的投影和零件的功能，想象出零件的形状。

如图 9-15 明细栏中序号为 6 的零件是泵体，由主视图可见：泵体左右两端分别是左端盖 1 和右端盖 7，左端盖和右端盖分别通过销 4 和螺钉 15 将其固定在泵体上。由左视图可见：右端盖的外形为长圆形，沿周围分布有六个具有沉孔的螺钉孔和两个圆柱销孔。拆画零件图时，先从主视图上区分出泵体的视图轮廓，由于在装配图的主视图上，泵体的一部分可见投影被其他零件所遮，因而它是一幅不完整的图形，因此应根据此零件的功能及装配关系，可以补全所缺的轮廓线。

2. 确定零件的表达方案

零件图视图的选择应按照零件本身的结构、形状特点而定,因此拆画零件图确定零件的表达方案时,不应该简单照抄装配图中的表达方法,而应根据零件的具体结构特征进行综合考虑。

对于本列图 9-16 这样的盘盖类零件一般可用两个视图表达,从装配图的主视图中拆画右端盖的图形,显示了泵体各部分的结构,仍可作为零件图的主视图,如图 9-17 所示。由于在装配图中对零件的一些细小工艺结构,如小倒角、圆角、退刀槽、砂轮越程槽等采用了省略或简化,在拆画零件图时应全部补上。

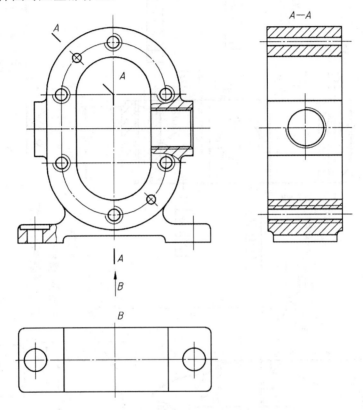

图 9-17 齿轮油泵泵体零件轮廓

3. 尺寸和技术要求的标注

零件图中应正确、完整、清晰的注出零件制造所需要的全部尺寸信息。对于在装配图上已注明的尺寸,按所标注的尺寸和公差代号(或极限偏差数值)直接标注在零件图上。有关标准结构可查相关标准得到。

如图 9-18 所示,尺寸 70、85、50、65 等是在装配图上已注明的尺寸,$\phi 34^{+0.025}_{0}$ 中的基本尺寸 $\phi 34$ 为从装配图中配合尺寸 $\phi 34\dfrac{H7}{h7}$ 中拆出;其余尺寸可按比例从装配图上量取,例如 28、120°、45° 等;标准结构和工艺结构,可查阅相关国家标准确定,如 G3/8;标注泵体的完整尺寸。

根据阀体在装配体中的作用,参考同类产品的有关资料,标注表面粗糙度、尺寸公差、几何公差等，并注写技术要求，如各加工面表面粗糙度 Ra 值分别为 6.3 μm、0.8 μm；$\phi 34^{+0.025}_{0}$ 中的上下偏差查阅有关标准确定；各形位公差项目及数值利用类比法参阅相关技术文件确定。

4. 填写标题栏

填写标题栏，完成零件图，如图 9-18 所示。

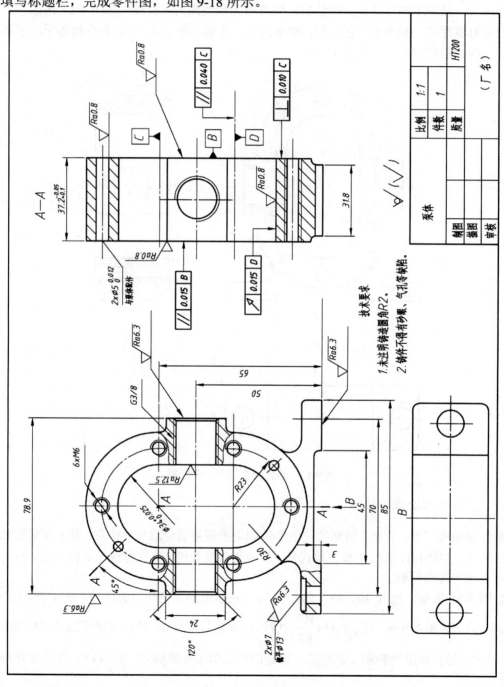

图 9-18　齿轮油泵泵体零件图

9.4 Pro/E 装配建模实例

在使用 Por/E 进行产品设计时，若所有零件的 3D 模型均已建构完成，则可以进一步指定零件与零件的装配关系，来将零件装配在一起。在 Por/E 系统中，模型装配的过程就是按照一定的约束条件或连接方式，将各零件组装成一个整体并能满足设计功能的过程。

9.4.1 装配约束类型

要将零件在空间定位，必须限制其在 X、Y、Z 三个轴方向的平移和旋转。零件的组装过程就是一个将零件用约束条件在空间限位的过程。不同的组装模型需要的约束条件不同，完成一个零件的完全定位需要同时满足几种约束条件。

元件的约束类型分别是：自动、匹配、对齐、插入、坐标系、相切、线上点、曲面上的点、曲面上的线和默认。其中较常用的有匹配、对齐、插入、相切和默认。

（1）默认。利用此项约束，可将系统内部创建的元件坐标系与系统内部创建的组件坐标系对齐，系统会将元件防止在组件的原点，通常第一个元件以此约束进行装配

（2）自动。此项是默认的方式，当选择装配后，程序自动以合适的约束进行装配。

（3）配对。匹配是指两组装元件（或模型）所指定的平面、基准平面重合（当偏移值为零时）或相平行（当偏移值不为零时），并且两平面的法线方向相同。

（4）对齐。匹配是指两组装元件（或模型）所指定的平面、基准平面重合（当偏移值为零时）或相平行（当偏移值不为零时），并且两平面的法线方向相反。

（5）插入。插入约束是将一个旋转曲面插入到另一个旋转曲面中，并使其各自的轴线同轴。圆轴与圆孔的配合。

（6）坐标系。将两组装元件所指的坐标系对齐，也可以将元件与装配件的坐标系对齐来实现组装。利用坐标系组装操作时，所选两个坐标系的各个坐标轴就会分别选择两元件的坐标系，则两元件的坐标系将重合，元件际被完全约束。

（7）相切。相切是指两组装元件或模型选择的两个参照面以相切方式组装到一起。

（8）线上点。线上点是指两组装元件或模型，在一个元件上指定一点，然后在另一个元件上指定一条边线，约束所选的参照边上。

（9）曲面上的点。曲面上的点是指两组装元件或模型，在一个元件上指定一点，在另一个元件上指定一个面，且使指定面和点相接触，控制点的位置在曲面上，曲面可以选择基准平面、实体面等。

（10）曲面上的边。曲面上的边是指两组装元件，在一个元件上指定一条边，在另一个元件上指定一个面，且使它们相接触，即将参照的边约束在参照面上。

（11）固定。在目前位置直接固定元件的相互位置，使之达到完全约束状态。

9.4.2 装配实例

下面以图 9-19 所示的铰链为例，具体阐述 Pro/E 装配的一般操作过程。该铰链由铰链 1、铰链 2、螺栓 3 和螺母 4 这四个零件装配而成。

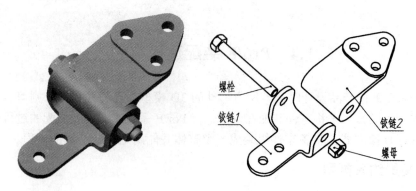

图 9-19 铰链

1）进入零件装配模块

单击工具栏上的【新建】按钮，弹出【新建】对话框，在【类型】栏中选中【组件】单选按钮。在【子类型】栏，选中【设计】单选按钮，并输入名称 hinge。去除【使用缺省模板】的勾选，完成后，单击【确定】按钮，弹出【新文件选项】对话框，选择一个标准模板 mmns_asm_design。完成后，再单击【确定】按钮，进入零件装配环境。

2）将铰链 1（hing-1.prt）装入到环境中

单击【装配】按钮，使用【缺省】的方式将铰链 1（hinge_1.prt）装入到环境中，如图 9-20 所示。

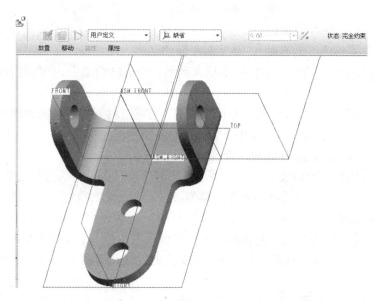

图 9-20 装入铰链 1（hinge_1.prt）

3）装入铰链 2（hinge_2.prt）

单击【装配】按钮，使用【销钉】约束集装配铰链 2（hinge_2.prt），如图 9-21 所示。

图 9-21 选择【销钉】约束集

首先，单击【放置】选项，弹出【轴对齐】选项，选择如图 9-22 所示相应的两轴。

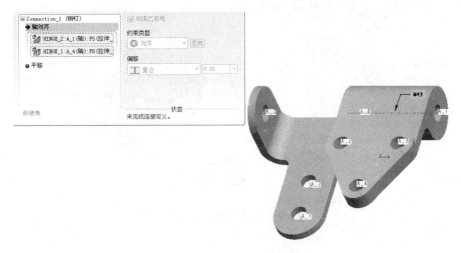

图 9-22 【轴对齐】选项

然后，进入【平移】选项，选择如图 9-23 所示相应的两个基准平面。

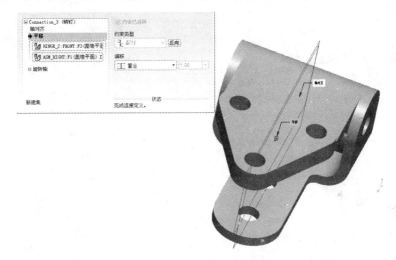

图 9-23 【平移】选项

最后，进入【旋转轴】选项，选择如图 9-24 所示相应的两个基准平面，并设置当前位置为 180°。

4）装配螺栓（bolt.prt）

单击【装配】按钮，使用【对齐】和【配对】约束装配螺栓（bolt.prt）。

首先，单击【放置】选项，选择【对齐】约束，选择如图 9-25 所示相应的两轴。

然后，单击【新建约束】选项，选择【配对】约束，选择如图 9-26 所示的两个平面。

5）装配螺母（nut.prt）

单击【装配】按钮，使用【对齐】和【配对】约束装配螺母（nut.prt）。

首先，单击【放置】选项，选择【对齐】约束，选择如图 9-27 所示相应的两轴。

然后，单击【新建约束】选项，选择【配对】约束，选择如图 9-28 所示的两个平面。

机械制图

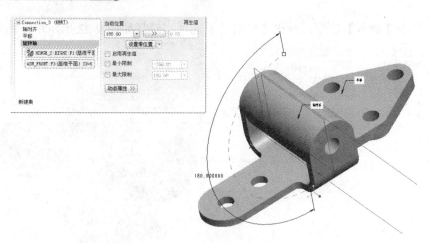

图 9-24 【旋转轴】选项

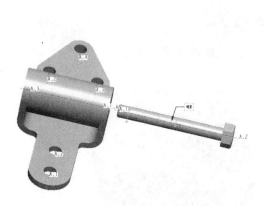

图 9-25 【对齐】约束

图 9-26 【配对】约束

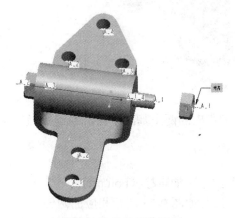

图 9-27 【对齐】约束

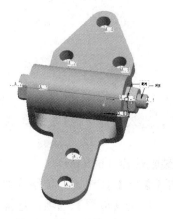

图 9-28 【配对】约束

6）保存文件

完成以上所有操作后，单击【保存】按钮 进行文件的保存，完成铰链装配体的装配，如图 9-19 所示。

参 考 文 献

[1] 黄玲. 工程制图[M]. 2版. 北京：电子工业出版社，2012.
[2] 陈锦昌，陈炽坤，孙炜. 构型设计制图[M]. 北京：高等教育出版社，2012.
[3] 侯洪生. 机械工程制图[M]. 3版. 北京：科学出版社，2012.
[4] 赵大兴. 工程制图[M]. 2版. 北京：高等教育出版社，2009.
[5] 张云静. Pro/ENGINEER 野火版 5.0 中文版从入门到精通. 北京：电子工业出版社，2010.
[6] 王亮申，戚宁. 计算机绘图—AutoCAD2014. 北京：机械工业出版社，2014.